新工科建设之路·人工智能系列教材

机器学习与振动信号处理

杨宏晖 闫孝伟 盛美萍 编著

電子工業出版社
Publishing House of Electronics Industry
北京·BEIJING

内 容 简 介

本书详细地论述人工智能与机器学习的基础知识、振动信号处理基础知识、机器学习在振动信号处理中应用的基本理论和方法，提供各种应用实例，并阐述实现振动信号测试、分析、处理的软硬件系统，给出基于机器学习的振动信号测试、分析、处理的算法。本书内容具有典型的智、机、电跨学科特色。全书共 10 章，主要包括：绪论、振动测试传感器、振动测试系统、振动信号处理基础、振动信号时域处理、振动信号频域处理、基于虚拟仪器的振动信号测试与处理、机器学习基础、基于机器学习的振动信号识别原理与方法、基于机器学习的机械故障诊断。

本书可作为高等院校机械、人工智能、电子信息工程、测控、自动化、计算机科学等专业技术课程的教材，也可作为相关领域的工程技术人员的参考书籍。

图书在版编目（CIP）数据

机器学习与振动信号处理 / 杨宏晖，闫孝伟，盛美萍编著. —北京：电子工业出版社，2021.10
ISBN 978-7-121-42124-2

Ⅰ. ①机… Ⅱ. ①杨… ②闫… ③盛… Ⅲ. ①机器学习－高等学校－教材②机械振动－信号处理－高等学校－教材 Ⅳ. ①TP181②TN911.7

中国版本图书馆 CIP 数据核字（2021）第 198496 号

责任编辑：王晓庆
印　　刷：北京盛通商印快线网络科技有限公司
装　　订：北京盛通商印快线网络科技有限公司
出版发行：电子工业出版社
　　　　　北京市海淀区万寿路 173 信箱　　邮编：100036
开　　本：787×1092　1/16　印张：13.75　字数：352 千字
版　　次：2021 年 10 月第 1 版
印　　次：2022 年 10 月第 3 次印刷
定　　价：59.00 元

凡所购买电子工业出版社图书有缺损问题，请向购买书店调换。若书店售缺，请与本社发行部联系，联系及邮购电话：（010）88254888，88258888。

质量投诉请发邮件至 zlts@phei.com.cn，盗版侵权举报请发邮件至 dbqq@phei.com.cn。

本书咨询联系方式：（010）88254113，wangxq@phei.com.cn。

前　言

振动是自然界最普遍的现象之一，大至宇宙，小至原子，无不存在着振动。在生物界，声带的振动让人们发出声音，耳膜的振动让人们听到声音。在工程界，太空中的宇宙飞船、天空中的飞机、地面上的汽车和火车、海洋里的舰船等都存在着振动。通过对振动进行测试，可以获得振动信号。

振动信号蕴含着有关振动源的奥秘和振动传递的规律，利用人工智能+振动信号处理技术可以从振动信号中自动获取振动源和传递特性的信息，提取有关振动的特征。因此，人工智能+振动信号处理方法在航空、航天、航海、医学和机械故障诊断等领域有着广泛的应用。然而，人工智能+振动信号处理方法的相关教材和专著在国内外都严重缺失，为了满足紧迫的人才培养需求和解决教材缺失带来的尖锐矛盾，本书的编著团队特出版此教材。

本书不仅详细论述人工智能与机器学习的基础知识、振动信号处理基础知识、机器学习在振动信号处理中应用的基本理论和方法，还提供各种应用实例，并阐述实现振动信号测试、分析、处理的软硬件系统，给出基于机器学习的振动信号测试、分析、处理的算法。

本书内容具有典型的智、机、电结合的特点，以及跨学科、创新性的特性。作者衷心希望本书能够对广大学生和工程技术人员的学习与工作有所帮助。但是，由于作者水平有限、时间仓促，本书中难免出现一些错误或遗漏，恳请各位读者批评指正。

本书的第 4～6 章、第 8～10 章由杨宏晖编著，第 1～3 章由闫孝伟、盛美萍编著，第 7 章由全体作者共同完成。

本书得到了陕西高校创新创业教育课程建设项目的支持，特此感谢。

杨宏晖　闫孝伟　盛美萍

2021 年 10 月

目　　录

第1章　绪论

振动是自然界最普遍的现象之一，大至宇宙，小至原子，无不存在着振动。在生物界，声带的振动让人们发出声音，耳膜的振动让人们听到声音。在工程界，太空中的宇宙飞船、天空中的飞机、地面上的汽车和火车、海洋里的舰船等都存在着振动。通过对振动的测试，可以获得振动信号。

振动信号蕴含着有关振动的奥秘，通过对所拾取到的振动信号进行处理和挖掘，可以获取振动源的特征。拾取不同部位的振动信号，有助于我们探究振动在结构中的传递、转换规律。振动信号处理是深入认识振动特性，从而更有针对性地采取振动控制措施的重要基础。因此，振动信号处理方法在航空、航天、航海、医学和机械故障诊断等领域有着广泛的应用。人工智能技术为振动信号处理的理论及应用带来了突破。

本书不仅详细论述人工智能与机器学习的基础知识、振动信号处理基础知识、机器学习在振动信号处理中的应用基本理论和方法，还提供各种应用实例，阐述实现振动信号测试、分析、处理的软硬件系统，给出基于机器学习的振动信号测试、分析、处理算法。

第 1 章绪论。

第 2 章主要介绍振动基础及振动测试传感器，分别阐述描述振动的物理量，论述自由振动、衰减振动、受迫振动的理论基础，介绍工程中常用的几种振动测试方法及常用的振动测试传感器。

第 3 章主要讲解振动测试系统，包括激振系统、压电式加速度传感器测量系统和电涡流位移传感器测量系统，以及在振动测试系统中至关重要的传感器的安装方式、校准方法等，为获取准确的振动信号奠定基础。

第 4 章论述振动信号处理基础，给出振动信号的定义与分类，论述振动信号处理的一般方法，最后给出典型轴承数据库的结构及其特性。

第 5 章论述振动信号的时域处理方法，包括时域统计分析、相关分析、积分和微分变换。在论述基础理论知识的同时，给出各种信号处理方法的应用实例，并给出算法。

第 6 章论述振动信号的频域处理方法，论述振动信号的功率谱密度函数、频率响应函数与相干函数、实倒谱、复倒谱和三分之一倍频程分析等频域分析方法，并给出应用实例和算法。

第 7 章结合振动信号处理理论，论述基于虚拟仪器的振动信号处理软件平台的构建方法。论述工程振动测试和振动信号处理中的应用实例，详细论述实现振动测试和分析的软硬件系统的构成与功能。

第 8 章论述机器学习的基本概念和基本分类方法，论述机器学习基本分析方法、回归分析方法，包括单变量回归分析和多变量回归分析，最后引申到逻辑回归，给出分类的概念。本章还给出具体的应用实例和算法。

第 9 章论述基于机器学习的振动信号识别原理与方法，论述通用机器学习算法，包括支持向量机、浅层神经网络、深度学习神经网络，详细论述各种方法用于模式识别的原理和方法。

第 10 章首先阐述如何建立机械故障诊断需求，进而给出机械故障诊断的一般方法和步骤，并对轴承及其振动信号特性进行详细的论述。最后论述基于机器学习的机械故障诊断的原理和方法，给出基于深度卷积神经网络的轴承故障分析与诊断的应用实例。

本书结合应用实例来讲解知识点，读者可以轻松地掌握机器学习与振动信号处理的理论和技术细节，本书可为相关领域的学生和科研人员提供参考。

第2章　振动测试传感器

所谓振动，就是物体或某种状态随时间往复变化的现象。这类现象有的是由其本身固有原因引起的，有的是由外界干扰引起的。在工程界，太空中的宇宙飞船、天空中的飞机、地面上的汽车和火车、海洋里的舰船等普遍存在着机械振动。在生物界，心脏的跳动、肺的呼吸等在某种意义上来说，都是振动。振动是自然界最普遍的现象之一。可以这样说：人类生活在振动的世界里。

2.1　振动的描述

常用的描述振动的物理量有：位移、速度、加速度、力和应变。其中，位移、速度、加速度是很常用的描述振动响应的物理量。

（1）位移。位移是表征物体上一点相对于某参考系的位置变化的时间变量，用符号 x 表示。国际标准单位：m。计算公式：

$$\Delta x = x_2 - x_1 \tag{2-1}$$

其中，Δx 代表 Δt 时间间隔内质点位置的变化，x_1 表示 t 时刻质点位矢，x_2 代表 $t+\Delta t$ 时刻质点位矢。位移的量纲是 L 。L 是国际单位制（SI）中基本量长度的量纲。

（2）速度。速度是位移随时间的变化率，用符号 v 表示。国际标准单位：m/s。计算公式：

$$v = \lim_{\Delta t \to 0} \frac{\Delta x}{\Delta t} = \frac{\mathrm{d}x}{\mathrm{d}t} \tag{2-2}$$

就是位移对时间求导。速度的量纲是 LT^{-1} 。T 是国际单位制（SI）中基本量时间的量纲。

（3）加速度。加速度是速度随时间的变化率，用符号 a 表示。国际标准单位：$\mathrm{m/s^2}$。计算公式：

$$a = \lim_{\Delta x \to 0} \frac{\Delta v}{\Delta t} = \frac{\mathrm{d}v}{\mathrm{d}t} \tag{2-3}$$

就是速度对时间求导。加速度的量纲是 LT^{-2} 。

（4）力。力是物体相互间的机械作用，其作用的结果是使受力物体的形状和运动状态发生改变，用符号 F 表示。国际标准单位：N。计算公式：

$$F = ma \tag{2-4}$$

就是加速度与质量的乘积。力的量纲是 MLT^{-2} 。M 是国际单位制（SI）中基本量质量的量纲。

（5）应变。应变又分为线应变和角应变。

① 线应变：表示单位长度线段的伸长或缩短，用符号 ε 表示。

② 角应变：平面内两条正交的线段变形后其直角的改变量。

表 2-1 列举了部分描述振动响应的物理量的名称、量纲、符号、单位及计算公式。

表 2-1 描述振动响应的物理量

物理量名称	量　纲	符　号	单　位	计 算 公 式
位移	L	x	m	$\Delta x = x_2 - x_1$
速度	LT^{-1}	v	m/s	$v = \lim\limits_{\Delta t \to 0} \dfrac{\Delta x}{\Delta t} = \dfrac{dx}{dt}$
加速度	LT^{-2}	a	m/s^2	$a = \lim\limits_{\Delta x \to 0} \dfrac{\Delta v}{\Delta t} = \dfrac{dv}{dt}$

2.2 质点振动系统

质点振动系统是指，假设构成振动系统的物体（如质量块、弹簧等），不论其几何大小如何，都可以被视为一个物理性质集中的系统，对于这种系统，质量块上各点的振动状态是均匀的。这种振动系统也被称为集中参数系统。虽然这是一种理想化的振动系统，然而在一定的条件下，实际系统可以近似为这种系统，而且在上述的假设下，可大大简化数学处理，而研究所得的振动规律对于分析实际工程振动问题具有重要的指导意义，因此对质点振动系统的研究显得十分重要。

2.2.1 无阻尼振动系统的自由振动

最简单的无阻尼振动系统是单自由度振动系统。设质量为 m 的物块通过刚度为 k 的弹簧连接到基础上，沿垂直方向自由振动。质量块的位置完全由其在垂直方向上的坐标 x 决定，这就构成了典型的单自由度振动系统，称为弹簧–质量系统，如图 2-1 所示。

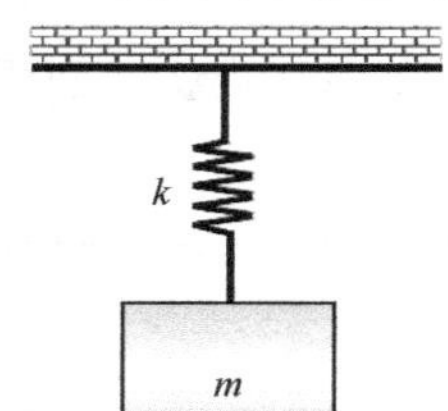

图 2-1 弹簧–质量系统

取物块的静平衡位置为坐标原点 O，x 轴沿弹簧变形方向垂直向下为正。当物块在静平衡位置时，由平衡条件 $\sum F = 0$ 得到

$$mg = kl_{st} \tag{2-5}$$

式中，l_{st} 称为弹簧的静变形。

当物块偏离平衡位置 x 时，由牛顿第二定律可得物块的运动微分方程为

$$m\ddot{x} = -kx \tag{2-6}$$

令

$$\omega_0 = \sqrt{\frac{k}{m}} \tag{2-7}$$

则式（2-6）可写为

$$\ddot{x} + \omega_0^2 x = 0 \tag{2-8}$$

此微分方程的一般解为

$$x = A\sin(\omega_0 t + \varphi) \tag{2-9}$$

固有频率为

$$f_0 = \frac{\omega_0}{2\pi} = \frac{1}{2\pi}\sqrt{\frac{k}{m}} \tag{2-10}$$

在不受其他外力作用的情况下，因为没有阻尼作用，所以此系统一旦开始振动，就会以

其固有频率永远地振动下去。

2.2.2　有阻尼振动系统的衰减振动

对实际振动系统（如调谐音叉等）的观察告诉我们，受摩擦或阻力的影响，振动并不会无限期地延续下去，随着时间的推移，振动系统的振幅将逐渐衰减，最后趋于零而停止振动。这说明，在振动过程中，物块除受恢复力的作用外，还受阻力的作用。振动系统中的阻力统称为阻尼。我们称这样的振动系统为有阻尼振动系统。

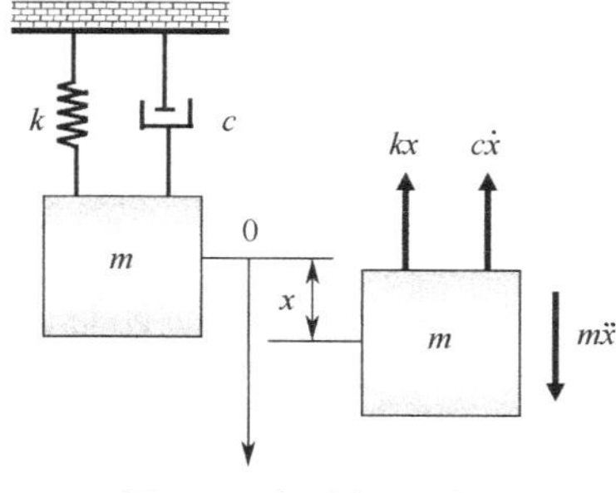

图 2-2　衰减振动系统

图 2-2 所示为典型的有阻尼振动系统，其运动不仅取决于弹簧的刚度系数 k，而且取决于阻尼器的阻尼系数 c。当质量块振动时，阻尼器将产生与速度成正比的阻尼力 $-cv$，它与质量块的速度成正比，方向与速度相反。

有阻尼单自由度振动系统的振动方程为

$$m\ddot{x} = -c\dot{x} - kx \tag{2-11}$$

它是一个二阶常系数线性齐次微分方程，其特征方程为

$$\lambda^2 + 2\zeta\omega_0\lambda + \omega_0{}^2 = 0 \tag{2-12}$$

式中，$\zeta = \dfrac{c}{2\sqrt{km}} = \dfrac{\delta}{\omega_0}$，$\delta = \dfrac{c}{m}$ 称为衰减系数。

特征方程的根为

$$\lambda_{1,2} = -\zeta\omega_0 \pm \omega_0\sqrt{\zeta^2 - 1} \tag{2-13}$$

由此可见，随着 ζ 值的不同，λ_1 与 λ_2 也具有不同的值，因而运动规律也就不同。下面按 $\zeta < 1$、$\zeta > 1$、$\zeta = 1$ 这三种情况进行讨论。

（1）$\zeta < 1$，即欠阻尼的情况，这时特征方程的一对共轭复根为

$$\begin{cases} \lambda_1 = -\zeta\omega_0 + \mathrm{i}\omega_\mathrm{d} \\ \lambda_2 = -\zeta\omega_0 - \mathrm{i}\omega_\mathrm{d} \end{cases} \tag{2-14}$$

振动方程的解为

$$x(t) = \mathrm{e}^{-\zeta\omega_0 t}(C_1\cos\omega_\mathrm{d}t + C_2\sin\omega_\mathrm{d}t) \tag{2-15}$$

式中，C_1、C_2 为积分常数，由初始条件决定。

此时系统的固有频率为

$$\omega_\mathrm{d} = \omega_0\sqrt{1 - \zeta^2} \tag{2-16}$$

比较式（2-9）和式（2-15），我们可以发现衰减振动比无阻尼自由振动多了一个衰减项 $\mathrm{e}^{-\zeta\omega_0 t}$，这种情况下位移振幅不再是常数，而是随时间而指数衰减。衰减系数越大，振幅衰减得越快。欠阻尼振动衰减曲线如图 2-3 所示。

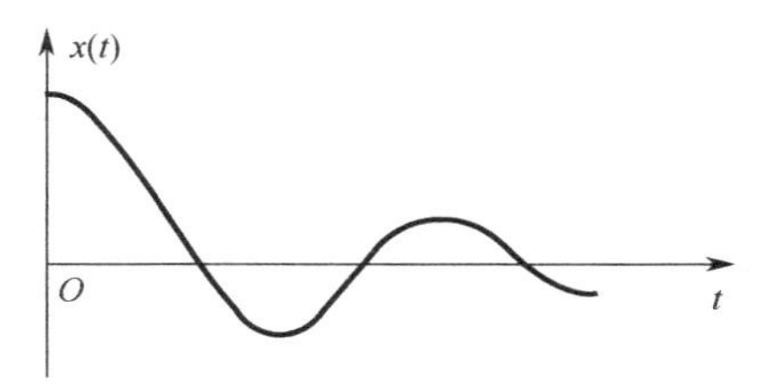

图 2-3　欠阻尼振动衰减曲线

（2）$\zeta > 1$，即过阻尼的情况，这时特征方程有两个不等的实根

$$\begin{cases}\lambda_1=-\zeta\omega_0+\omega^* \\ \lambda_2=-\zeta\omega_0-\omega^*\end{cases} \tag{2-17}$$

式中，$\omega^*=\omega_0\sqrt{\zeta^2-1}$。

振动方程（2-17）的通解为

$$x(t)=\mathrm{e}^{-\zeta\omega_0 t}(C_1\mathrm{ch}\omega^* t+C_2\mathrm{sh}\omega^* t) \tag{2-18}$$

式中，C_1、C_2为积分常数，由初始条件决定。

此时，物块的运动为一种按指数规律衰减的非周期蠕动，没有振动发生，其衰减曲线如图 2-4 所示。

（3）$\zeta=1$，即临界阻尼的情况，这时特征方程有两个相等的实根

$$\lambda_{1,2}=-\omega_0 \tag{2-19}$$

因此，振动方程的通解为

$$x(t)=\mathrm{e}^{-\omega_0 t}(C_1+C_2 t) \tag{2-20}$$

式中，C_1、C_2为积分常数，由初始条件决定。这种情况与过阻尼的情况相似，运动已无振动的性质。但它是过阻尼情况的下边界，在受相同激励的条件下，临界阻尼情况中的位移更大，且衰减更快，返回平衡位置的时间更短，其衰减曲线如图 2-5 所示。

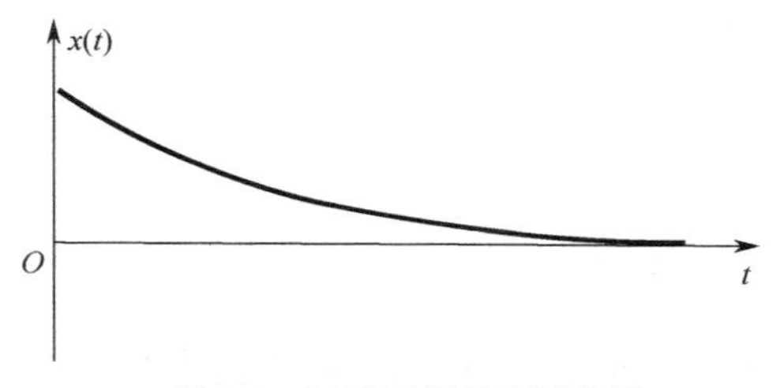

图 2-4　过阻尼振动衰减曲线

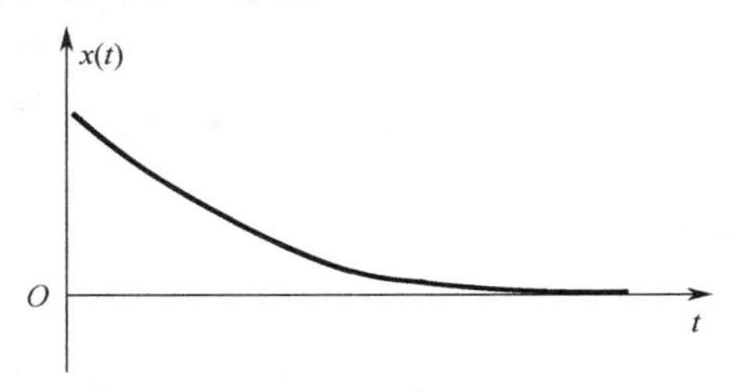

图 2-5　临界阻尼振动衰减曲线

2.2.3　质点的受迫振动

受阻尼的作用，一个自由振动系统的振动不能维持很久，它会逐渐衰减直至停止。要想使振动持续不停，就需要不断地从外界获得能量，这种受到外部持续作用而产生的振动称为强迫振动。

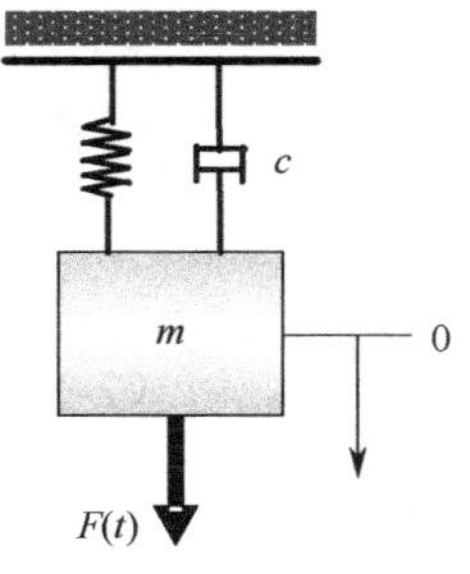

图 2-6　强迫振动系统

设一个外力作用在一个单自由度振动系统上，如图 2-6 所示。一般将外力称为强迫力，假定强迫力随时间而简谐变化，即

$$F(t)=F_\mathrm{A}\mathrm{e}^{\mathrm{j}\omega t} \tag{2-21}$$

式中，F_A为强迫力的幅值，$\omega=2\pi f$为强迫力的圆频率，f为强迫力的频率。将强迫力加到质点振动系统，得到系统振动方程为

$$m\ddot{x}+c\dot{x}+kx=F_\mathrm{A}\mathrm{e}^{\mathrm{j}\omega t} \tag{2-22}$$

强迫振动方程是二阶的非齐次常微分方程，其一般解为该方程的一个特解与相应的齐次方程的通解之和。我们已经获得了相应的自由振动方程的一般解，关键就是寻找一个特解，假设特解的形式为

$$x=x_\mathrm{A}\mathrm{e}^{\mathrm{j}\omega t} \tag{2-23}$$

式中，x_A 为待定常数。将式（2-23）代入振动方程（2-22）得到

$$x_A(-m\omega^2 + \mathrm{j}\omega c + k) = F_A \tag{2-24}$$

由此确定

$$x_A = \frac{F_A}{-m\omega^2 + \mathrm{j}\omega c + k} = H(\omega)F_A \tag{2-25}$$

式中，$H(\omega) = \dfrac{1}{k - m\omega^2 + \mathrm{j}\omega c}$，称为导纳，与频率有关。

获得非齐次方程的特解和对应的齐次方程的通解之后，可以得到方程的一般解的形式为

$$x = A\sin(\omega_0 t + \varphi) + x_A \mathrm{e}^{\mathrm{j}\omega t} \tag{2-26}$$

式中的第一项为瞬态解，它描述了系统的自由衰减振动，仅在振动的开始阶段起作用，当时间足够长时，它的影响逐渐减弱并最终消失。第二项为稳态解，它描述了系统在强迫力的作用下进行强制振动的状态，因为它的振幅恒定，所以称为稳态振动。从式（2-26）可以看到，当外力施加到质点振动系统时，系统的振动状态比较复杂，它是自由衰减振动和稳态振动的合成，这种振动状态描述了强迫振动中稳态振动逐步建立的过程。一定时间后，瞬态振动消失，系统达到稳定振动。

对于大多数振动与声学问题，研究稳态振动状态更有意义，下面就来简单分析一下稳态振动的规律。设足够长时间以后系统达到稳态，其位移可以表示为

$$x = x_A \mathrm{e}^{\mathrm{j}(\omega t - \theta)} \tag{2-27}$$

这是一种等幅简谐振动，这里的振幅 x_A 是一个随时间变化的实数，θ 表示振动位移与外力之间的相位关系，其振动频率就是外力的频率 f。振幅 x_A 由外力幅值 F_A、外力频率 f 及系统的固有参数 M、K、c 共同决定。

2.3　工程中的振动测试方法

在振动的工程测试中，测试技术和方法是多种多样的。按测试参量的转换类型来分，可以分为三类。

1）机械式测量方法

利用杠杆原理将工程振动的参量放大后直接记录振动量的方法。这种方法简单方便，抗干扰能力强，但频率范围和动态性范围窄，适用于精度和频率要求较低的振动测试。

2）光学式测量方法

利用光干涉原理和光学杠杆原理，将振动参量转换为光学信号，并进行放大后显示和记录。如激光测振技术就是一种典型的光学式测量方法。

3）电测方法

将工程振动测试中的参量转换为电信号，经电子路线放大后进行显示和记录。这是目前在振动测试领域应用最广泛的测量方法之一。

虽然用上述三种测量方法获得信号的物理性质各不相同，但是测量系统的组成基本相同，包含拾振、信号放大和显示记录三个环节。

2.4 常用的振动测试传感器

将感受到的机械振动物理量作为输入，按一定规律转换成测量所需物理量后作为输出的一种装置，称为振动传感器。一般来说，以机械接收原理区分，振动传感器可分为相对式、惯性式两种，但以机电变换或所测物理量区分，由于变换方法和物理量多种多样，其种类繁多，因此在实际工程中的应用范围也非常广泛。振动测试传感器按其功能可有以下几种分类方法，如表 2-2 所示。

表 2-2 振动测试传感器分类

按机械接收原理分	①相对式；②绝对式
按机电变换原理分	①电动式；②压电式；③电涡流式；④电感式；⑤电熔式；⑥电阻式
按所测机械量分	①位移传感器；②速度传感器；③加速度传感器；④力传感器；⑤应变传感器；⑥扭振传感器；⑦扭矩传感器

以上三种分类方法都是以某一个方面进行区分的，而在许多情况下，往往是将多种分类方法综合使用的，如电涡流式位移传感器、压电式加速度传感器等。本书主要介绍几种工程中常用的振动测试传感器。

2.4.1 电动式传感器

电动式传感器利用电磁感应原理，将运动速度转换成线圈中的感应电势输出，因此又称感应式传感器。这种传感器的工作不需要外加电源，而是直接吸取被测物体的机械能并转换成电信号输出，是一种典型的发电型传感器。电动式传感器按力学原理又可分为惯性式电动式传感器和相对式电动式传感器，图 2-7 所示为惯性式电动式传感器的结构示意图。

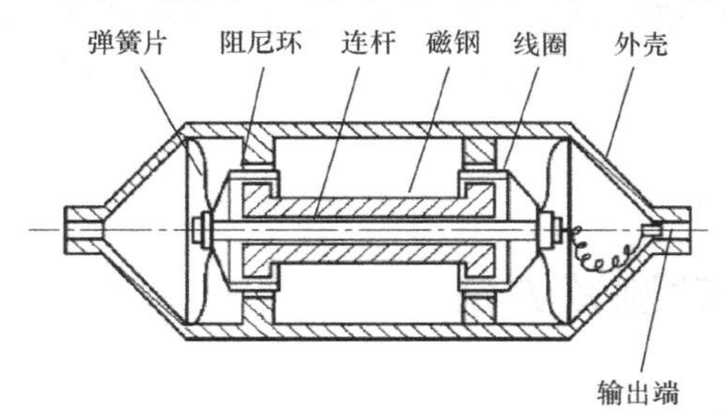

图 2-7 惯性式电动式传感器的结构示意图

电动式传感器主要用于测量物体的振动速度，配以积分电路或微分电路还可测量振动位移或加速度。它的优点是灵敏度高、性能稳定，可制成多种结构形式以适应不同的测量场合。此外，由于输出功率大，因此可简化配套的测量电缆。电动式传感器的优点还包括输出阻抗低，因此可降低对绝缘和输出电路的要求，并减小连接电缆的噪声干扰。电动式传感器的缺点是易磨损、工作温度不高、频响范围有限等。

2.4.2 电涡流式位移传感器

电涡流式位移传感器是一种非接触的线性化测振传感器，能静态和动态地测量被测金属导体与探头表面的距离。电涡流式位移传感器的结构示意图如图 2-8 所示。

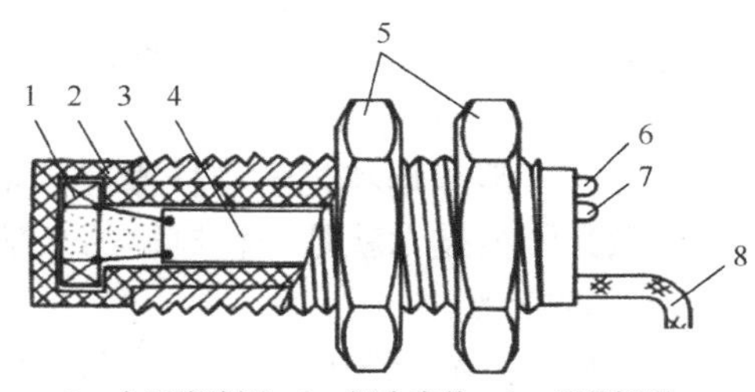

1—电涡流线圈；2—探头壳体；3—调节螺母；4—印制线路板；5—夹持螺母；6—电源指示灯；7—阈值指示灯；8—输出屏蔽电缆线

图 2-8 电涡流式位移传感器的结构示意图

在高速旋转机械和往复式运动机械状态监测中，通过非接触的高精度振动、位移信号测试，能连续准确地采集到转子振动状态的多种参数，如：轴的径向振动、振幅、轴向位置等。电涡流式位移传感器因其长期工作可靠性好、测量范围宽、灵敏度高、分辨率高等优点，在大型旋转机械状态的在线监测与故障诊断中得到广泛应用。

2.4.3　电感式传感器

电感式传感器的基本原理是电磁感应效应，即利用电磁感应将被测非电量（如压力、位移等）的变化转换为电感量的变化并输出，再通过测量转换电路，将电感量的变化转换为电压或者电流的变化，来实现非电量到电量的转换。此类电感器主要有变气隙式电感传感器、差动螺线管式电感传感器、差动变压器式电感传感器及电涡流式电感传感器。

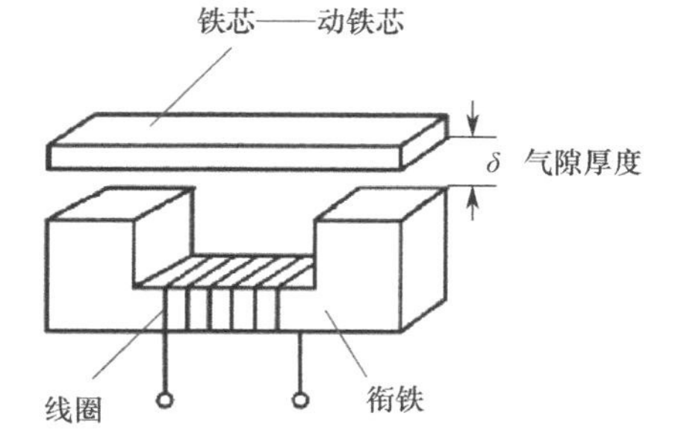

图 2-9　变气隙式电感传感器的结构示意图

以变气隙式电感传感器为例，图 2-9 所示为其结构示意图。被测结构与衔铁相连，当衔铁移动时，铁芯与衔铁间的气隙厚度 δ 发生改变，引起磁路的磁阻变化，导致线圈的电感值发生改变，通过感知电感量的变化，就能确定衔铁的位移量的大小和方向，即被测结构的振动位移大小和方向。电感式传感器具有结构简单、工作可靠、测量精度高、零点稳定、输出功率较大等一系列优点，其主要缺点是灵敏度、线性度和测量范围相互制约，传感器自身频率响应低等。

2.4.4　电容式传感器

电容式传感器是以电容器作为传感元件，将被测参量变化转换为电容量变化的一种转换装置。电容式传感器广泛用于位移、角度、振动、速度、压力、介质特性等的测量。典型的电容式传感器由上下电极、绝缘体和衬底构成。当薄膜受压力作用时，薄膜会发生一定的变形，上下电极之间的距离发生一定的变化，从而使电容发生变化。但电容式传感器的电容与上下电极之间的距离的关系是非线性关系，因此，要用具有补偿功能的测量电路对输出电容进行非线性补偿。图 2-10 所示为常用的电容式传感器的结构示意图。

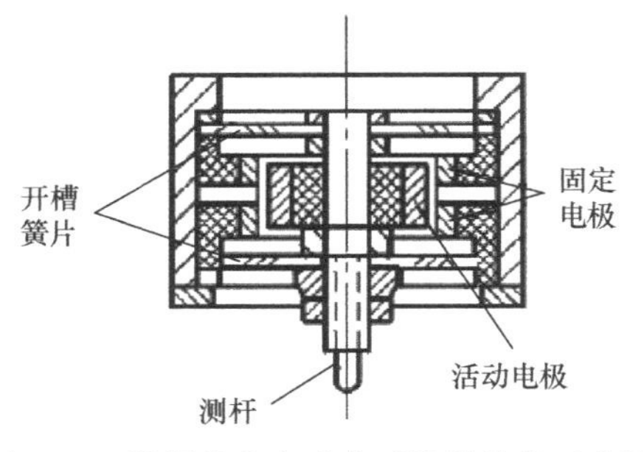

图 2-10　常用的电容式传感器的结构示意图

2.4.5　压电式加速度传感器

压电式加速度传感器又称为压电加速度计，属于惯性式传感器。压电式加速度传感器基于正压电效应而工作，其原理是：某些晶体（如人工极化陶瓷、压电石英晶体等）在一定方向的外力的作用下或承受变形时，其晶体面或极化面上将有电荷产生，这种从机械能（力、变形）到电能（电荷、电场）的变换称为正压电效应。

常见的压电式加速度传感器的类型有中心压缩式、剪切式等，剪切式压电式加速度传感器的结构示意图如图 2-11 所示。当加速度传感器受振时，质量块加载在压电元件上的力也随

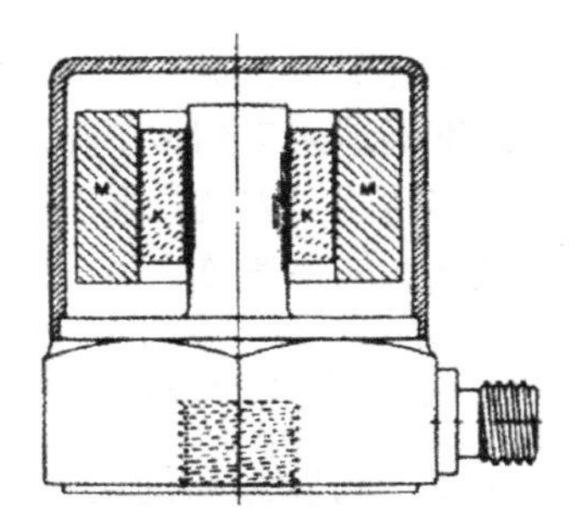

图 2-11　剪切式压电式加速度传感器的结构示意图

之变化。当被测振动频率远低于加速度传感器的固有频率时，力的变化与被测加速度成正比。一般认为剪切式，特别是三角剪切式压电式加速度传感器具有较高的稳定性，温度影响较小，线性度好，有较大的动态范围，因而得到广泛应用。

2.4.6　压电式力传感器

在振动实验中，除需对振动响应进行测试外，有时还需测量激励设备对结构激振力的大小。压电式力传感器的工作依据是晶体材料的压电效应。压电式力传感器具有刚度大、测量范围宽、线性及稳定性高、动态特性好等优点。按测力状态分，有单项、双向和三向传感器，它们在结构上基本一样。

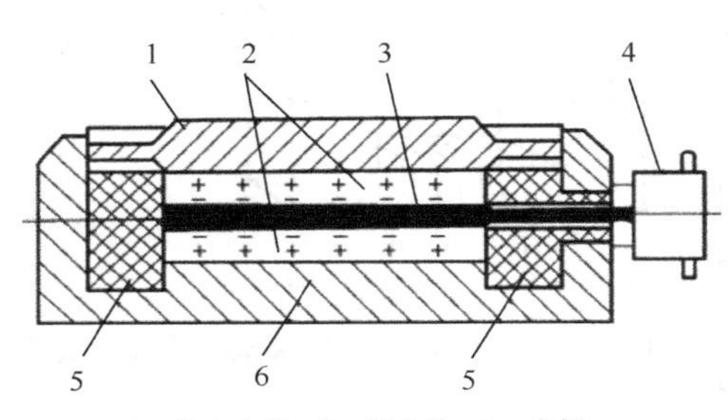

1—传力上盖；2—压电片；3—电极；
4—电极引出插头；5 绝缘材料；6—底座

图 2-12　压电式力传感器的结构示意图

图 2-12 所示为压电式力传感器的结构示意图，被测力通过传力上盖使压电晶体受压产生电荷，在两块晶片之间是一个片形电极，用于收集压电晶体产生的电荷。片形电极通过电极引出插头将电荷输出，通过测量输出电荷量即可获得作用于力传感器上的压力大小。

2.4.7　阻抗头

阻抗头是一种综合性传感器。它集压电式力传感器和压电式加速度传感器于一体，其作用是在力传递点测量激振力的同时测量该点的运动响应。阻抗头由两部分组成，一部分是力传感器，另一部分是加速度传感器，结构示意图如图 2-13 所示。它的优点是保证测量点的响应就是激振点的响应。使用时将小头（测力端）与激振器的施力杆相连，大头（测量加速度端）与被测结构连接。在力信号输出端测量激振力的信号，在加速度信号输出端测量加速度的响应信号。

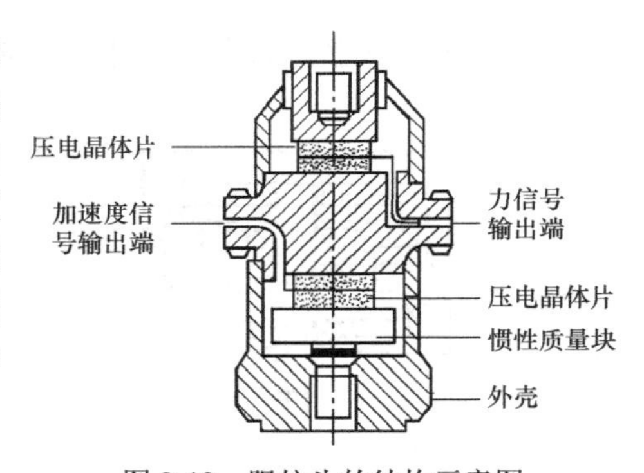

图 2-13　阻抗头的结构示意图

2.4.8　电阻应变式传感器

电阻应变式传感器是以电阻应变计为转换元件的电阻式传感器。电阻应变式传感器实际上是惯性式传感器，如图 2-14 所示，它的质量块由弹性梁悬挂在外壳上，当质量块相对于仪器外壳发生相对运动时，弹性梁就发生变形，贴在弹性梁上的应变片的电阻值由于变形而产生变化。通过电阻动态应变仪测得电阻值的变化量及变化规律，经过计算，可求出有关的振动参量。

工程中常用的电阻应变式传感器有应变式测力传感器、应变式压力传感器、应变式扭矩传感器、应变式位移传感器、应变式加速度传感器等。电阻应变式传感器的优点是精度高，测量范围广，寿命长，结构简单，频响特性好，能在恶劣条件下工作，易于实现小型化、整体化和品种多样化等。它的缺点是对于大应变有较大的非线性、输出信号较弱，但可以采取一定的补偿措施。因此，它被广泛地应用于自动测试和控制技术中。

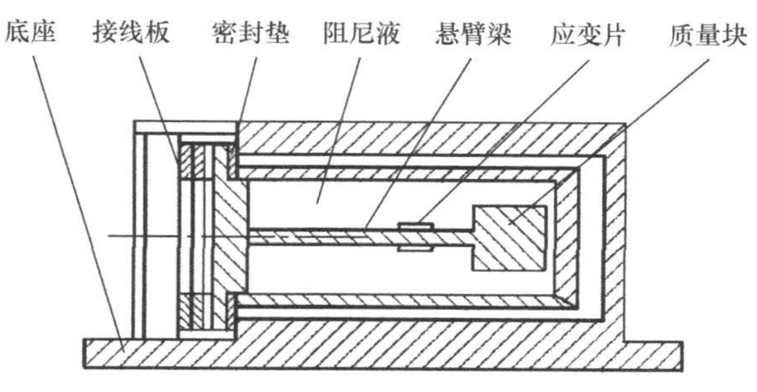

图 2-14　电阻应变式传感器的结构示意图

2.4.9　激光测振仪

激光测振技术是基于光学的多普勒效应发展而来的一种测振技术，其工作原理如图 2-15 所示。

由激光器发射出一束稳定的频率为 f_s 的单频激光，经过一个半透半反分光镜后被分成两束。其中一束光线作为测量光束透过分光镜后射向被测物体表面，被测物体振动引起了测量光发生多普勒频移。另一束光线作为参考光经过参考反射镜反射后，通过分光镜与从测量物体反射回来的测量光一起射向接收器。由多普勒效应可知，测量光由于物体振动而发生的多普勒频移即为

$$\Delta f = f_s \frac{v}{c} \tag{2-28}$$

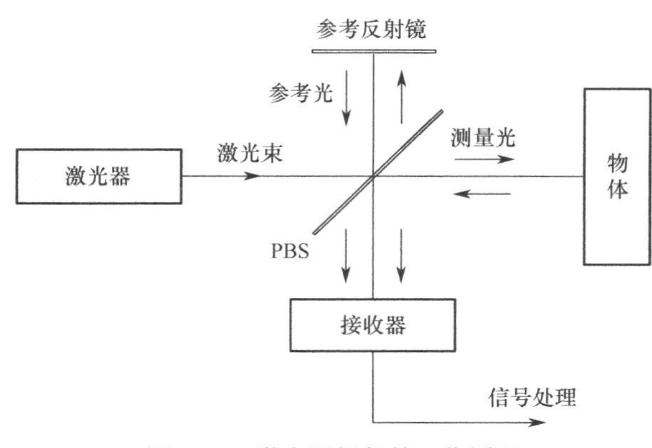

图 2-15　激光测振仪的工作原理

由式（2-28）可知，通过激光的多普勒平移即可获得被测结构的振动速度。目前的激光测振仪可以直接测量结构的速度振动信号和位移振动信号，通过微分环节也可以得到相应的加速度振动信号。激光测振仪采用非接触式光学测量技术，具有传统测振技术所不具备的优势，如非接触式测量、无附加质量问题；可实现同时对多个点的数据采集；可测量非常高的振动频率等。随着现代科技的发展，激光测振技术发展得非常迅猛，它已经成为一种非常重要的振动测量手段而被广泛地应用于科学实验和工程测量中。

2.5　本章小结

本章主要介绍了振动基础及测振传感器，分别阐述了描述振动的物理量，论述了自由振动、衰减振动、受迫振动的理论基础，介绍了工程中常用的几种振动测试方法及常用的振动传感器。

第 3 章 振动测试系统

振动测试系统是为获取某种特定信息，将有关器件、仪器有机组合而成的整体。一般来说，将外界对振动系统的作用称为输入或者激励，将振动系统对输入的反应称为振动系统的输出或者响应。振动测试系统一般包含激振设备、传感器、测量线路及放大器、数据采集分析装置这 4 部分。这里主要介绍激振设备，以及常用的测试系统和测试仪器的校准。

3.1 激振系统

激振设备的作用是模拟某种激励条件，把被测结构的某些特征激发出来，以便对被测对象的结构状态或振动特性进行检测与分析。例如，可以使用激振设备对机械结构进行激励，再利用拾振系统获得被测结构在这种激励条件下的振动频率、速度等信号。有些情况下，还需要获得更多的结构振动及其传递衰减等特性，可用后续设备对该信号做进一步的处理与分析。

3.1.1 激振信号的分类

工程中常用的振动激振信号包括稳态正弦信号、瞬态信号和随机信号。激振信号的选择主要依据工程测试的需要及激励信号的特点，本节对上述几种激振信号分别做简单介绍。

1）稳态正弦信号

稳态正弦信号是最普遍的激振信号之一，图 3-1（a）所示为稳态正弦信号的波形。很多情况下，我们需要改变激励频率以获得所关心的某个频率范围内的系统响应特性，扫频可以完成这一任务。快速正弦扫频信号如图 3-1（b）所示。严格意义上讲，扫频信号应纳入瞬态激励的范畴。

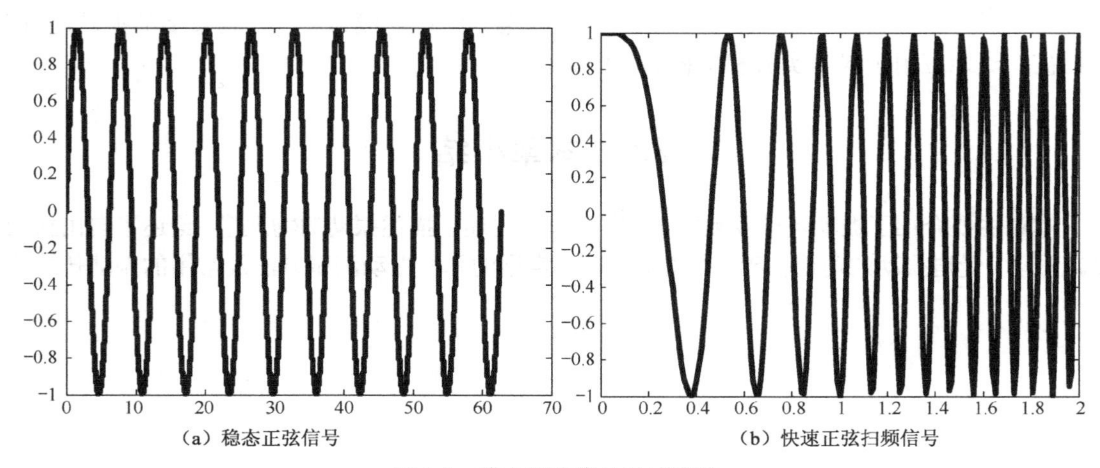

（a）稳态正弦信号　　（b）快速正弦扫频信号

图 3-1　稳态正弦信号时域波形

稳态正弦信号的优点是：激振功率大，能量集中，信噪比大，能保证响应测试的精度；信号的频率和幅值易于控制；当激励的能量级不同时，在非线性结构中将产生不同的频率响应函数，因而能检测出系统的非线性程度；当采用适调多点激励时，在模态实验中可以直接得到频域数据。其缺点是：需逐个测量各频率点上的稳态响应，测试周期长，特别是对小阻尼结构更加明显；不能通过平均来消除系统非线性因素的影响；容易产生泄漏误差。

2）瞬态信号

瞬态信号激振是一种宽带激励方法。常用的瞬态信号有脉冲信号和阶跃信号。

脉冲信号激振是用脉冲锤敲击被测对象，对被测对象施加一个力脉冲，其时域波形如图 3-2（a）所示。脉冲的形成及有效频率取决于脉冲的持续时间，而持续时间则取决于锤端的材料，材料越硬，持续时间越短，频率范围越大。脉冲锤激振设备简单，使用方便，对工作环境的适应性较强，特别适用于现场测试。

阶跃信号激振通过突加或突卸力载荷实现对系统的瞬态激励，如图 3-2（b）所示。阶跃信号激励的特点是能给结构输入很大的能量，但激励中的高频成分较少，一般只能激励出系统的低阶主振动。

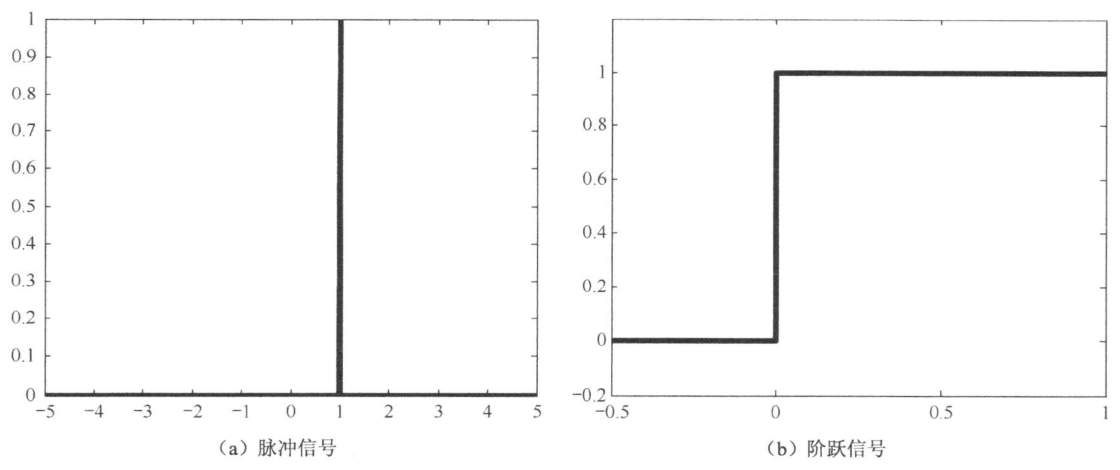

（a）脉冲信号　　（b）阶跃信号

图 3-2　瞬态信号时域波形

3）随机信号

随机信号是一种宽带激振，其时域波形如图 3-3 所示。随机信号一般由模拟电子噪声发生器产生，经低通滤波成为限带白噪声，在给定的频带内具有均匀连续谱，可以同时激励该频带内的所有模态。随机信号的优点是：可以经过多次平均来消除噪声干扰和非线性因素的影响，得到线性估算较好的频响函数。

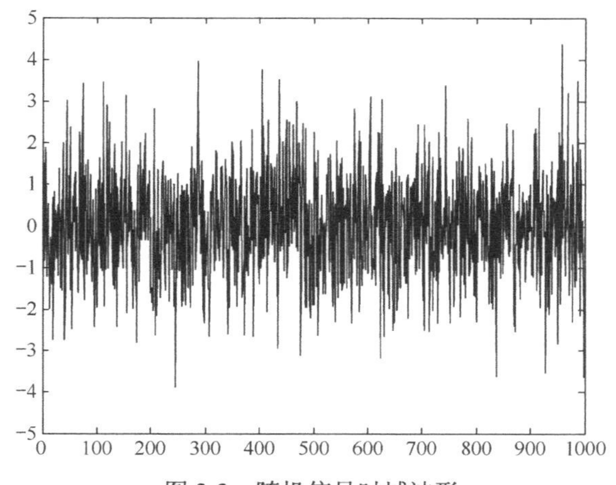

图 3-3　随机信号时域波形

3.1.2　激振器

激振器是附加在某些机械和设备上的用

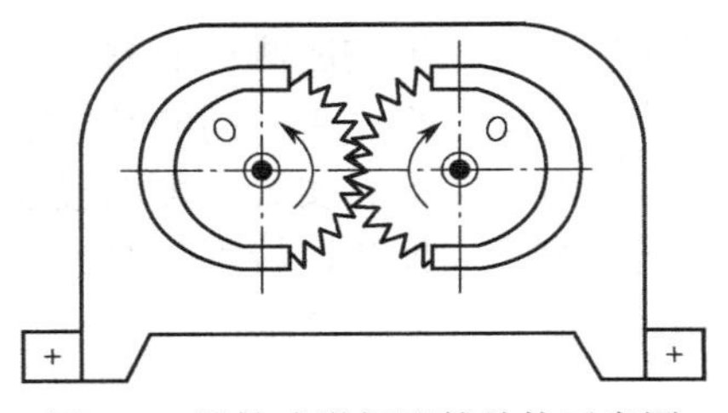

图 3-4　惯性式激振器的结构示意图

以产生激励力的装置，是振动实验不可缺少的部分，它使被测对象受到某种可控的振动激励。激振器能够在一定频率范围内提供波形良好、幅值足够的交变力。按激励形式的不同，可将激振器分为惯性式激振器、电动式激振器和电磁式激振器等。

1）惯性式激振器

惯性式激振器利用偏心块回转产生所需的激励力。如图 3-4 所示，惯性式激振器一般由两根转轴和一对速比为 1 的齿轮组成。两根转轴等速反向回转，轴上两个偏心块在激振器的出力方向产生惯性力的合力。

2）电动式激振器

电动式激振器的原理是将交变电流通入动线圈，使线圈在给定的磁场中受电磁激励力的作用而产生振动。如图 3-5 所示为电动式激振器的结构示意图。

3）电磁式激振器

电磁式激振器是将周期变化的电流输入电磁铁线圈，在被激件与电磁铁之间产生周期变化的激励力。其结构示意图如图 3-6 所示。

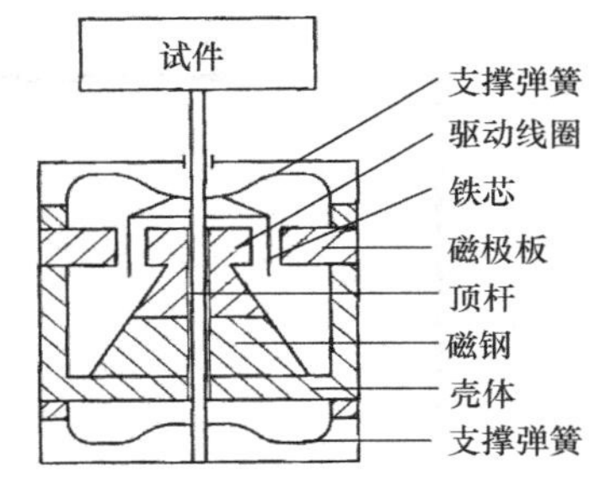

图 3-5　电动式激振器的结构示意图

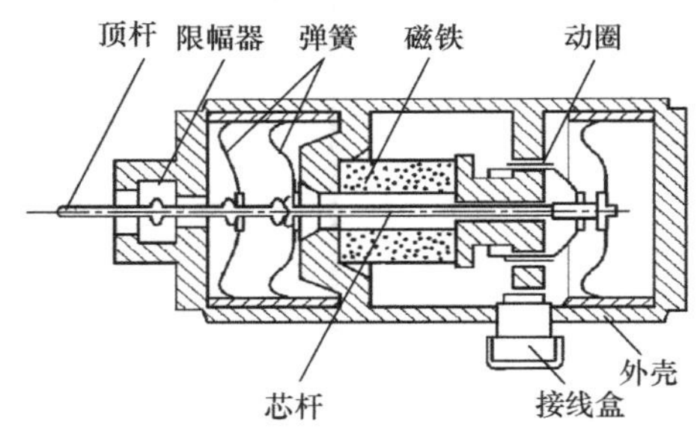

图 3-6　电磁式激振器的结构示意图

电磁式激振器由磁路系统与动圈、弹簧、顶杆、外壳等组成，将它放置在相对于被测试物体静止的地面上或采取悬挂方式，并将顶杆顶在被测试物体的激振处。

3.1.3　冲击锤

冲击锤又称力锤，是振动实验模态分析中经常采用的一种瞬态激励设备，其结构示意图如图 3-7 所示，它由锤帽、锤体和力传感器等几个主要部件组合而成。

相对激振器而言，冲击锤移动方便，不影响被测结构的动态特性。冲击锤激励属于宽带激励，可根据不同的研究频率范围，选择不同材质的锤帽，一般锤帽的材质越硬，激励力的频率越高。

冲击锤激励力的大小、方向和锤击点位置受人为因素的影响严重，锤击同一测点难以保证每次的锤击力大小和方向都相同，而且每次锤击都不在同一点。由于锤击的时域信号为作用时间短暂的力脉冲信号，因此激励能量有限，信噪比不大。

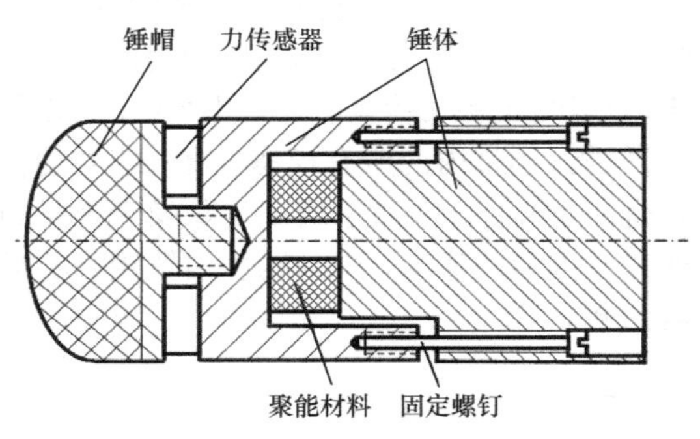

图 3-7　冲击锤的结构示意图

3.2　压电式加速度传感器测量系统

压电式测振系统的传感器为压电式加速度传感器，可以用来测量加速度，通过积分线路也可以获得速度和位移。此系统的示意图如图 3-8 所示。

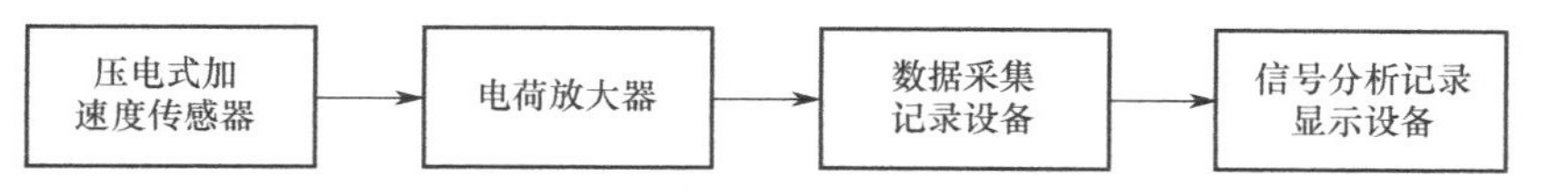

图 3-8　压电式加速度传感器测量系统的示意图

压电式加速度传感器的输出阻抗很高，因此，放大器的输入阻抗很高，但随之而来的是系统的抗干扰能力降低、易受电磁场的干扰。

集成压电传感器和电子线路于一体的集成式压电式加速度传感器克服了输出阻抗高、抗干扰能力差等缺点，其原理示意图如图 3-9 所示。集成式压电式加速度传感器将微型固态电路置于集成式压电式加速度传感器的壳体之中，将高输入阻抗变换为低阻抗电压输出，去耦电容的大小决定了它的低频响应。

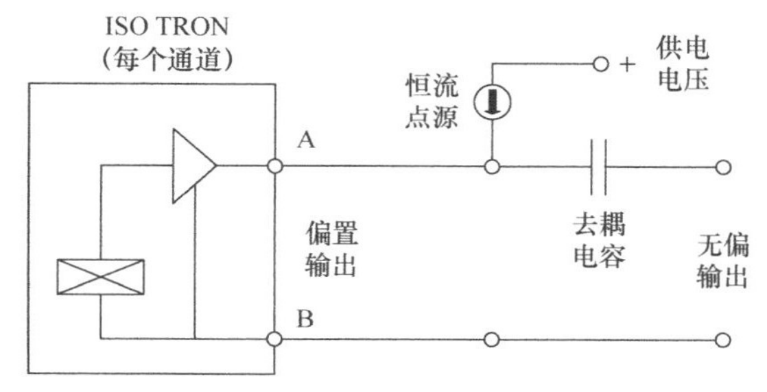

图 3-9　集成式压电式加速度传感器的原理示意图

集成式压电式加速度传感器不但输出阻抗低，而且电压灵敏度固定，与电缆的长度或电容的大小无关；由于输出阻抗低，因此允许在实验环境较差的野外使用，输出电压高，输出噪声低，频率范围宽，能自行校验，简化了供电要求等。

集成式压电式加速度传感器的主要缺点是：

（1）动态范围有一定的限制；

（2）在高温、低温环境下不能使用；

（3）可靠性逊于传统的压电式加速度计；

（4）需要用外接电源；

（5）对静电释放很敏感，可能会造成永久性的破坏。

3.3　电涡流位移传感器测量系统

电涡流位移传感器测量系统的传感器为电涡流位移传感器，可以用来测量振动结构的位移。与压电式加速度传感器相比，电涡流位移传感器的最大特点是可实现非接触式测量。电涡流位移传感器测量系统的示意图如图 3-10 所示。

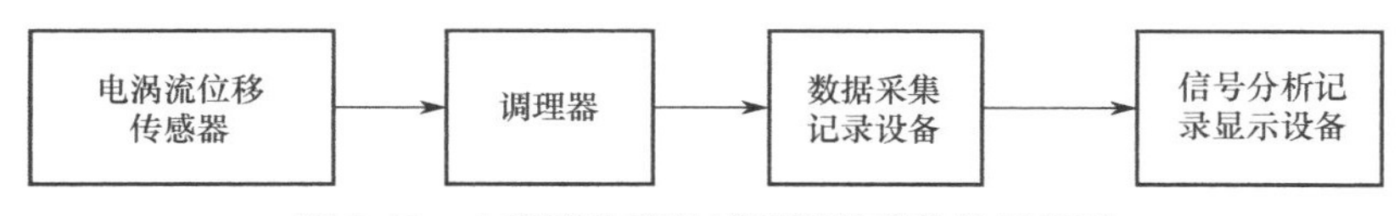

图 3-10　电涡流位移传感器测量系统的示意图

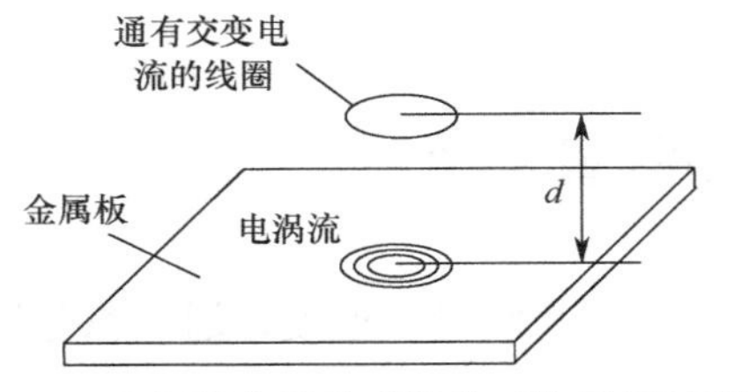

图 3-11 电涡流位移传感器的工作原理示意图

如图 3-11 所示为电涡流位移传感器的工作原理示意图。当传感器的探头线圈接近金属板时，由于传感器线圈中有高频电流通过，因此会产生高频电磁场。金属板在高频电磁场的作用下，会产生感应电流，电流呈涡状分布，常称为电涡流。这也是电涡流位移传感器的名字由来。因为电涡流也产生一个交变磁场，所以当金属板产生的交变磁场与传感器线圈产生的磁场叠加时，传感器线圈的阻抗相应地发生改变，这一变化与线圈到金属板的距离密切相关。根据这个原理，电涡流位移传感器可以将其与振动物体表面的距离转换为线圈品质因数、等效阻抗和等效电感三个参数的变化，再经过测量、检波、校正等电路转换为线性电压（电流）的变化。

为保证测量准确，使用电涡流位移传感器时，应保证被测物体表面光滑、平坦。不规则表面会引起传感器输出变化，并不能表明被测物体位置的变化，从而导致测量误差。此外，传感器探头周围应有足够的空间，在 3 倍探头直径的范围内不应有金属物体，这样可避免周围金属结构的干扰。在安装传感器时，应注意两个探头的安装距离不能太近，否则两个探头之间会通过磁场相互干扰，造成测量结果失真。

测量、检波和校正等过程通常集中在调理器中完成，调理器分为两种：电压调理器和电流调理器。如图 3-12 所示为调理器的原理示意图。电压调理器是将原有前置器的电压变化，经过整流滤波组合成一体的前置器，它能把普通型电涡流位移传感器测出的振动交流信号转换成直流电压信号，并输入数据采集记录设备。电流调理器与电压调理器的不同在于，它能把普通型电涡流位移传感器测出的振动交流信号转换成直流电流信号，这样可以减小输入到数据采集记录设备的传输损耗。

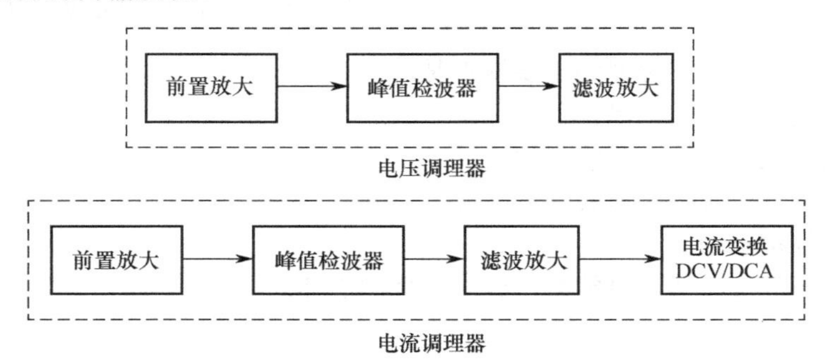

图 3-12 调理器的原理示意图

经过调理器调理后的直流信号传至数据采集记录设备和相应的显示设备，进行分析和存储。

3.4 传感器的安装方式

为使振动传感器（一般指加速度计）获得精确有效的数据，必须采用合适的方法将其安装在被测结构上，尽量减小由安装所带来的影响。这就要求在整个测试频段内传感器的安装是刚性的，被测结构的振动真实地传递到传感器中。传感器的安装方式有很多种，它们适用于不同的场合，应根据测量系统的实际要求来选用。建议实测时采用校准时的安装方法，安装面应光滑、平整、干净，螺纹孔应垂直于安装面且有一定的深度。

1）螺钉安装

螺钉安装是最好的安装加速度计或力传感器的方法之一，用它可以获得较好的传递效果。建议使用传感器厂家自带的或指定的螺钉进行安装，以保证传感器的整个底座与被测结构物接触良好。螺钉不宜过长，以防止螺钉顶到传感器的底部产生应变，从而造成误差。安装时建议使用扭力扳手按生产厂家给定的安装力矩来安装加速度计，以保证安装的可重复性，并且防止因扭矩过大而造成损坏。

2）粘贴安装

粘贴安装是指把加速度计直接粘贴在被测结构物或者适配件上，然后把适配件装到被测结构物上，使它变为被测结构物的一部分。大多数情况下，只有微型加速度计才能用粘贴的办法安装。粘贴安装时使用的粘接剂凝固之后的刚度严重影响整个系统的性能。刚度越小，传递效果越差。在被测结构和加速度计之间采用的粘贴连接越多，其传递效果下降得也越多。

3）磁性安装

当被测结构是铁磁性材料时，为了安装和拆卸方便，通常使用磁性安装座进行安装。传感器通过螺杆与磁座相连，磁安装座通过自身磁性与被测结构相连。结构的材料、表面的光洁度、磁铁的强度、加速度计与磁安装座整体的质量都会影响其频率响应。在将装有加速度计的磁性安装座装到被测结构物上时，会产生很高的冲击，可能会损坏传感器或内部电路，因此使用磁性安装座时必须十分小心。

4）电绝缘安装块

电绝缘安装块可使加速度计与地之间电绝缘，防止形成地回路。这种绝缘方式性能优良，比内部绝缘手段的效果更好，但它不能消除对地杂散电容的影响，使用之后会使加速度计的共振频率下降。

3.5　振动测试仪器校准

由于受使用时长和环境等因素的影响，传感器的一些基本特性不可避免地会发生一定的改变，为了保证振动测试结果的可靠性与进度，在每次实验前必须对测量仪器进行校准。校准的内容主要包括灵敏度、频率特性和幅值线性范围等。

3.5.1　分部校准与系统校准方法

振动测试仪器的校准方法可以分为两种：一种是分部校准；另一种是系统校准。分部校准是对系统的每一部分分别进行校准，而系统校准是对整个测振系统进行校准。

1）测振仪器的分部校准

分部校准法需要分别测定传感器、放大器和记录设备的灵敏度，然后把它们组合起来，求出测振系统的灵敏度。分部校准主要分为三级校准：传感器的校准、放大器的校准和记录仪器的校准。传感器的校准是测量外界输入的振动量与传感器的输出量之间的关系，输入量一般有振动的位移、速度、加速度和频率等，输出量一般有电荷、电压、电感、应变及频率等。放大器的校准用来测量输入电荷、电压、应变及频率等量与输出电压、电流之间的关系。记录仪器的校准是测量输入电压、电流与记录信号之间的关系，然后将各部分的灵敏度相乘得系统总的灵敏度。分部校准的原理示意图如图 3-13 所示。

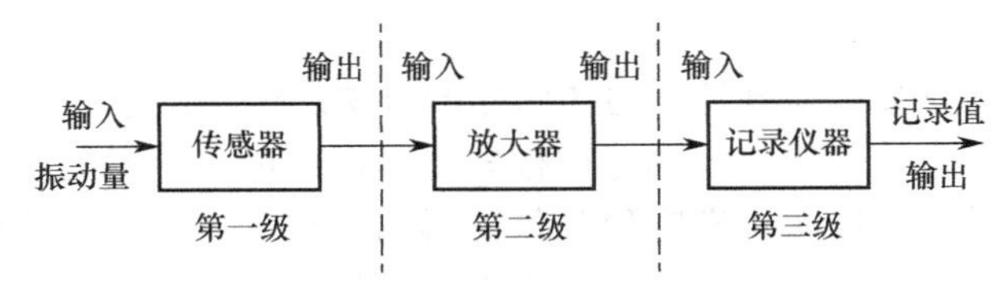

图 3-13　分部校准的原理示意图

需要注意的是，各个输出量、输入量要统一用峰值或有效值表示，如果混淆，会带来错误。

分部校准法的优点在于比较灵活，例如，如果哪个仪器失效，可以用备用的仪器替换，这时只需要校准替换的仪器，而不用校准整个系统。这种方法的缺点是对每一部分的校准要求都相对高一些。

2）测振仪器的系统校准

系统校准法是对整个测量系统进行校准，直接测出输出量及输入量之间的关系，如图 3-14 所示。

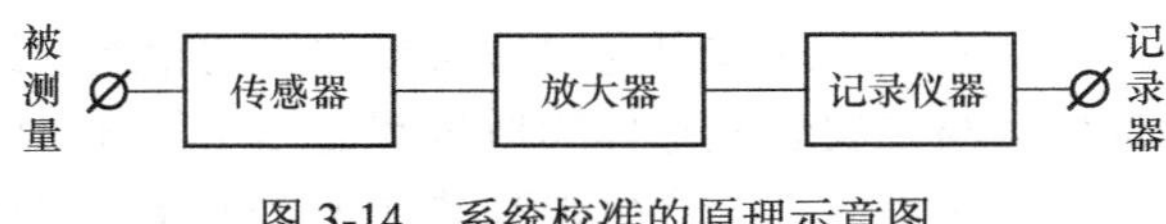

图 3-14　系统校准的原理示意图

系统校准的步骤比分部校准简单，但这种方法的缺点是不能随便更换测量仪器，如果更换了其中的某个部分，那么需要对整个系统重新进行校准。

在实际测量中，也经常采用介于上述两者之间的校准方法。可以把测量系统中除传感器之外的其他仪器作为一部分，与传感器分别加以校准。

3.5.2　绝对校准法

绝对校准法是用精度较高的读数显微镜或激光测振仪来对测试系统进行校准，一般用于位移的测量中。读数显微镜和激光测振仪可以较准确地测量振幅，读数显微镜在 50Hz 以下测量位移时，精度可达 ±0.5%～±1%，而激光测振仪比读数显微镜的测量精度高，测量的频率范围大。绝对校准法示意图如图 3-15 所示。

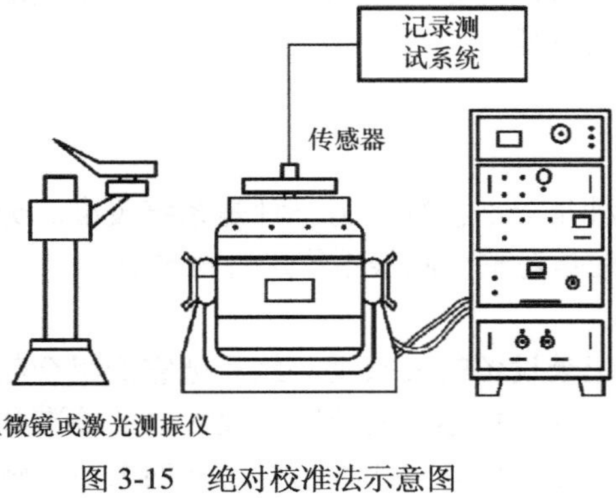

记录测试系统

传感器

读数显微镜或激光测振仪

图 3-15　绝对校准法示意图

在校准传感器的灵敏度时，设定激励在一个固定频率，设置振幅为一个固定值，然后用读数显微镜或激光测振仪测出振幅，并测出被校准的传感器的输出量，由此计算传感器的灵敏度。

在校准频响曲线时，固定激励的振幅，改变频率，然后测出对应的传感器的输出值，即可绘出它们的频响曲线。

在校准线性度时，可设置振动的频率为固定值，改变振幅，测出对应的传感器的输出值，绘制成曲线，即可得到它们的线性度曲线。

3.5.3　相对校准法

相对校准法又叫作比较校准法，它是用一个校准过的传感器来校准另一个传感器，大多数振动实验都采用这种方法来校准。其中，校准过的传感器作为参考基准，称为参考传感器或标准传感器；被校准的传感器称为待测传感器。

待测传感器和参考传感器都被安装在振动台上，受到相同的振动激励。假设参考传感器的灵敏度为 S_0，待测传感器和参考传感器的输出电压为 u 和 u_0，则待测传感器的灵敏度为

$$S = S_0 \frac{u}{u_0} \tag{3-1}$$

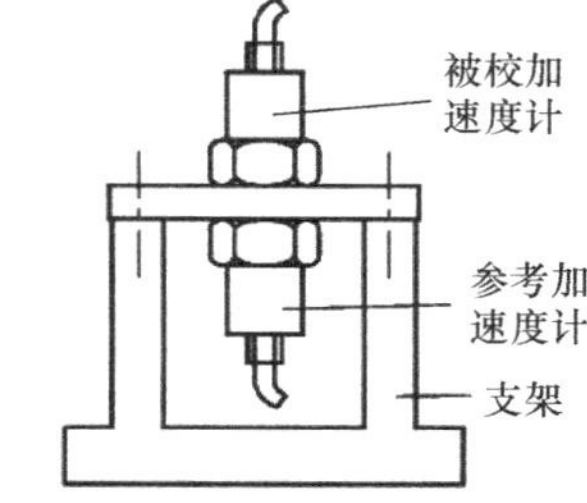

图 3-16　背对背的安装方式

在相对校准法中，必须保证两个传感器受到的振动是相同的，推荐使用背对背的安装方式（如图 3-16 所示），两个传感器背对背地安装在激振器上，可以从根本上保证两个传感器经历相同的运动。然后，设置激振的频率为理想值，设置振动的幅度在理想处，在固定频率处比较两个传感器的信号输出。

3.6　振动测试系统中的常见问题

3.6.1　系统噪声与抑制

测量系统中的每个元件都会以一定的方式给整个测量系统带来噪声。外界信号源的虚假电信号叠加到输入电信号上，就构成了系统噪声的一部分。系统各元件的相互作用，以及各元件与环境的相互作用也会成为系统噪声的来源。输出数据不可避免地会包含一定量的噪声信号。有时，噪声信号很小，信噪比大，不会对有效信号产生太大影响，但情况恶劣时，可能会将有效数据淹没。

传感器系统中存在多种噪声源，有些是有规则的、可以预计的，有些则会随系统配置的不同而不同，是不可预知的，此处仅讨论有规律的。主要的噪声源如下。

1）传感器噪声

压电式加速度计本身无噪声，但是会通过电容耦合的方式将外界噪声源引入信号电路。

2）电缆噪声

测量系统中接头和电缆是产生噪声的薄弱环节，间断性的连接会产生噪声。造成间断性连接的原因主要有：磨损过的接触点，匹配不好的插针与插座，受损的、疲劳的导线或屏蔽线，潮湿，腐蚀，接头配对不好等。被测的振动过大，也会造成间断性接触或使接触处松动。此外，压电式加速度计测量系统还会出现另外一种“摩擦生电噪声”。同轴电缆受到机械振动而产生弯曲或其他机械变形时，会产生乱真信号。由于相对运动或电缆的介电层与包在它外面的屏蔽层的局部分离而产生的摩擦生电效应是产生“摩擦生电噪声”的主要机理。

3）放大器噪声

放大器固有的噪声来自电路的元件，电阻元件的性能不够完美会使它产生噪声，即使是

一个理想电阻，由于电荷在电阻介质中存在无规律的热运动，因此同样也会产生噪声，这种热噪声的大小与环境温度的高低、电阻值的大小和所关注的带宽有关。

固态放大器的主要噪声源是半导体本身，通过晶体管结点的电流是无规律的，从而产生噪声，它具有均匀的谱分布特性。低频时，半导体表面的缺陷使其按 $1/f$ 产生噪声，大约在100Hz 以下，它主导整个噪声分布，在极低频率时是主要误差源。

3.6.2 信号的隔离与屏蔽

在振动的测量中经常需要考虑接地、绝缘等问题，这些问题涉及信号的隔离与屏蔽。压电式加速度计是高阻抗元件，容易与静电场和电磁耦合产生不希望的干扰。同轴电缆带有一层屏蔽网，具有很好的屏蔽性能，通常用于压电式加速度计测量系统。理论分析和实验研究均表明：将加速度计的信号地与外壳接通，再采用绝缘安装螺钉和单端接地放大器，则系统具有良好的屏蔽性能。

下列是几条在大多数振动测量系统中有助于降低噪声的简单准则：

（1）在每个电连接处应用高质量的同轴电缆和同轴接头；

（2）将系统在一点接地，尽量选择可以控制且为正极的接地点；

（3）避免将电缆放置在通电的电缆架或线束中；

（4）避免靠近大的电磁场。

3.6.3 信号失真问题

压电式加速度计测量系统的每一部分都会产生一定程度的信号失真。加速度计和电缆所产生的问题在前面已经进行了讨论，这里将讨论由信号适调设备所带来的失真问题，包括饱和与削波、零漂和斜率极限。

1）饱和与削波

在线性系统中，输出电信号应只含有机械输入中所存在的频率分量。如果机械输入激起了传感器共振，就在放大器的输入信号中叠加了很大的传感器的瞬态响应，最终的信号将使放大器饱和，造成信号削波。当放大器出现饱和时，就进入了非线性区，输出信号中将产生新的频率分量，并与待测的有用信号混在一起，甚至可能淹没有用信号。另外，测量系统中用来保护仪器设备的限幅电路是另一个失真源，当信号超过其限幅电压时，也会出现削波。削波时数据将会失真，并且很难恢复原来的波形。

2）零漂

在系统的运动结束之后，加速度计的电输出不能回到初始零线的现象称为零漂。将有零漂的加速度信号进行积分来求位移，会出现极为严重的偏差。如果加速度计出现零漂，其输出信号的基线将会大大偏移；如果放大器处于高增益挡，则会造成限幅削波。零漂可能是正向的，也可能是负向的。造成零漂的原因主要有：加速度计内敏感元件的过应力、电缆噪声、基座应变、信号适调仪过载等。

3）斜率极限

斜率极限是指放大器输出电压频率超出其能达到的最高频率时，依其极限斜率变化而产生的非线性。放大器的最后一级只能为其负载提供有限的电流，如果负载所需的电流大于它所能供应的电流，为了获得此电流，输出将会产生失真。在驱动长电缆这样的高电容负载时，就会产生问题。

通过电容器的电流为

$$i = C\frac{\mathrm{d}v}{\mathrm{d}t} \tag{3-2}$$

电压变化越快，要求的电流就越大。例如，一电荷放大器“交流”输出的额定值为 3mA，如果用它驱动 4000pF 的负载（相当于 40m 长的同轴电缆），则信号的斜率极限为

$$\frac{\mathrm{d}v}{\mathrm{d}t} = \frac{i}{C} = 3\mathrm{mA} / 4000\mathrm{pF} = 0.75\mathrm{V} / \mu\mathrm{s} \tag{3-3}$$

当电压频率过高使得电压变化率超出斜率极限时，就会产生非线性，出现新的频率分量。

3.7　本章小结

本章主要讲解了振动测试系统，包括激振系统、压电式加速度传感器测量系统和电涡流位移传感器测量系统，以及在振动测试系统中至关重要的传感器的安装方式、校准方法等，为获取准确的振动信号奠定基础。

第 4 章　振动信号处理基础

振动是自然界中普遍存在的一种现象，弹簧振子的单自由振动、钟摆的摆动、汽车行驶及地震都是振动现象，而振动对我们生产、生活的影响也有好有坏。在实际工程中需要扬长避短，利用有利振动进行生产生活，同时也需要遏制有害振动，所以对振动信号的采集、测试和处理就显得尤为重要。本章主要是对振动信号处理的基本综述，所包含的内容有：信号及振动信号的定义，振动信号的分类，各种振动信号的概念，振动信号处理的意义及在振动信号处理中预处理、时域处理和频域处理的常用方法。

4.1　振动信号的定义与分类

4.1.1　振动信号的定义

信号是信息的载体，在本书中，振动信号是指利用传感器从振动源获取的信号。在数学形式上，振动信号表示为以时间为自变量的函数，例如，压电式加速度传感器采集到的是加速度信号，压电式力传感器采集到的是力信号。

4.1.2　振动信号的特性与分类

振动信号可分为确定性信号和随机信号。确定性信号可分为周期信号和非周期信号，随机信号可分为平稳随机信号和非平稳随机信号。如图 4-1 所示为振动信号的分类框图。

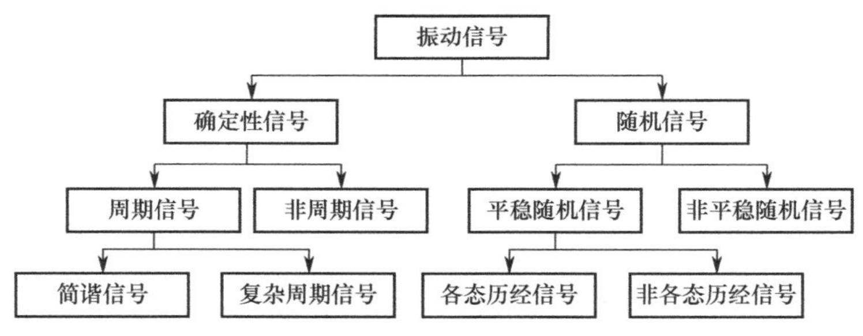

图 4-1　振动信号的分类框图

确定性振动信号能用确定的时间函数来表达。随机信号不能用确定的时间函数来表达，只能通过其随时间或其幅值的统计特征来表达。产生随机信号的振动有两个特点：一是振动无规律性；二是物体的任何振动物理量都不能用确定的时间函数来描述，只能用概率论和统计学的方法来描述。确定性信号和随机信号又可以进行不同的分类。

确定性信号中的周期信号是指瞬时幅值随时间重复变化的信号，周期信号又可细分为简谐信号和复杂周期信号，复杂周期信号能由几个简谐振动信号合成。非周期信号是指没有周期性的确定性信号。

平稳随机信号和非平稳随机信号是随机信号的两大分类。平稳随机信号是指统计特性不随时间变化的随机信号。非平稳随机信号是指统计特性会随时间变化的随机信号。其中，平稳随机信号又可分为各态历经信号和非各态历经信号。所谓各态历经信号，是指任一次实现都经历了所有可能状态的振动信号，而非各态历经信号则是任一次实现没有都经历所有可能状态的振动信号。

必须注意的是，切不可把复杂的波形误认为一定是随机振动。反过来，受概率分布支配而产生的波形，即使再简单，也是随机振动。

如表 4-1 所示为常见振动信号的实例及波形，这些常见振动信号可以由振幅传感器、加速度传感器或压力传感器测量得到，相应的单位分别为 m、m/s^2、N。

表 4-1　常见振动信号的实例及波形

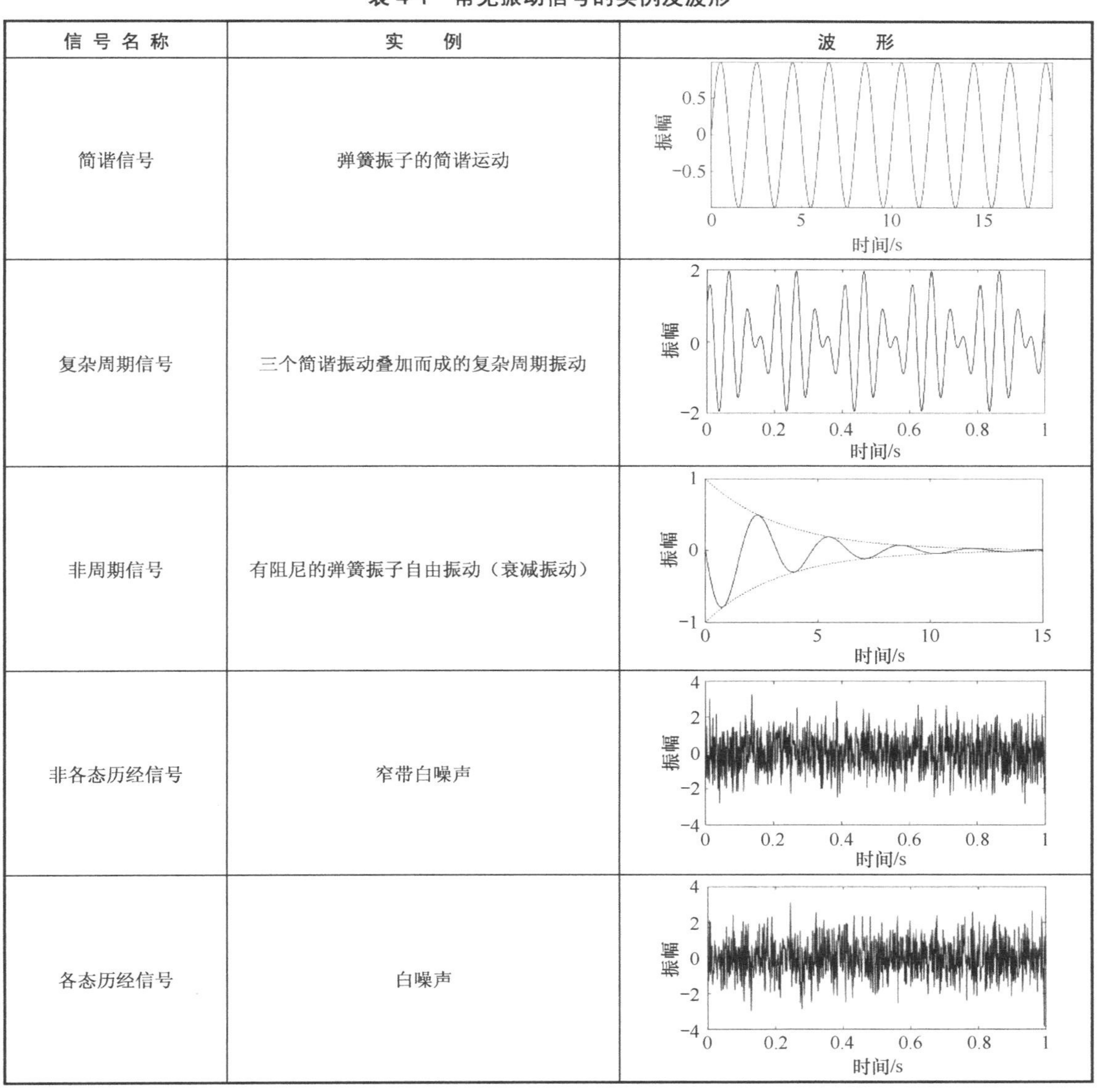

信号名称	实　例	波　形
简谐信号	弹簧振子的简谐运动	
复杂周期信号	三个简谐振动叠加而成的复杂周期振动	
非周期信号	有阻尼的弹簧振子自由振动（衰减振动）	
非各态历经信号	窄带白噪声	
各态历经信号	白噪声	

4.2 振动信号处理的一般方法

4.2.1 信号预处理常用方法

通过信号采集系统获取的原始信号通常会受到干扰和噪声的影响，因此需要对信号进行预处理，达到去除噪声、增强信号特性的目的。而且，通过不同传感器获取的信号的量纲不同、形式不同，在进一步处理前，常常需要进行转换处理。常用的信号预处理方法有：（1）信号类型转换；（2）信号放大；（3）信号滤波；（4）去除均值；（5）去除趋势项。

信号类型转换是根据需要将采集信号转换为便于处理的信号。常见的振动传感器输出的信号的形式有电阻信号、电容信号、电流信号、微弱电压信号等几种，这些信号需要转换成标准的电压信号。

信号放大是增强微弱信号幅度或强度的过程，以便于传输和分析。常用的信号放大器包括测量放大器、隔离放大器、可编程增益放大器等。

信号滤波是指保留有用频段信号，抑制噪声信号，从而提高信噪比。常用的信号滤波包括高通滤波、低通滤波和带通滤波等。实现滤波功能的系统称为滤波器。

去除均值是根据对信号均值的估计值，消除信号中所含均值成分的过程。例如，在计算信号的标准差等统计量时，需要去除信号均值。

由环境变化、仪器零点漂移等因素导致测试得到的振动信号偏离基线，信号偏离基线随时间变化的过程被称为信号的趋势项。去除趋势项是指从测试的振动信号中消除这些影响，常用的趋势项去除方法有滤波法、多项式拟合法等。

4.2.2 振动信号的时域处理方法

本书主要讨论以下振动信号时域处理的方法。

（1）时域统计分析：①概率分布函数；②概率密度函数；③均值；④均方值；⑤方差。

（2）相关分析：①自相关函数；②互相关函数。

信号的时域统计分析是指对信号的各种时域参数、指标的估计或计算。

相关分析就是指变量之间的线性联系或相互依赖关系分析。变量之间的联系可通过反映变量的信号之间的内积或投影大小来刻画。

4.2.3 振动信号的频域处理方法

频域处理也称为频谱分析，是建立在傅里叶变换的基础上的，处理得到的结果是以频率为变量的函数，称为谱函数。本书重点论述以下振动信号的频域处理方法：（1）傅里叶变换；（2）自功率谱分析；（3）互功率谱分析；（4）三分之一倍频程分析；（5）实倒谱分析；（6）复倒谱分析。

4.3 高级振动信号处理方法

对于复杂的振动信号，如非平稳随机信号，就需要利用高级振动信号处理方法进行分析。常见的高级振动信号处理方法有 Wigner-Ville 分布、小波分析、盲源分离、Hilbert-Huang 变换和高阶统计量分析等。Wigner-Ville 分布具有高分辨率、时频聚集性等优点，但交叉干扰项的影响仍然需要解决。小波分析具有时频局部化能力，具有频率显微镜之称，但由于受分解层数、先验知识等的局限，因此对振动信号的分析能力有待提高。Hilbert-Huang 变换能够自适应地进行时频分解，得到时频图。盲源分离可从原始测试信号中将振动信号和噪声信号进行分离，是振动信号处理的重要手段，但对于信号源数目的估计及动态变化等情况引起的分析误差还需要进一步减小。高阶统计量包含二阶统计量（功率谱和相关函数）所没有的大量丰富信息，但当阶次高于 4 阶时，高阶统计量分析与计算就存在很多困难。利用高级振动信号处理方法分析复杂振动信号，是目前振动信号处理领域研究的难点和热点。

4.4　轴承振动信号数据

美国凯斯西储大学轴承测试中心搭建了电机轴承系统的测试平台，进行了轴承振动信号的采集，建立了轴承振动信号数据库。这个数据库可以用于以下技术的研究：Winsnode 状态评估技术、基于模型的诊断技术、电机转速确定技术、电机性能评价技术、电机性能验证或改进。美国凯斯西储大学的轴承振动信号数据中心网站提供了轴承数据采集实验介绍和数据下载链接。

4.4.1　凯斯西储大学轴承数据采集实验

（1）实验平台：如图 4-2 所示，实验平台包括一个电机（左侧）、一个转矩传感器（中间）、一个测功率设备（右侧）。两个被测试轴承分别是驱动端轴承和风扇端轴承。

图 4-2　信号采集实验平台装置

（2）振动信号采集传感器的设置：振动信号采集传感器的位置为驱动端和风扇端轴承座的竖直方向的上方（12:00 点钟方向）。故障轴承的振动信号采集实验设置了两个传感器，分别在驱动端和风扇端的 12:00 点钟的位置。在正常轴承的振动测试信号采集实验中，设置了 3 个传感器，分别在驱动端和风扇端的 12:00 点钟的位置及电机支承底盘上。

（3）信号采样频率设置：信号采样频率为 12kHz 和 48kHz。

（4）故障设置：实验使用电火花加工技术在驱动端和风扇端的轴承上设置单点故障，分别在轴承的内圈、外圈、滚动体上加工不同尺寸的故障点。SKF 轴承上加工的故障直径为

0.007inch（1inch=2.54cm）、0.014inch、0.021inch，NTN 等效轴承加工的故障直径为 0.028inch。

（5）外圈故障设置：在轴承运动中，外圈的故障位置相对滚动的轴来说是固定不变的，轴承受载区域的位置中心在竖直方向下方（6:00 点钟方向），当外圈内滚道的不同位置有故障时，电机/轴承系统产生的振动响应有所不同。为了研究外圈不同位置的故障的影响，在实验中分别对驱动端和风扇端的轴承外圈竖直方向上方（12:00 点钟方向）、下方（6:00 点钟方向）、水平方向左侧（3:00 点钟方向）这 3 个位置设置了单点故障。

（6）轴承信息：轴承包括驱动端轴承和风扇端轴承，其中驱动端轴承为 6205-2RSJEMSKF 深沟球轴承，轴承信息如表 4-2 和表 4-3 所示，风扇端轴承为 6203-2RSJEMSKF 深沟球轴承，轴承信息如表 4-4 和表 4-5 所示，2RSJEMSKF 深沟球轴承如图 4-3 所示。

表 4-2 驱动端轴承信息（inch）

内圈直径	外圈直径	厚度	滚子直径	节径
0.9843	2.0472	0.5906	0.3126	1.537

表 4-3 驱动端故障轴承的通过频率（几何尺寸系数×转速 1797rpm/60s）

部件	内圈	外圈	保持架组	滚子
几何尺寸系数	5.4152	3.5848	0.3983	4.7135
通过频率/Hz	162.19	107.36	11.93	141.17

表 4-4 风扇端轴承信息（inch）

内圈直径	外圈直径	厚度	滚子直径	节径
0.6693	1.5748	0.4724	0.2656	1.122

表 4-5 风扇端故障轴承的通过频率（几何尺寸系数×转速 1797rpm/60s）

部件	内圈	外圈	保持架	滚子
几何尺寸系数	4.9469	3.0530	0.3817	3.9874
通过频率/Hz	148.46	91.44	11.43	119.42

图 4-3 2RSJEMSKF 深沟球轴承

4.4.2 轴承振动数据介绍

轴承数据内容涵盖信号采集位置、故障轴承信号采样频率、故障点大小、电机转速、故障点位置，滚动轴承振动信号数据库如图 4-4 所示。

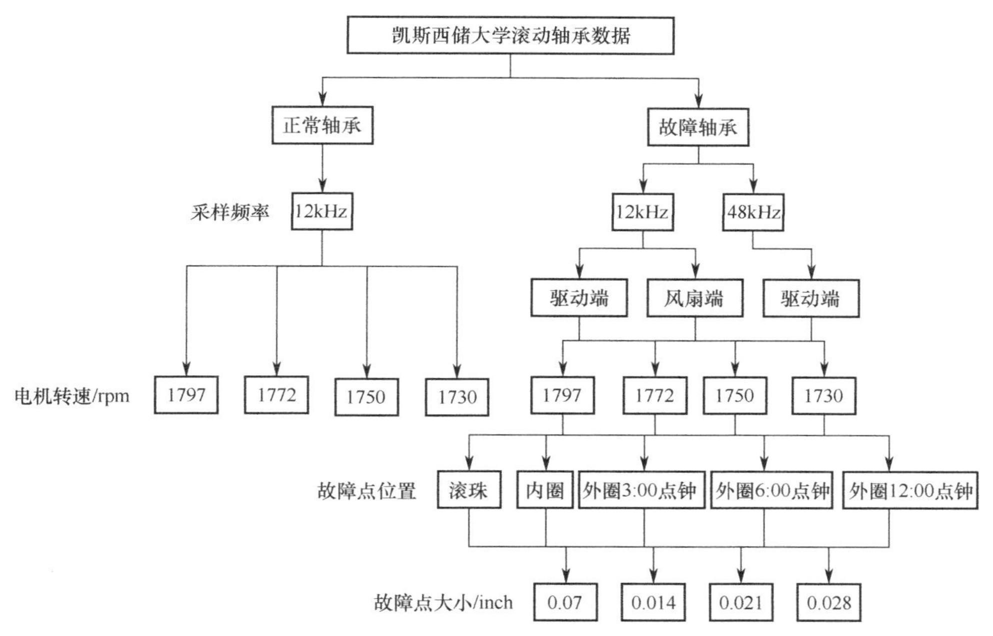

图 4-4　滚动轴承振动信号数据库

表 4-6～表 4-9 详细记录了实验所采集的数据信息和对应的数据文件编号，其中，hp 表示马力（1hp≈735W）。

表 4-6　正常轴承数据

负载/hp	电机转速/rpm	数据编号
0	1797	97
1	1772	98
2	1750	99
3	1730	100

表 4-7　12kHz 采样驱动端故障轴承数据

故障直径	负载/hp	电机转速/rpm	内圈故障	滚子故障	外圈故障（负载外力中心在 6:00）		
					@6:00	@3:00	@12:00
0.007"	0	1797	105	118	130	144	156
	1	1772	106	119	131	145	158
	2	1750	107	120	132	146	159
	3	1730	108	121	133	147	160
0.014"	0	1797	169	185	197	—	—
	1	1772	170	186	198	—	—
	2	1750	171	187	199	—	—
	3	1730	172	188	200	—	—
0.021"	0	1797	209	222	234	246	258
	1	1772	210	223	235	247	259
	2	1750	211	224	236	248	260
	3	1730	212	225	237	249	261

（续表）

故障直径	负载/hp	电机转速/rpm	内圈故障	滚子故障	外圈故障（负载外力中心在 6:00）		
0.028"	0	1797	3001	3005	—	—	—
	1	1772	3002	3006	—	—	—
	2	1750	3003	3007	—	—	—
	3	1730	3004	3008	—	—	—

表 4-8　48kHz 采样驱动端故障轴承数据

故障直径	负载/hp	电机转速/rpm	内圈故障	滚子故障	外圈故障（负载外力中心在 6:00）		
					@6:00	@3:00	@12:00
0.007"	0	1797	109	122	135	148	161
	1	1772	110	123	136	149	162
	2	1750	111	124	137	150	163
	3	1730	112	125	138	151	164
0.014"	0	1797	174	189	201	—	—
	1	1772	175	190	202	—	—
	2	1750	176	191	203	—	—
	3	1730	177	192	204	—	—
0.021"	0	1797	213	226	238	250	262
	1	1772	214	227	239	251	263
	2	1750	215	228	240	252	264
	3	1730	217	229	241	253	265

表 4-9　12kHz 采样风扇端故障轴承数据

故障直径	负载/hp	电机转速/rpm	内圈故障	滚子故障	外圈故障（负载外力中心在 6:00）		
					@6:00	@3:00	@12:00
0.007"	0	1797	278	282	294	298	302
	1	1772	279	283	295	299	305
	2	1750	280	284	296	300	306
	3	1730	281	285	297	301	307
0.014"	0	1797	274	286	313	310	—
	1	1772	275	—	—	309	—
	2	1750	—	288	—	311	—
	3	1730	277	289	—	312	—
0.021"	0	1797	270	290	315	—	—
	1	1772	271	291	—	316	—
	2	1750	272	292	—	317	—
	3	1730	273	293	—	318	—

4.5　本章小结

本章论述了振动信号处理基础，论述了振动信号的定义、特性与分类，以及振动信号处理的一般方法，介绍了一般的振动信号时域处理方法、频域处理方法和高级处理方法，最后给出了典型轴承数据库的结构及其特性，为本书后面各章的应用案例提供了数据支撑。

第 5 章　振动信号时域处理

本章重点论述振动信号的时域处理方法。振动信号的时域处理是指在时域内对信号进行滤波、放大、统计特征计算、相关性分析等处理，本章在论述基础知识的同时，给出各种信号处理方法的应用实例，并给出算法。

5.1　时域统计分析

5.1.1　时域统计分析的概述

在随机振动的处理分析中，如果对一随机振动的所有样本函数所取的某一时刻的集合平均与其他任一时刻的集合平均都是相同的，则该随机振动被称为平稳随机振动。一般来说，平稳随机振动的统计特性是不随时间的推移而变化的，也就是说，平稳随机振动的统计特性不是时间函数。

实际工程中的很多随机振动信号是假设为各态历经来进行处理分析的。从大量统计来看，大多数随机振动近似满足各态历经的假设，但是，即使是各态历经的平稳随机振动，由于单个样本函数的点数仍会无限长，所以在实际工作中做起来是不可能的。通常仅能取有限长的点数来计算，所计算出的统计特性不是此随机信号的真正值，仅是接近真正值的一种估计值。

5.1.2　时域统计分析的常用参数及指标

在振动信号处理时域分析中，时域统计分析的常用参数及指标有：均值、均方值、方差、概率分布函数和概率密度函数。

1）均值

均值用来描述信号的平均水平，也称数学期望或一次矩，反映了信号变化的中心趋势。当观测时间 T 趋于无穷时，信号在观测时间 T 内取值的时间平均就是信号 $x(t)$ 的均值。均值的定义为

$$\mu_x = \lim_{T\to\infty}\frac{1}{T}\int_0^T x(t)\mathrm{d}t \tag{5-1}$$

式中，T 是信号的观测区间。实际中 T 不可能为无穷，所以算出的 μ_x 必然包含统计误差，只能作为真值的一种估计。

在工程测试中，均值描述的是静态物理量，如静力或静应力等。

2）均方值

均方值用来描述信号的平均能量或平均功率，又称二次矩，其正平方根值又称为有效值，也是信号平均能量的一种表达。当观测时间 T 趋于无穷时，信号在观测时间 T 内取值平方的时间平均值就是信号 $x(t)$ 的均方值，常用符号 $\varPsi_x^2$ 表示，定义为

$$\varPsi_x^2 = \lim_{T\to\infty}\frac{1}{T}\int_0^T x^2(t)\mathrm{d}t \tag{5-2}$$

如果仅对有限长的信号进行计算，则其结果仅是对其均方值的估计。均方值的正平方根为均方根值（或者有效值）X_{rms}。

3）方差

方差反映了信号绕均值波动的程度，是描写数据的动态分量，与随机振动的能量成比例。方差的定义为

$$\sigma_x^{\ 2} = \lim_{T\to\infty}\frac{1}{T}\int_0^T [x(T)-\mu_x]^2 \mathrm{d}t \tag{5-3}$$

方差仅反映了信号 $x(t)$ 中的动态部分。方差的正算术根 σ_x 称为标准差。若信号 $x(t)$ 的均值为零，则均方值等于方差；若信号 $x(t)$ 的均值不为零，则式（5-4）成立

$$\sigma_x^{\ 2} = \varPsi_x^{\ 2} - \mu_x^{\ 2} \tag{5-4}$$

即在数值上方差等于均方值减去均值。

4）概率分布函数和概率密度函数

随机信号 $x(t)$ 的取值落在区间内的概率可用下式表示

$$P_{\text{prb}} = [x < x(t) \leqslant x + \Delta x] = \lim_{T\to\infty}\frac{\Delta T}{T} \tag{5-5}$$

式中，ΔT 为信号 $x(t)$ 的取值落在区间 $(x, x+\Delta x]$ 内的总时间，T 为总的观察时间。当 $\Delta x \to 0$ 时，概率密度函数定义为

$$P(x) = P_{\text{prb}}[x(t) \leqslant \delta] = \lim_{T\to\infty}\frac{\Delta T}{T} \tag{5-6}$$

随机信号 $x(t)$ 的取值小于或等于某一定值 δ 的概率，称为信号的概率分布函数，常用 $P(x)$ 表示。概率分布函数的定义为

$$P(x) = P_{\text{prb}}[x(t) \leqslant \delta] = \lim_{T\to\infty}\frac{\Delta T}{T} \tag{5-7}$$

概率密度函数在工程上常被用于进行机械部件在运行中所受的随机振动应力分析，较多出现的应力振幅所造成的疲劳是导致这些部件失效的关键，因此，幅值出现概率较大的应力应成为这些部件设计的依据。另外，还可根据概率密度函数曲线的形状特征来鉴别随机信号中是否含有周期信号及周期信号所占的比例。

5.2　相关分析

在信号分析中，相关是一个非常重要的概念。所谓相关，就是指变量之间的线性联系或相互依赖关系。根据前面的讨论，变量之间的联系可通过反映变量的信号之间的内积或投影大小来刻画。这部分关于相关分析的讨论均针对实信号进行。设有实信号 $x(t)$ 和 $y(t)$，它们的内积可写成

$$\langle x, y\rangle = \int_0^T x(t)y(t)\mathrm{d}t \tag{5-8}$$

式中，T 为信号 $x(t)$ 和 $y(t)$ 的观测时间。显然，如果信号 $x(t)$ 和 $y(t)$ 随自变量时间的取值相似，内积结果就大，或者说 $x(t)$ 在 $y(t)$ 上的投影就大，反之亦然。

因此，通过上述做内积的公式可定义信号 $x(t)$ 和 $y(t)$ 的相关性度量指标。另外，实际中应先将信号 $y(t)$ 移动时间 τ 得到 $y(t+\tau)$，然后计算 $x(t)$ 和 $y(t+\tau)$ 的相关性。考虑积分时间段

的影响，这时信号 $x(t)$ 和 $y(t+\tau)$ 的相关性指标可写成

$$R(\tau)=\lim_{T\to\infty}\frac{1}{T}\int_0^T x(t)y(t+\tau)\mathrm{d}t \tag{5-9}$$

式中，T 为信号 $x(t)$ 和 $y(t)$ 的观测时间，τ 是信号的滞后时间，$R(\tau)$ 是 τ 的函数。

5.2.1 自相关分析的原理、算法及实现

为了反映信号自身取值随自变量时间前后变化的相似性，将式（5-9）中的信号 $y(t)$ 用信号 $x(t)$ 代替，就可得到信号 $x(t)$ 的自相关函数 $R_x(\tau)$。信号 $x(t)$ 的自相关函数定义为

$$R_x(\tau)=\lim_{T\to\infty}\frac{1}{T}\int_0^T x(t)x(t+\tau)\mathrm{d}t \tag{5-10}$$

式中，T 为信号 $x(t)$ 的观测时间。$R_x(\tau)$ 描述了 $x(t)$ 与 $x(t\pm\tau)$ 之间的相关性。在实际中常使用下面标准化的自相关函数（或称自相关系数），符号为 $\rho_x(\tau)$，定义为

$$\rho_x(\tau)=\frac{R_x(\tau)}{{\sigma_x}^2} \tag{5-11}$$

式中，$R_x(\tau)$ 为信号 $x(t)$ 的自相关函数，σ_x 为信号 $x(t)$ 的标准差。

自相关函数 $R_x(\tau)$ 具有如下性质。

（1）$R_x(\tau)$ 为实函数。

（2）$R_x(\tau)$ 为偶函数，即 $R_x(\tau)=R_x(-\tau)$。

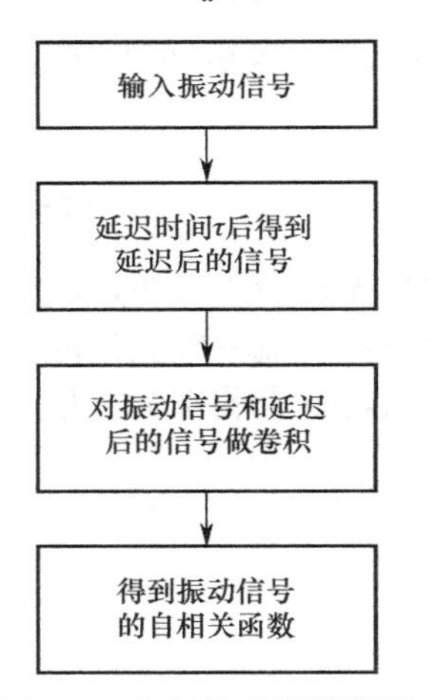

图 5-1 自相关分析流程图

（3）$R_x(0)$、${\Psi_x}^2$ 是 $x(t)$ 的均方值。

（4）对于各态历经随机信号 $x(t)$，有 $|R_x(\tau)|\leqslant R_x(0)$，$R_x(\tau)$ 在 $\tau=0$ 处取得最大值。

（5）当随机信号的均值为 ${\mu_x}^2$ 时，$\lim\limits_{\tau\to\infty}R(\tau)={\mu_x}^2$。确定性随机信号的自相关函数在 $\tau=\infty$ 时不满足此式。

（6）若平稳随机信号 $x(t)$ 含有周期成分，则它的自相关函数 $R_x(\tau)$ 也含有周期成分，且 $R_x(\tau)$ 中的周期成分的周期与信号 $x(t)$ 中周期成分的周期相等。该性质对确定性信号也成立。

对信号进行自相关分析，就是对信号 $x(t)$ 延迟时间 τ 后得到延迟后的信号 $x(t+\tau)$，然后对 $x(t)$ 和 $x(t+\tau)$ 做卷积计算，所得结果即信号 $x(t)$ 的自相关函数。自相关分析流程图如图 5-1 所示，自相关分析算法步骤表如表 5-1 所示。

表 5-1 自相关分析算法步骤表

输入：	振动信号 $x(t)$
输出：	振动信号 $x(t)$ 的自相关波形图
开始：	
	步骤 1：对振动信号 $x(t)$ 延迟时间 τ 后得到延迟后的信号 $x(t+\tau)$
	步骤 2：计算振动信号 $x(t)$ 的自相关函数
	$R_x(\tau)=\lim\limits_{T\to\infty}\frac{1}{T}\int_0^T x(t)x(t+\tau)\mathrm{d}t$
	步骤 3：绘制振动信号 $x(t)$ 的自相关波形图
结束	

【例 5-1】图 5-2～5-5 给出了几种常见信号的自相关函数。本章中，这些常见的振动信号可以由振幅传感器、加速度传感器或压力传感器测量得到，相应的单位分别为 m、m/s^2、N，后续图例中不再具体标出。从图中可以看出信号中的周期成分在相应的自相关函数中不会衰减，且保持了原来的周期。因此，自相关函数可从被噪声干扰的信号中找出周期成分。

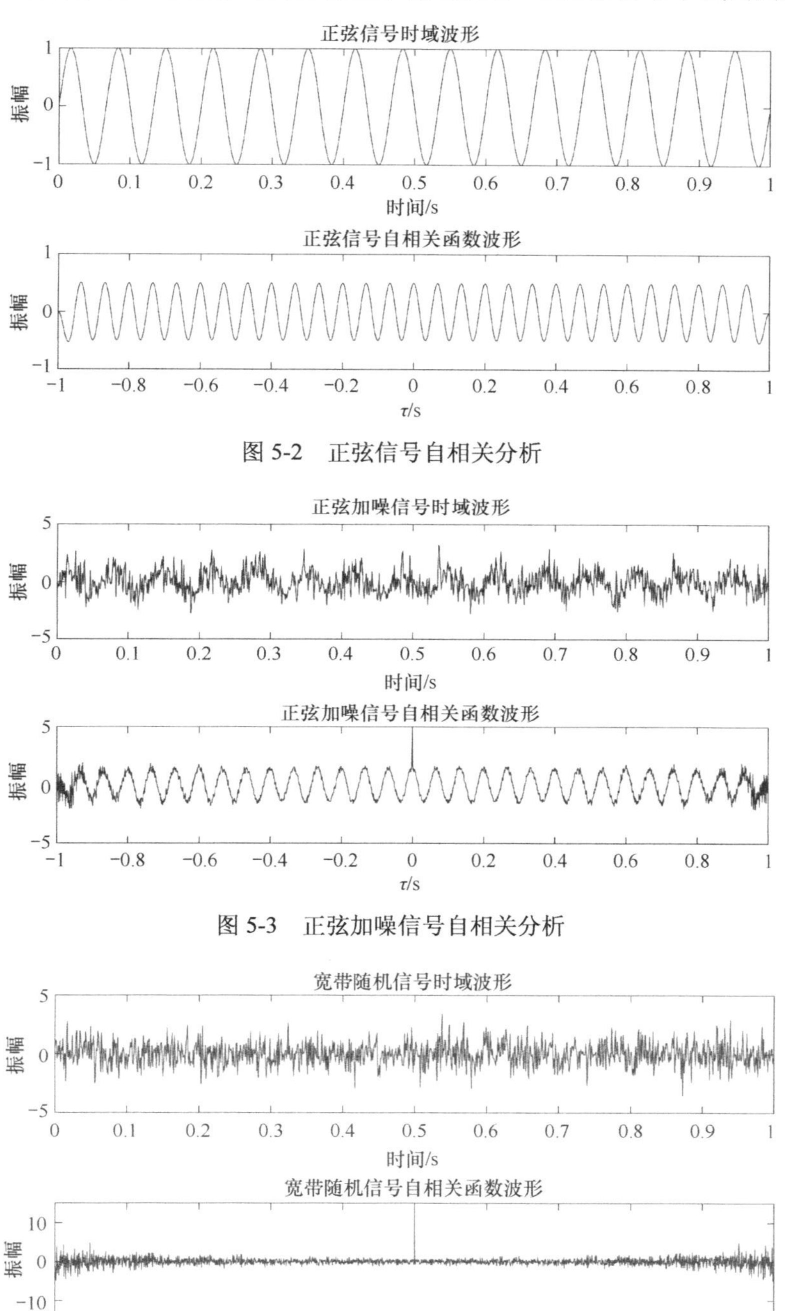

图 5-2　正弦信号自相关分析

图 5-3　正弦加噪信号自相关分析

图 5-4　宽带随机信号自相关分析

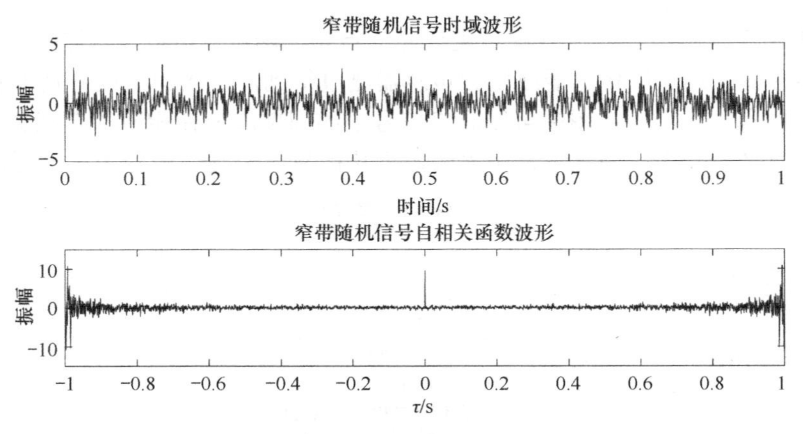

图 5-5 窄带随机信号自相关分析

自相关函数是随机振动信号分析中一个很重要的参量。自相关函数曲线的收敛快慢在一定程度上反映了信号中所含各频率分量的多少，反映了波形的平缓和陡峭程度。在工程实际中常用自相关函数来检测随机振动信号是否包含周期成分。在用噪声诊断机器运行状态时，正常机器噪声是大量、无序、大小近似相等的随机成分叠加的结果，因此正常机器噪声具有较宽而均匀的频谱。当机器状态异常时，随机噪声中将出现有规则的、周期性的信号，其幅度要比正常噪声的幅度大得多。例如，当机构中轴承磨损间隙增大时，轴与轴承盖之间就会有撞击现象；再如，当滚动轴承的滚道出现剥蚀、齿轮啮合面出现严重磨损时，随机噪声中均会出现周期信号。在用噪声诊断机器故障时，依靠自相关函数 $R_x(\tau)$ 就可在噪声中发现隐藏的周期分量，确定机器的缺陷所在。特别是对于早期故障，周期信号不明显，通过直接观察难以发现，自相关分析就显得尤为重要。

5.2.2 自相关消噪和周期提取仿真实验

1）实验原理

为了反映信号自身取值随自变量时间前后变化的相似性，将信号 $x(t)$ 的自相关函数定义为

$$R_x(\tau)=\lim_{T\to\infty}\frac{1}{T}\int_0^T x(t)x(t\pm\tau)\mathrm{d}t \tag{5-12}$$

式中，T 为信号 $x(t)$ 的观测时间。自相关函数 $R_x(\tau)$ 描述了 $x(t)$ 和 $x(t\pm\tau)$ 之间的相关性。

若信号 $x(t)$ 含有周期成分和随机噪声，则它的自相关函数 $R_x(\tau)$ 中不具备周期性的随机噪声成分被消减，可以更加明显地看出周期成分。

2）实验过程与分析

仿真实验一：简谐信号自相关分析

一简谐信号为 $x(t)=2\sin(10\pi t)$，周期为 0.2s，其时域波形和自相关函数波形如图 5-6 和图 5-7 所示，可以发现自相关函数波形具有和时域波形一样的周期。

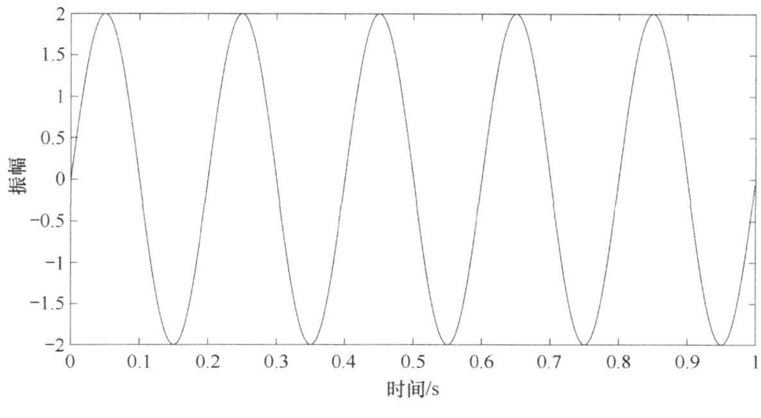

图 5-6　简谐信号时域波形

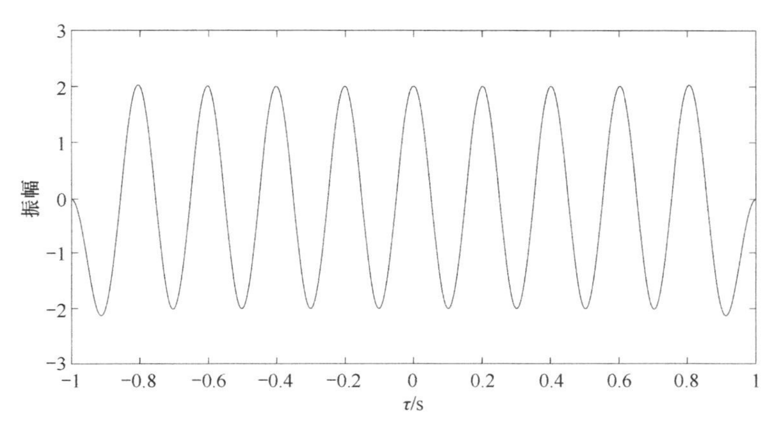

图 5-7　简谐信号自相关函数波形

仿真实验二：复杂周期信号自相关分析

一复杂周期信号为 $x(t)=\sin(10\pi t)+2\cos(20\pi t)$，该信号由两个周期分别为 0.2s 和 0.1s 的简谐信号组成，其时域波形和自相关函数波形如图 5-8 和图 5-9 所示，可以看到图 5-8 和图 5-9 所示的波形具有相同的周期。

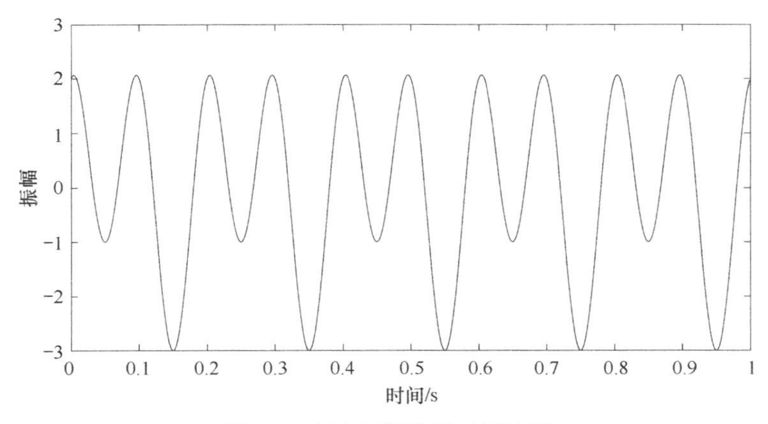

图 5-8　复杂周期信号时域波形

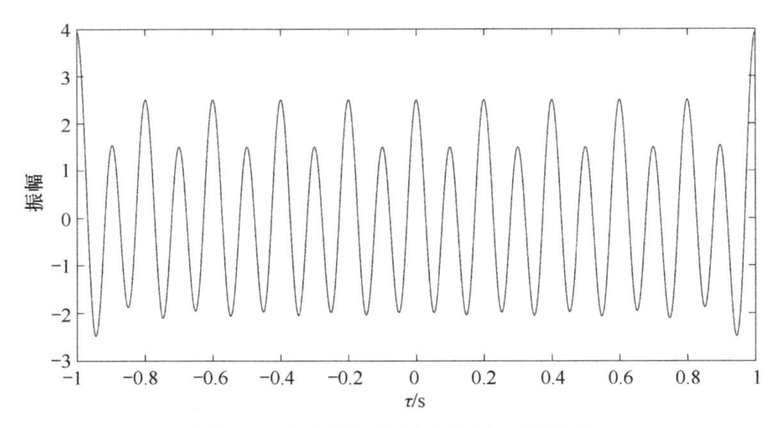

图 5-9 复杂周期信号自相关函数波形

仿真实验三：加噪周期信号自相关分析

一加噪周期信号为 $x(t)=1.5\sin(10\pi t)+\text{rand}n(\text{size}(t))$，是由周期为 0.2s 的正弦信号加上随机噪声而组成的，其时域波形和自相关函数波形如图 5-10 和图 5-11 所示。可以看到，进行自相关处理后可以极大地削减带噪时域信号中的噪声成分，达到降噪目的。

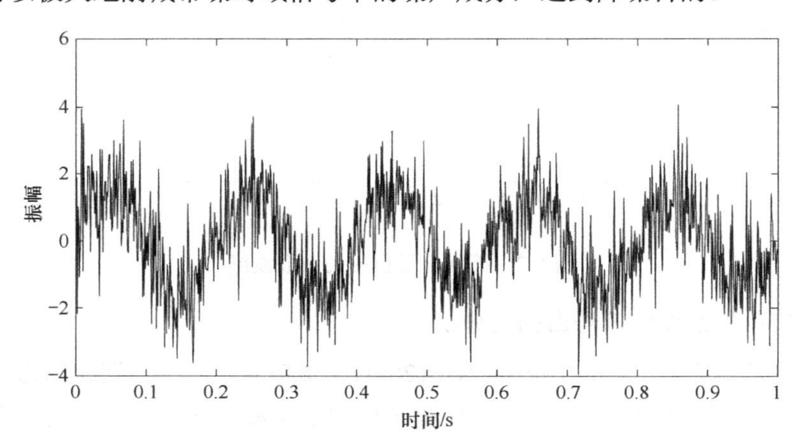

图 5-10 加噪周期信号时域波形

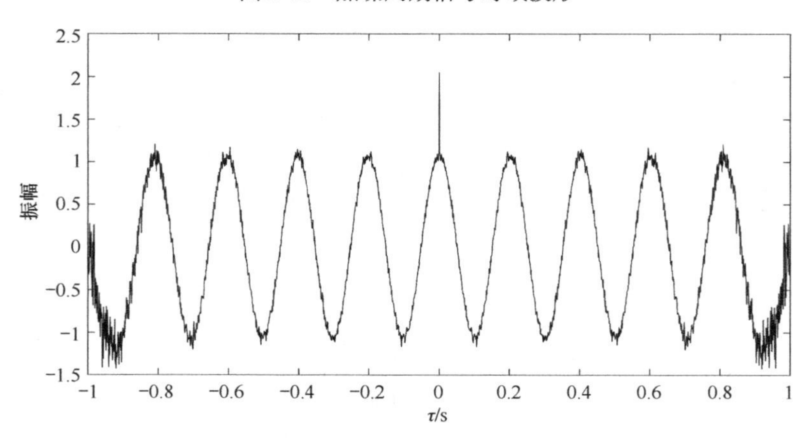

图 5-11 加噪周期信号自相关函数波形

5.2.3 自相关消噪和周期提取实测实验

1. 实测实验一：实测周期信号自相关消噪和周期提取实验

1）实验原理

为了反映信号自身取值随自变量时间前后变化的相似性，将信号 $x(t)$ 的自相关函数定义为

$$R_x(\tau)=\lim_{T\to\infty}\frac{1}{T}\int_0^T x(t)x(t\pm\tau)\mathrm{d}t \tag{5-13}$$

式中，T 为信号 $x(t)$ 的观测时间。自相关函数 $R_x(\tau)$ 描述了 $x(t)$ 和 $x(t\pm\tau)$ 之间的相关性。

信号 $x(t)$ 含有周期成分，则它的自相关函数 $R_x(\tau)$ 中也含有周期成分，且 $R_x(\tau)$ 中周期成分的周期与信号 $x(t)$ 中周期成分的周期相等。

2）实验测试系统

（1）实验测试系统的组成。

硬件系统的主要功能为对简支板进行激振，然后测量并采集简支板的振动信号。硬件系统连接图如图 5-12 所示。

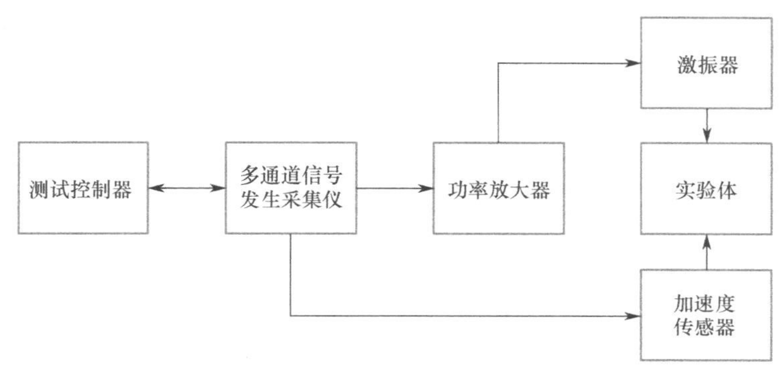

图 5-12 硬件系统连接图

（2）硬件仪器的组成。

测试控制器一方面控制激振器产生振动，另一方面控制多通道信号发生采集仪进行振动信号的产生与采集。

多通道信号发生采集仪能够进行振动信号的产生与采集，还可以进行初步的时域分析和频域分析。

功率放大器主要用于声学和振动信号的功率放大。

激振器是一种将电能转换成机械能的变换器，激振器通常装在实验对象上，由激振器产生的激振力作用于实验对象的某一局部区域，使实验对象产生强迫振动，它是一个振动源，对试件提供一个激振力，对结构的模型或原型进行直接激振，研究结构的动态特性。

加速度传感器是能测试加速度并转换成输出信号的传感器。

其他硬件还有固定钳及连接线等。

（3）实验测试系统连接。

第一步，将测试控制器与多通道信号发生采集仪连接。

第二步，将多通道信号发生采集仪与功率放大器相连。

第三步，将功率放大器上对应于输入端口的输出端口用线连接至激振器。

第四步，将激振器用轻绳捆绑并放置在简支板的上方。

第五步，将加速度传感器用线连接至多通道信号发生采集仪的前端，并将加速度计固定在简支板的测点位置上，如图 5-13 所示。

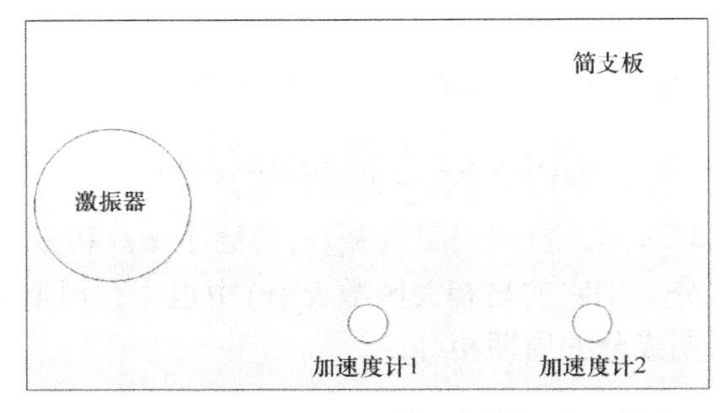

图 5-13 激振器及加速度计安放位置示意图

3）实验步骤

实验人员通过测试控制器设置多通道信号发生采集仪所产生的信号，信号通过功率放大器进行功率放大后加载在激振器上，对圆柱壳体上所放的简支板进行激励。加速度传感器从振动的简支板上拾取信号，通过多通道信号发生采集仪获取采集到的信号。具体的操作过程如下。

（1）熟悉系统中各仪器的使用方法，并按图 5-14 所示的流程搭建实验台，检查系统连接的正确性。

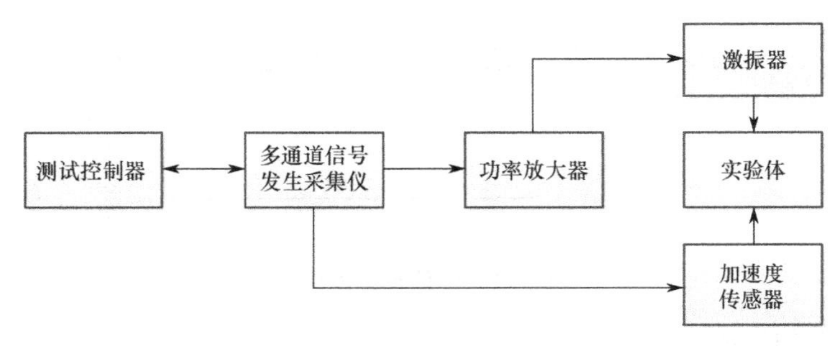

图 5-14 搭建实验台的流程

（2）将功率放大器调到最小功率，连接电源，打开测试控制器、多通道信号发生采集仪、功率放大器。

（3）连接多通道信号发生采集仪（前端）和测试控制器。

（4）对加速度传感器进行校准，然后将加速度传感器贴到要采集信号的位置，具体位置如图 5-15 所示。

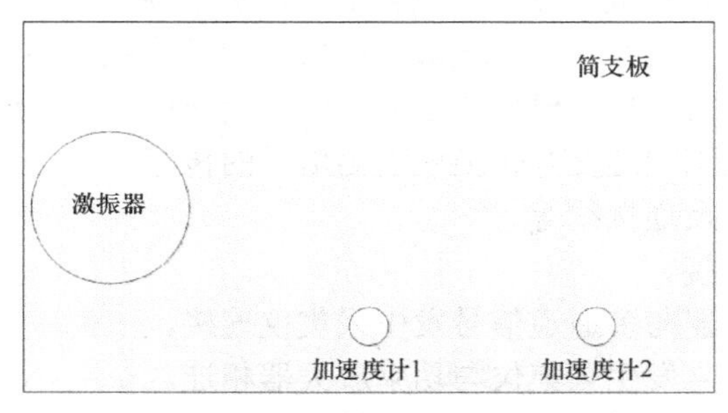

图 5-15 加速度传感器的位置

(5)对激振器进行参数设置,分别选择周期信号和加白噪声的周期信号作为激励信号(注:这些信号均为事先在 MATLAB 中生成并导入的音频文件)。

（6）多通道信号发生采集仪采集背景噪声。

（7）打开激振器，将采集到的数据与背景噪声进行对比，看是否大于 20dB。若大于，则满足条件，继续采集数据；若不满足，则加大功率放大器的输出功率，但需注意不可过载。

（8）关闭激振器，保存采集到的数据。

（9）如果需要，则换测点，重复 8～9 次；如果不需要，则将功率放大器的功率调到最小，关闭多通道信号发生采集仪和功率放大器，并整理实验仪器。

4）实验注意事项

（1）试件与激振器顶杆的连接是通过磁力（座）吸附在试件表面，并悬挂在支架上来实现的，因此，实验中不要碰撞试件，以免试件转动使激振器顶杆受力而损坏激振器。

（2）功率放大器极易损坏，因此，其输出幅值不能超出规定电压，更不能短路。注意信号发生器及电荷放大器的输出也不能短路。

5）测量结果展示和数据处理

（1）测量结果：将测量数据加载到 MATLAB 中。

（2）数据处理：利用 MATLAB 软件制作各信号的时程曲线图和自相关函数，如图 5-16 所示。

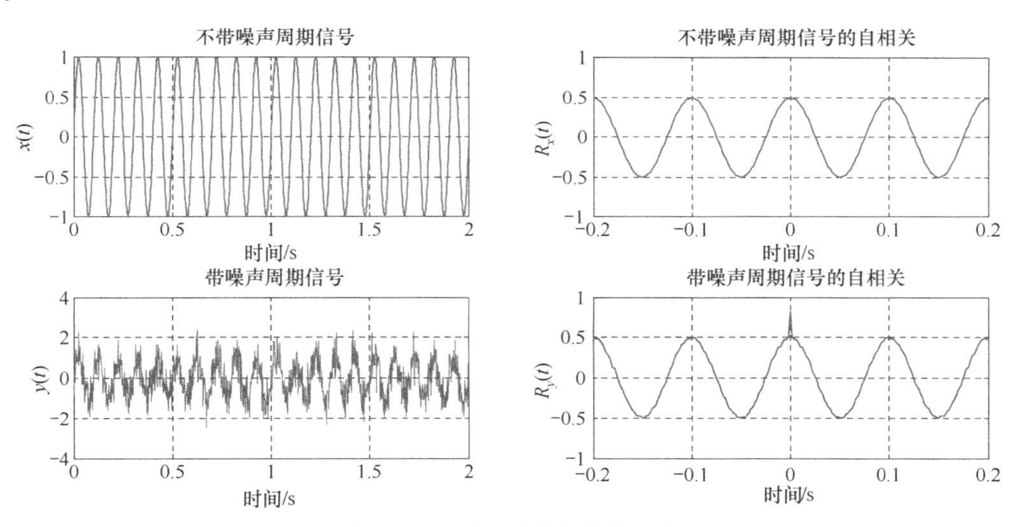

图 5-16　两种信号的自相关函数

（3）数据分析：由图 5-16 可知，周期信号的自相关函数还是周期信号，而且自相关函数的周期和原始信号的周期相同。带白噪声的正弦信号观察不了信号的周期，通过求其自相关函数可以从被噪声干扰的信号中找出周期成分。在用噪声诊断机器运行状态时，正常机器噪声是由大量、无序、大小近似相等的随机成分叠加的结果，因此正常机器噪声具有较宽而均匀的频谱。当机器状态异常时，随机噪声将出现有规则的、周期性的信号，其幅度要比正常噪声的幅度大得多。在用噪声诊断机器故障时，依据自相关函数就可在噪声中发现隐藏的周期成分，确定机器的缺陷所在。特别是对于早期故障，周期信号不明显，通过直接观察难以发现，自相关分析就显得尤为重要。

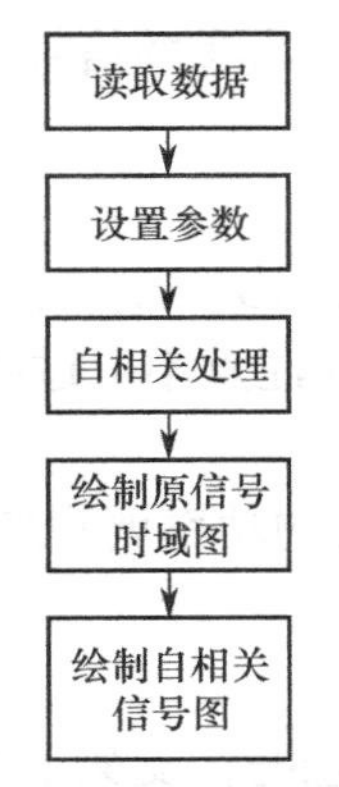

图 5-17 实验程序流程图

2. 实测实验二：实测轴承振动信号自相关消噪和周期提取实验

1）轴承振动数据选取

本实验的轴承振动数据选取表 4-6 所示的在驱动端采集的正常轴承数据（数据编号：97）和表 4-7 所示的以采样频率 12kHz 在驱动端采集的驱动端内圈故障的数据（数据编号：105）。对两组数据进行自相关消噪和周期提取实验，观察实验结果。

2）实验程序流程图

实验程序流程图如图 5-17 所示。

3）实验结果

正常轴承及故障轴承的时域波形及自相关函数波形分别如图 5-18、图 5-19 所示，纵轴幅度的单位为 m/s^2。

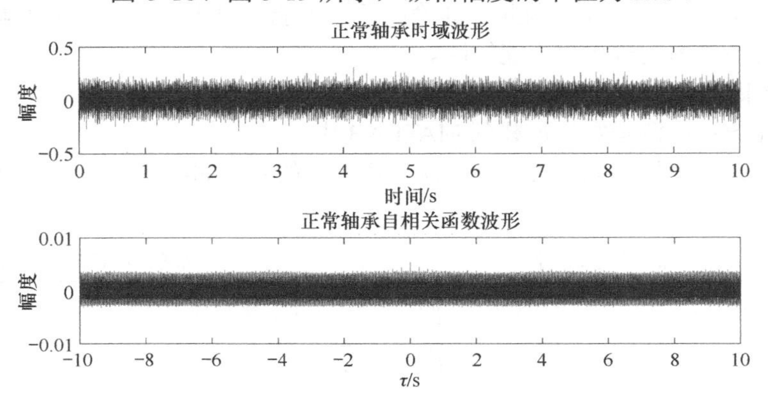

图 5-18 正常轴承时域波形及自相关函数波形

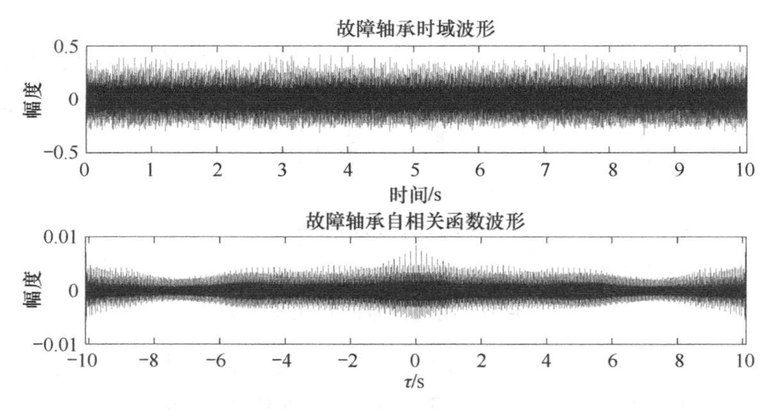

图 5-19 故障轴承时域波形及自相关函数波形

4）结果分析

由图 5-18 及图 5-19 可以看出故障轴承的自相关信号幅值较正常轴承的自相关信号幅值要大一个量级。也可以看出正常轴承及故障轴承的自相关信号表现出了一定的周期性。

从上述结果可以看出，在实际工程中，轴承振动信号大多都被淹没在周围的环境噪声之中，想要获取其中包含的精确信息，仅仅依靠单一的信息处理手段是行不通的，需要多种信息处理方法相互配合。

5.2.4　互相关分析的原理、算法及实现

互相关函数是表示两组信号之间依赖关系的统计量，它可以定量地对一个机械系统中某一测点的振动信号与同一系统中另外一些测点的振动信号进行比较，并找出它们之间的时间延迟。相关函数表示为

$$R_{xy}(\tau)=\lim_{T\to\infty}\frac{1}{T}\int_0^T x(t)y(t+\tau)\mathrm{d}t \tag{5-14}$$

式中，T 为随机信号 $x(t)$ 和 $y(t)$ 的观测时间，τ 为 $x(t)$ 和 $y(t)$ 两个信号之间的时间延迟。互相关函数 $R_{xy}(\tau)$ 是 τ 的函数，它完整地描述了两个信号之间的相关情况或取值依赖关系。

互相关函数 $R_{xy}(\tau)$ 具有如下性质。

（1）互相关函数 $R_{xy}(\tau)$ 为实函数，但不是偶函数，且在 $\tau=0$ 时不一定取得最大值。

（2）对于任意的 τ，$R_{xy}(\tau)$ 都满足 $[R_{xy}(\tau)]^2\leqslant R_x(0)R_y(0)$。

（3）若信号是零均值的，则当 $\tau\to\infty$ 时，$R_{xy}(\pm\infty)\to 0$。

（4）互相关函数 $R_{xy}(\tau)$ 具有反对称性，即 $R_{xy}(\tau)=R_{xy}(-\tau)$。

（5）若两个信号 $x(t)$ 和 $y(t)$ 均含有周期成分，且周期相等，则互相关函数 $R_{xy}(\tau)$ 也含有相同周期的周期成分。

对振动信号 $x(t)$ 和 $y(t)$ 进行互相关分析，要先对信号 $y(t)$ 延迟时间 τ 后得到延迟后的信号 $y(t+\tau)$，再对振动信号 $x(t)$ 和延迟后的信号 $y(t+\tau)$ 进行卷积运算，得到的结果就是振动信号 $x(t)$ 和 $y(t)$ 的互相关函数。互相关分析流程图如图 5-20 所示，互相关分析算法步骤表如表 5-2 所示。

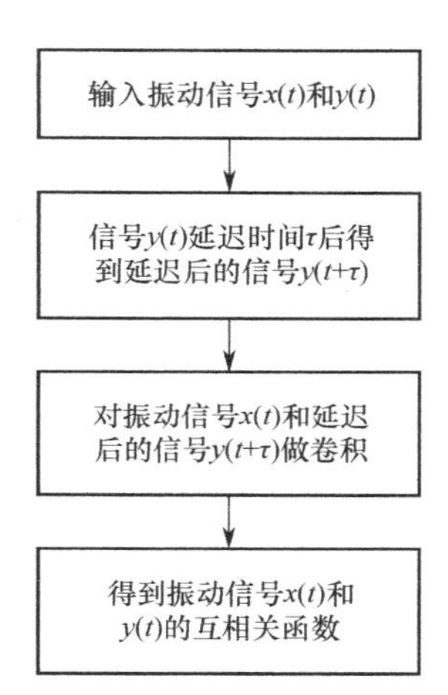

图 5-20　互相关分析流程图

表 5-2　互相关分析算法步骤表

输入：	振动信号 $x(t)$ 和 $y(t)$
输出：	振动信号 $x(t)$ 和 $y(t)$ 的互相关函数波形
开始：	
	步骤 1：对振动信号 $y(t)$ 延迟时间 τ 后得到延迟后的信号 $y(t+\tau)$
	步骤 2：计算振动信号 $x(t)$ 和 $y(t)$ 的互相关函数 $R_{xy}(\tau)=\lim_{T\to\infty}\frac{1}{T}\int_0^T x(t)y(t+\tau)\mathrm{d}t$
	步骤 3：绘制振动信号 $x(t)$ 和 $y(t)$ 的互相关波形图
结束	

互相关函数的大小直接反映了两个信号之间的相关性，是波形相似的度量。互相关分析在实践中有广泛和重要的应用，常用于识别振动信号的传播途径、传播距离和传播速度，以及进行一些检测分析工作。例如，可在噪声背景下提取有用信息，进行系统中信号的幅频、相频传输特性计算，进行速度测量，进行板墙对声音的反射和衰减测量等。

下面是一个用互相关分析测汽车速度的例子，通过对采集到的信号做互相关分析，可以测量出汽车的行驶速度。

5.2.5　互相关实测实验

1. 实验一：互相关汽车测速实验

（1）互相关算法可以用来测量汽车速度。汽车前、后轮经过的路况可以认为是相同的。为了测量车速，需要在前、后轴上分别安装传感器。传感器的输出取决于路况。设 d 是前、后轴的距离（即两个传感器的距离），s 是车速，如图 5-21 所示，则 $T_d = d/s$ 是汽车经过距离 d 所需的时间。换句话说，后轮传感器当前的输出信号就是 T_d 以前的前轮传感器的输出信号。

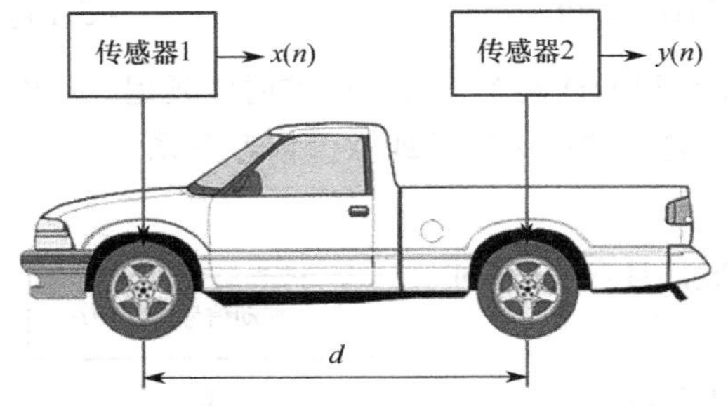

图 5-21　汽车前、后轮传感器安装示意图

（2）用 MATLAB 进行仿真，如图 5-22 所示。图（a）是噪声信号，代表前轮传感器的输出序列 $x(n)$。将这个序列延迟 $k=20$ 个采样间隔并加上噪声，得到图（b）所示的序列 $y(n)$，它代表后轮传感器的输出序列。求二者的互相关序列 $r_{xy}(n)$ 并示于图（c）。将 $r_{xy}(n)$ 在 $n=20$ 的邻域展开，得到图（d）。

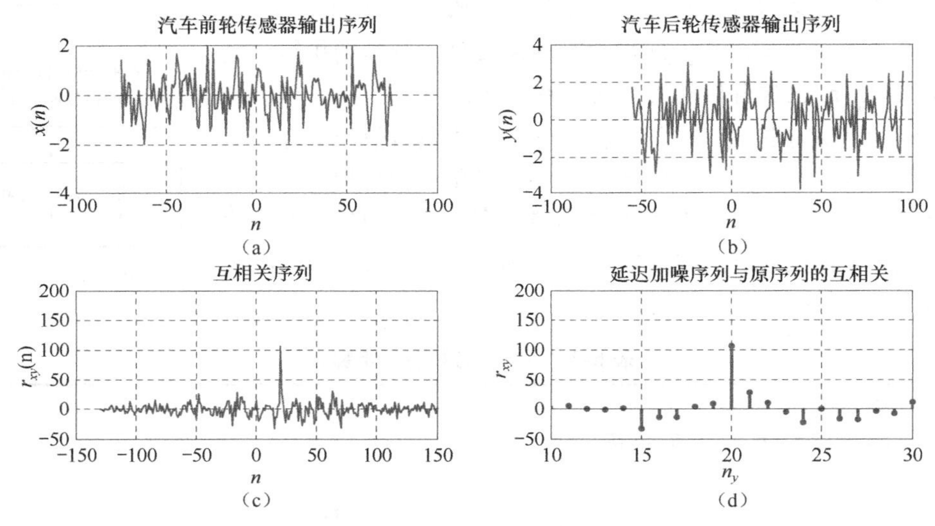

图 5-22　互相关分析结果图

（3）由此看出，$r_{xy}(n)$ 函数在 $n=20$ 处有最大值。又前、后轮距 d 是已知数，由此可知汽车经过距离 d 所需要的时间为 $t=(\text{采样点数}n)\times(\text{采样间隔}T_s)=20\times T_s$。由此算出车速为 $v=d/t$，其中，采样间隔 T_s 是已知数，故车速 v 得以算出。

2. 实验二：实测轴承振动信号互相关实验

轴承数据选取第 4 章的表 4-7 中的采样频率为 12kHz 的故障轴承数据（数据标号：105），将驱动端振动信号同风扇端振动信号做互相关，实验结果分别如图 5-23（a）、（b）、（c）所示。

由图 5-23 可知驱动端的振动幅度明显比风扇端大，这也符合驱动端故障这一前提。观察其故障轴承互相关图，可以发现其有比较多的峰值，而且峰值出现得比较有规律。可以明显观察到其峰值有一定的周期性，这是因为风扇端是由驱动端带动的，其振动有相似性，由于故障点

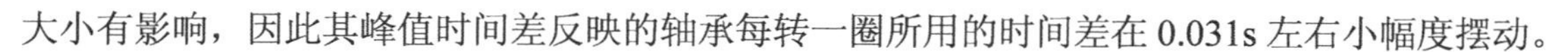

大小有影响，因此其峰值时间差反映的轴承每转一圈所用的时间差在 0.031s 左右小幅度摆动。

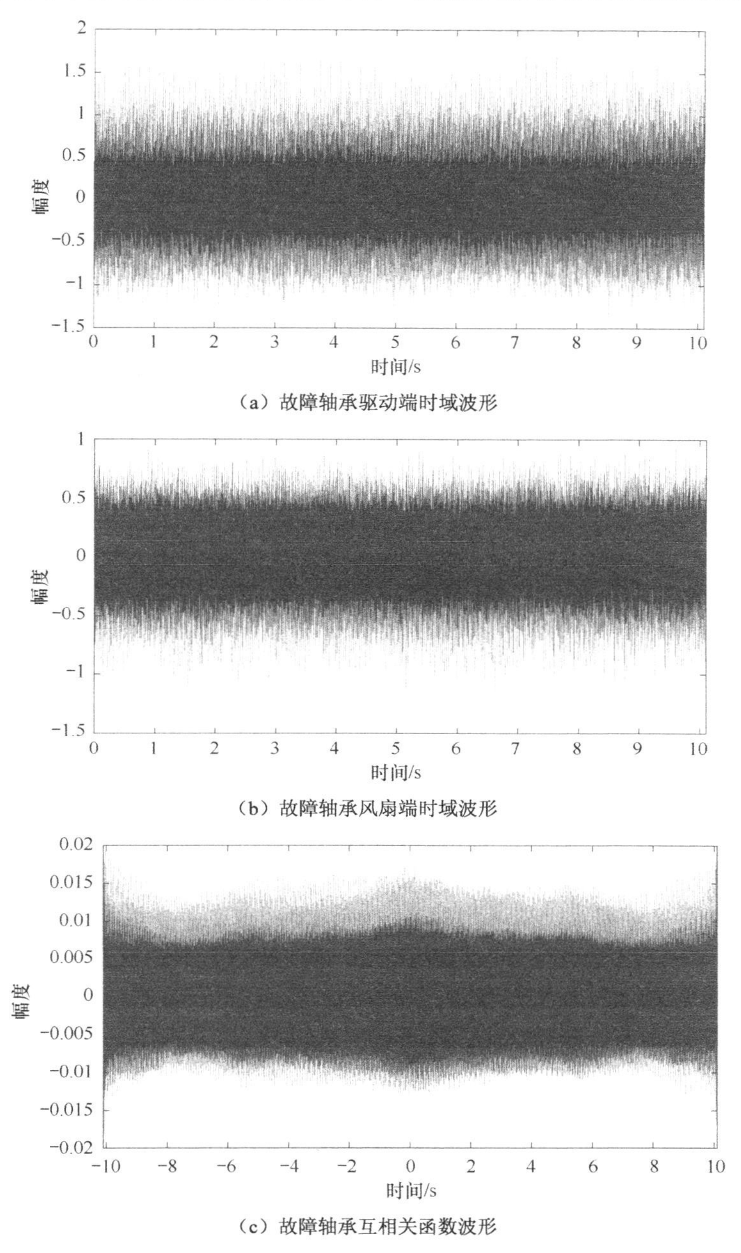

（a）故障轴承驱动端时域波形

（b）故障轴承风扇端时域波形

（c）故障轴承互相关函数波形

图 5-23　故障轴承驱动端及风扇端互相关函数波形

5.3　积分和微分变换

在振动信号测试过程中，受仪器设备或测试环境的限制，有的物理量往往需要通过对采集到的其他物理量进行转换处理才能得到。例如，将加速度振动信号转换成速度或位移信号。因为对位移求导是速度，对速度求导是加速度，所以在实际运用中可以时常通过积分与微分来实现这几个物理量的转换。

常用的转换处理方法有积分和微分。积分和微分可以在时域中实现，采用的是梯形求积的数值积分法和中心差分的数值微分法或其他直接积分和微分方法。

5.3.1 积分和微分的基本原理

设振动信号的离散数据为 $\{x(k)\}$ （$k=1,2,3,\cdots,N$），数值积分中取采样时间步长 Δt 为积分步长，梯形求积的数值积分公式为

$$y(k)=\Delta t\sum_{i=0}^{k}\frac{x(i-1)+x(i)}{2} \quad (k=1,2,3,\cdots,N) \tag{5-15}$$

设振动信号的离散数据为 $\{x(k)\}$ $(k=1,2,3,\cdots,N)$，数值积分中取采样时间步长 Δt 为积分步长，中心差分的数值微分公式为

$$y(k)=\frac{x(k+1)+x(k-1)}{2\Delta t} \quad (k=1,2,3,\cdots,N) \tag{5-16}$$

5.3.2 积分和微分在振动信号处理中的应用

根据傅里叶逆变换的公式，加速度信号在任一频率的傅里叶分量可以表达为

$$a(t)=A\mathrm{e}^{\mathrm{j}\omega t} \tag{5-17}$$

式中，$a(t)$ 为加速度信号在频率 ω 处的傅里叶分量；A 为对应的系数。

当初速度分量为零时，对加速度信号分量进行时间积分可以得出速度信号分量。当初速度和初位移分量均为零时，对加速度信号的傅里叶分量进行两次积分可得出位移分量。

将所有不同频率的傅里叶分量按积分或微分在频域中的关系式进行运算后进行傅里叶逆变换，就能得出相应的积分或微分的信号。

频域积分在振动信号处理中是一种非常有用的处理方法。在很多情况下，无法测试振动位移，此时可利用加速度信号或速度信号进行积分从而得到位移的方法。

5.4 本章小结

本章论述了振动信号的时域处理方法，包括时域统计分析、相关分析、积分和微分变换。在论述基础理论知识的同时，给出了各种信号处理方法的应用实例，并给出了算法。

第 6 章　振动信号频域处理

本章将讲述振动信号的频域处理方法，论述振动信号的功率谱密度函数、频率响应函数、相干函数、实倒谱、复倒谱和三分之一倍频程分析等频域分析方法，并给出相应的算法。

6.1　频域处理简介

将振动信号经傅里叶变换到频域并进行描述，将会获得更多的信息。

对于周期信号 $x(t)$的傅里叶级数，若以频率为横坐标，以信号的振幅强度（或相位）为纵坐标，则可以分别画出信号的振幅强度（或相位）随频率变化的关系曲线，称为幅频（或相频）特性，二者合称为周期信号 $x(t)$的频谱。

时域分析与频域分析是对模拟信号的两个观察面。时域分析以时间轴为坐标，表示动态信号的关系；频域分析把信号以频率轴为坐标表示出来。一般来说，时域的表示较为形象与直观，频域分析则更为简练，剖析问题更为深刻和方便。目前，信号分析的趋势是从时域向频域发展。然而，它们是互相联系、缺一不可、相辅相成的。

6.2　傅里叶变换

傅里叶变换是振动分析的基本工具和重要工具，是目前频谱分析中广泛采用的方法。作为时间函数的振动信号，通常在时间域中描述信号随时间变化的性质。但是在振动信号分析方法中，往往还需要采用频率域的概念对信号进行描述，把复杂的振动信号分解为多个不同频率的简谐振动信号。以频率为变量来描述信号的方法称为信号的频率域描述。把信号从时域描述变换成频域描述称为时频域变换。周期振动信号的时频域变换用傅里叶级数展开法来进行分解，而非周期振动信号的时频域变换采用的则是傅里叶积分法做变换，统称它们为傅里叶变换。

在数字信号处理中，实现数字化的时频域变换所采用的是离散傅里叶变换方法。自从离散傅里叶变换的快速算法公布以来，加之计算机的广泛普及和计算机技术的飞速发展，计算机数字信号处理完全取代了模拟信号处理。快速傅里叶变换展示了其最大优势，开辟了动态信号分析的新纪元，快速傅里叶变换已经被广泛应用在许多科研领域和实际工程中。

【例 6.1】　轴承振动信号的频谱分析。

分别对正常轴承和驱动端内圈故障的驱动端轴承数据进行傅里叶变换，分析轴承的特征频率。正常轴承和故障轴承振动信号的频谱图如图 6-1 和图 6-2 所示。可以在图 6-2 中看到频率约为 162Hz 的线谱，与第 4 章的表 4-3 中的 6205-2RSJEMSKF 深沟球轴承内圈故障通过频率线谱一致。比较图 6-1 和图 6-2 可知，正常轴承振幅较大的线谱都集中在低频部分，故障轴承振幅较大的线谱则集中在中低频部分。

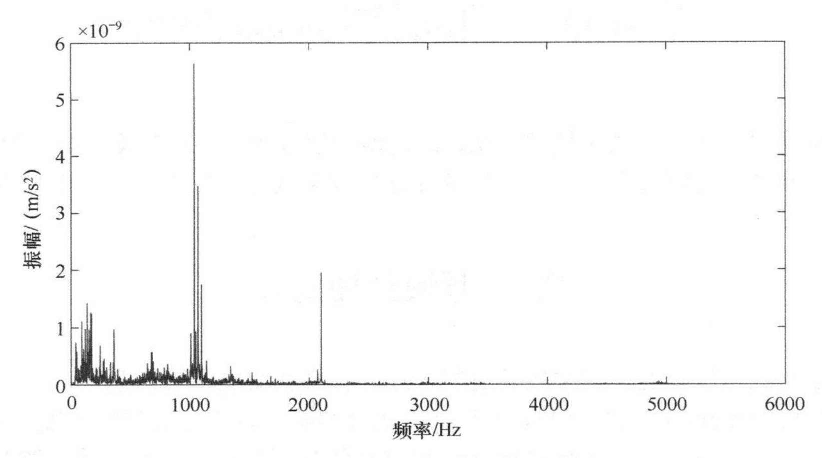

图 6-1 正常轴承振动信号的频谱图

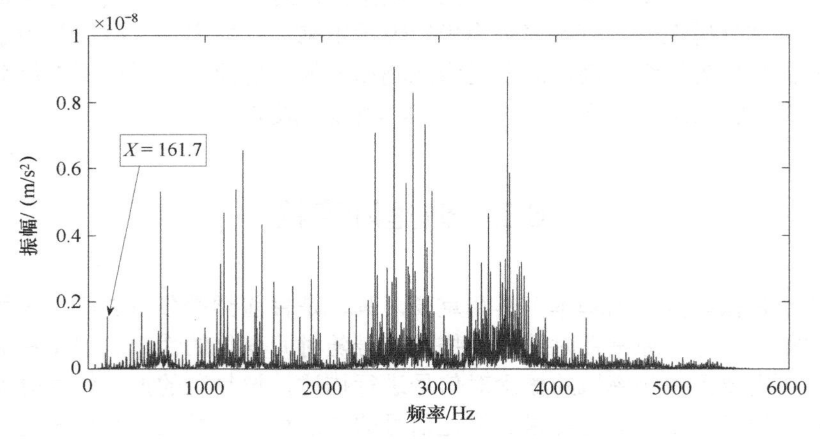

图 6-2 故障轴承振动信号的频谱图

6.3 功率谱密度函数

随机振动频域特性的主要统计参数是功率谱密度函数及由功率谱密度函数派生而来的频响函数和相干函数等。由于随机信号的积分不能收敛，因此它本身的傅里叶变换是不存在的。所以无法像确定性信号那样用数学表达式来精确地描述，而只能用统计方式来进行表示。自相关函数能完整地反映随机信号的特定统计平均量值，而一个随机信号的功率谱密度函数正是自相关函数的傅里叶变换，于是，可用功率谱密度函数来表示它的统计平均谱特性。

6.3.1　自功率谱分析的原理、算法及实例

1）自功率谱分析的原理

自功率谱描述了信号的频率结构，反映了振动能量在各个频率上的分布情况。自功率谱密度函数的定义为

$$S_{xx}(f)=\int_{-\infty}^{+\infty}R_{xx}(\tau)\mathrm{e}^{-\mathrm{j}2\pi f\tau}\mathrm{d}\tau \tag{6-1}$$

式中，$R_{xx}(\tau)$ 为振动信号 $x(t)$ 的自相关函数，是时域中的统计量。

自功率谱密度函数和自相关函数是一个傅里叶变换对。自功率谱密度函数是实函数，是描述随机振动的一个重要参数。它展现振动信号各频率处功率的分布情况，体现主要频率的功率。

自功率谱常被用来确定结构或机械设备的自振特性。在设备故障监测中，还可根据不同时段自功率谱的变化来判断故障发生征兆和寻找可能发生故障的原因。

2）自功率谱分析的算法

对振动信号做自功率谱分析，首先对振动信号延迟时间 τ 后得到延迟后的信号。然后对振动信号和延迟后的信号做卷积计算，得到振动信号的自相关函数，接着对自相关函数做傅里叶变换，最后得到的结果即为振动信号的自功率谱密度函数。自功率谱分析的算法流程图如图 6-3 所示，自功率谱分析算法步骤表如表 6-1 所示。

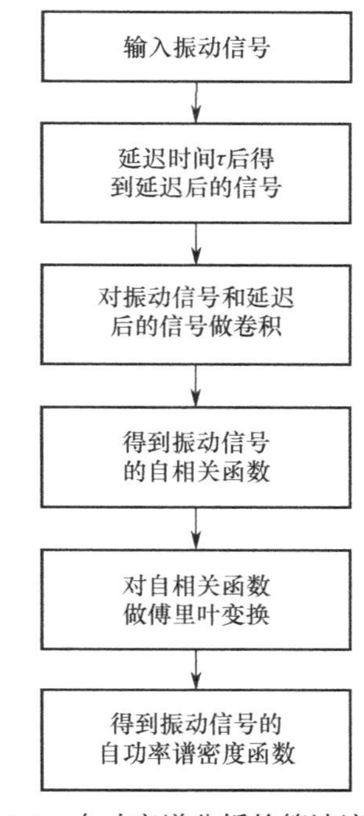

图 6-3　自功率谱分析的算法流程图

表 6-1　自功率谱分析算法步骤表

输入：	振动信号 $x(t)$
输出：	振动信号 $x(t)$ 的自功率谱图
开始：	
	步骤 1：对振动信号 $x(t)$ 延迟时间 τ 后得到延迟后的信号 $x(t+\tau)$。
	步骤 2：计算振动信号 $x(t)$ 的自相关函数 $R_x(\tau)=\lim\limits_{T\to\infty}\frac{1}{T}\int_0^T x(t)x(t+\tau)\mathrm{d}t$
	步骤 3：计算振动信号 $x(t)$ 的自功率谱密度函数 $S_{xx}(f)=\int_{-\infty}^{+\infty}R_{xx}(\tau)\mathrm{e}^{-\mathrm{j}2\pi f\tau}\mathrm{d}\tau$
	步骤:4：绘制振动信号 $x(t)$ 的自功率谱图。
结束	

3）自功率谱分析的实例

【例 6.2】　复杂周期信号的自功率谱分析。

【程序】

```
clear all
Fs=1000;  %采样频率
```

```
n=0:1/Fs:1;  %产生含有噪声的时间序列
xn=cos(2*pi*40*n)+3*cos(2*pi*100*n)+randn(size(n));
window=boxcar(length(xn));                          %给信号 xn 加矩形窗
nfft=1024;
[Pxx,f]=periodogram(xn,window,nfft,Fs);             %做信号 xn 的自功率谱
y=10*log10(Pxx);
y1=(y-mean(y))/sqrt(var(y));                        %对信号 xn 的自功率谱图进行归一化
y2=(xn-mean(xn))/sqrt(var(xn));                     %对信号 xn 的时程曲线进行归一化
subplot(2,1,1);
plot(n,y2);                                         %绘制信号 xn 的时程曲线图
xlabel('时间/s');
ylabel('振幅');
title('信号时程曲线图');
subplot(2,1,2);
plot(f,y1);                                         %绘制信号 xn 的自功率谱图
xlabel('频率/Hz');
ylabel('振幅');
title('信号自功率谱图');
```

如图 6-4 所示为对复杂周期信号做自功率谱分析后所得到的时程曲线图和自功率谱图。本章中，仿真实验信号可以是振动的振幅、加速度或压力，所以在图例中时域单位的分比为 m、m/s^2、N，后续图例中不再具体标出。从图中可以看出，对复杂周期信号经过自功率谱分析后可以识别出合成该信号的不同信号的频率。在自功率谱图中，有两个明显的峰值，分别出现在 40Hz 和 100Hz，这表明合成该复杂周期信号的成分有 40Hz 和 100Hz 这两个频率的信号。

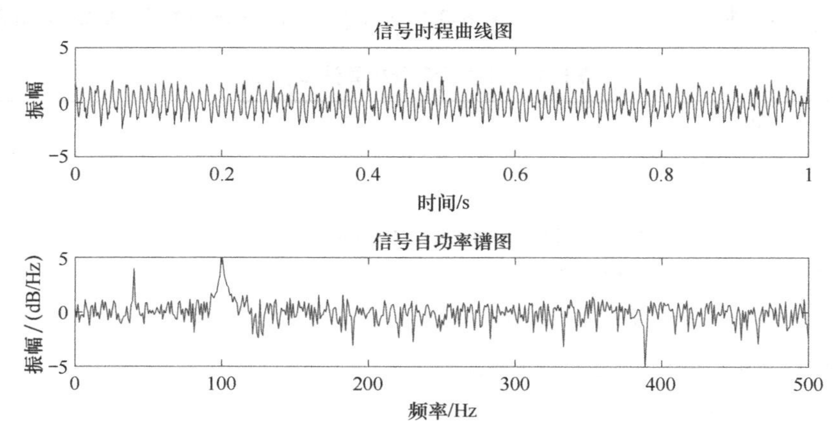

图 6-4 复杂周期信号的自功率谱分析

【例 6.3】 轴承信号的自功率谱分析。

如图 6-5 和图 6-6 所示为正常轴承和内圈故障轴承的振动信号的自功率谱图。从图 6-5 和图 6-6 中都可以找出频率为 360Hz 左右的线谱，与轴承转动频率吻合。从图 6-6 也可以看到轴承内圈的通过频率为 161.7Hz，与理论计算结果吻合（理论计算值如表 4-3 所示）。由于自功率谱是由轴承振动信号的自相关信号经傅里叶变换得到的，因此其体现了轴承振动信号中的周期成分。

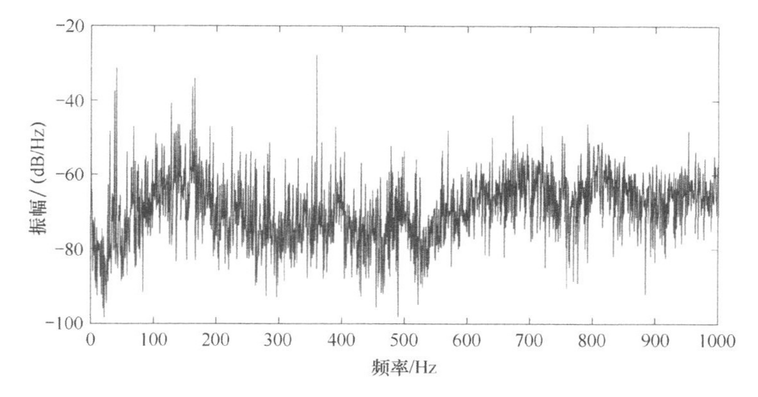

图 6-5　正常轴承的振动信号的自功率谱图

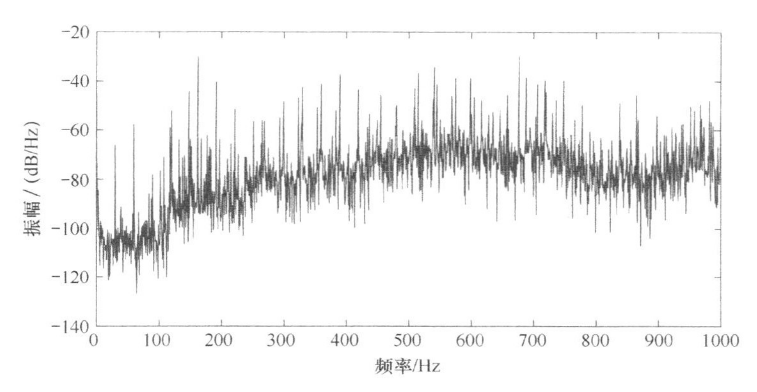

图 6-6　内圈故障轴承的振动信号的自功率谱图

6.3.2　互功率谱分析的原理及算法

互功率谱密度函数是复函数，实际上该函数本身并不具有功率的含义，只因在计算方法上与自功率谱相对应，才使有的人习惯这样错误的称呼。正确的称呼应该是互谱密度函数。互谱并不像自谱那样具有较明显的物理意义，但它在频域描述两个随机过程的相关性时是有意义的。

两组随机信号的互功率谱密度函数可以根据互相关函数的傅里叶变换直接定义为

$$S_{xy}(f)=\int_{-\infty}^{+\infty}R_{xy}(\tau)\mathrm{e}^{-\mathrm{j}2\pi f\tau}\mathrm{d}\tau \tag{6-2}$$

式中，$R_{xy}(\tau)$ 为振动信号 $x(t)$ 和 $y(t)$ 的互相关函数。互功率谱密度函数和互相关函数是一个傅里叶变换对。

对振动信号 $x(t)$ 和 $y(t)$ 进行互谱分析，首先将振动信号 $y(t)$ 延迟时间 τ 后得到延迟后的信号 $y(t+\tau)$，接着对振动信号 $x(t)$ 和延迟后的信号 $y(t+\tau)$ 进行卷积，再对得到的结果进行傅里叶变换，最后求得的就是振动信号 $x(t)$ 和 $y(t)$ 的互功率谱密度函数。互功率谱分析的算法流程图如图 6-7 所示，互功率谱分析算法步骤表如表 6-2 所示。

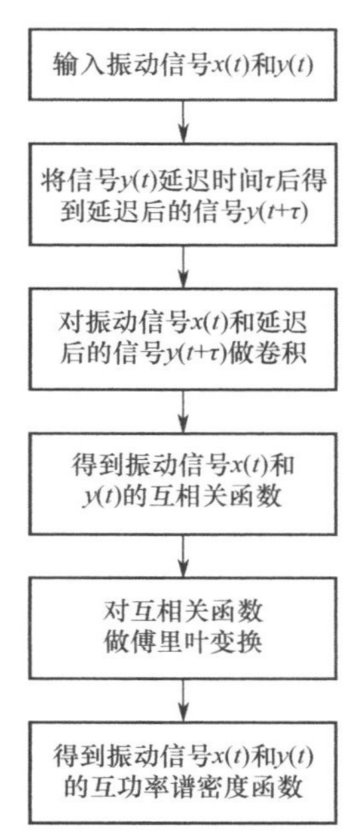

图 6-7　互功率谱分析的算法流程图

表 6-2 互功率谱分析算法步骤表

输入：	振动信号 $x(t)$ 和 $y(t)$
输出：	振动信号 $x(t)$ 和 $y(t)$ 的互功率谱图
开始：	
	步骤 1：对振动信号 $y(t)$ 延迟时间 τ 后得到延迟后的信号 $y(t+\tau)$。
	步骤 2：计算振动信号 $x(t)$ 和 $y(t)$ 的互相关函数 $R_{xy}(\tau)=\lim_{T\to\infty}\frac{1}{T}\int_0^T x(t)y(t+\tau)\mathrm{d}t$
	步骤 3：计算振动信号和 $y(t)$ 的互功率谱密度函数 $S_{xy}(f)=\int_{-\infty}^{+\infty}R_{xy}(\tau)\mathrm{e}^{-\mathrm{j}2\pi f\tau}\mathrm{d}\tau$
	步骤:4：绘制振动信号 $x(t)$ 和 $y(t)$ 的互功率谱图。
结束	

6.4 频率响应函数与相干函数

6.4.1 频率响应函数分析的原理及算法

互谱的一个重要应用是计算线性系统的频率响应函数（简称频响函数）。设 $x(t)$ 为某点输入的平稳随机振动信号，$y(t)$ 为任意一点的响应，也是平稳随机振动信号，则振动系统的频率响应函数为互功率谱密度函数除以自功率谱密度函数所得到的商，即

$$H(f)=\frac{S_{xy}(f)}{S_{xx}(f)}=\frac{G_{xy}(f)}{G_{xx}(f)} \tag{6-3}$$

式中，$S_{xx}(f)$ 和 $S_{xy}(f)$ 分别为随机振动信号的自功率谱密度函数和激励与响应信号的互功率谱密度函数的估计。不论系统是稳态的、非稳态的，还是确定性的，由式（6-3）计算的频率响应函数都是唯一正确的。

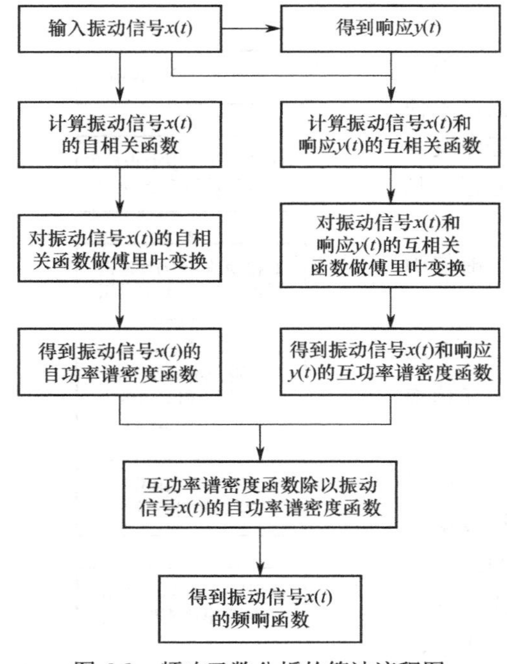

图 6-8 频响函数分析的算法流程图

频率响应函数（简称频响函数）是复函数，它是被测系统的动力特性在频域内的表现形式，也就是被测系统本身对输入信号在频域中传递特性的描述。当输入信号的各频率成分通过该系统时，频响函数对它们的一些频率成分进行了放大，对另一些频率成分进行了衰减，经过加工后得到输出信号的新的频率成分的分布。因此，频响函数对结构的动力特性测试具有特殊重要的意义。

计算振动信号 $x(t)$ 及其响应 $y(t)$ 的频响函数，首先计算振动信号 $x(t)$ 的自相关函数，再对其做傅里叶变换，得到振动信号 $x(t)$ 的自功率谱密度函数，接着计算振动信号 $x(t)$ 和响应 $y(t)$ 的互相关函数，再对其做傅里叶变换得到振动信号 $x(t)$ 和响应 $y(t)$ 的互功率谱密度函数，最后用振动信号 $x(t)$ 和响应 $y(t)$ 的互功率谱密度函数除以振动信号 $x(t)$ 的自功率谱密度函数，所得的商即为振动信号 $x(t)$ 及其响应 $y(t)$ 的频响函数。频响函数分析的算法流程图如图 6-8 所示，频响函数

分析算法步骤表如表 6-3 所示。

表 6-3　频响函数分析算法步骤表

输入：　信号 $x(t)$

输出：　频响函数

开始：

步骤 1：输入信号 $x(t)$，得到响应 $y(t)$。

步骤 2：计算信号 $x(t)$ 的自相关函数

$$R_x(\tau)=\lim_{T\to\infty}\frac{1}{T}\int_0^T x(t)x(t+\tau)\mathrm{d}t$$

步骤 3：计算信号 $x(t)$ 和 $y(t)$ 的互相关函数

$$R_{xy}(\tau)=\lim_{T\to\infty}\frac{1}{T}\int_0^T x(t)y(t+\tau)\mathrm{d}t$$

步骤 4：计算信号 $x(t)$ 的自功率谱密度函数

$$S_{xx}(f)=\int_{-\infty}^{+\infty}R_{xx}(\tau)\mathrm{e}^{-\mathrm{j}2\pi f\tau}\mathrm{d}\tau$$

步骤 5：计算信号 $x(t)$ 和 $y(t)$ 的互功率谱密度函数

$$S_{xy}(f)=\int_{-\infty}^{+\infty}R_{xy}(\tau)\mathrm{e}^{-\mathrm{j}2\pi f\tau}\mathrm{d}\tau$$

步骤 6：计算频率响应函数

$$H(f)=\frac{S_{xy}(f)}{S_{xx}(f)}=\frac{G_{xy}(f)}{G_{xx}(f)}$$

结束

6.4.2　相干函数分析的原理及算法

相干函数为互功率谱密度函数的模的平方除以激励和响应自功率谱的乘积所得到的商，即

$$C_{xy}(f)=\frac{\left|S_{xy}(f)\right|^2}{S_{xx}(f)S_{yy}(f)} \tag{6-4}$$

式中，$S_{xx}(f)$ 和 $S_{yy}(f)$ 分别为激励信号和响应信号的自功率谱密度函数，$S_{xy}(f)$ 是激励信号与响应信号的互功率谱密度函数的估计。

相干函数是两个随机振动信号在频域内相关程度的指标。对于一个随机振动系统，为了评价输入信号与输出信号的因果性，即输出信号的频率响应中有多少是由输入信号的激励所引起的，可以用相干函数来表示。通常，在随机振动测试中，计算出来的相干函数的值为 0～1 范围内的正实数。

表 6-4　相干函数的值与激励和响应的相干度

$C_{xy}(f)$	激励与响应的相干程度
$C_{xy}(f)=0$	响应与激励在此频率上不相干
$0<C_{xy}(f)<1$	在测量的响应中混入了与激励无关的干扰
$C_{xy}(f)=1$	响应与激励在此频率上完全相干

计算振动信号 $x(t)$ 及其响应 $y(t)$ 的相干函数，首先计算振动信号 $x(t)$ 的自相关函数，再对其做傅里叶变换，得到振动信号 $x(t)$ 的自功率谱密度函数，接着计算响应 $y(t)$ 的自相关函数，再对其做傅里叶变换，得到响应 $y(t)$ 的自功率谱密度函数，然后计算振动信号 $x(t)$ 和响应 $y(t)$ 的互相

关函数，再对其做傅里叶变换，得到振动信号 $x(t)$ 和响应 $y(t)$ 的互功率谱密度函数，最后用振动信号 $x(t)$ 和响应 $y(t)$ 的互功率谱密度函数的模的平方除以振动信号 $x(t)$ 的自功率谱密度函数和响应 $y(t)$ 的自功率谱密度函数的积，得到的结果就是振动信号 $x(t)$ 及其响应 $y(t)$ 的相干函数。相干函数分析算法流程图如图 6-9 所示，相干函数分析算法步骤表如表 6-5 所示。

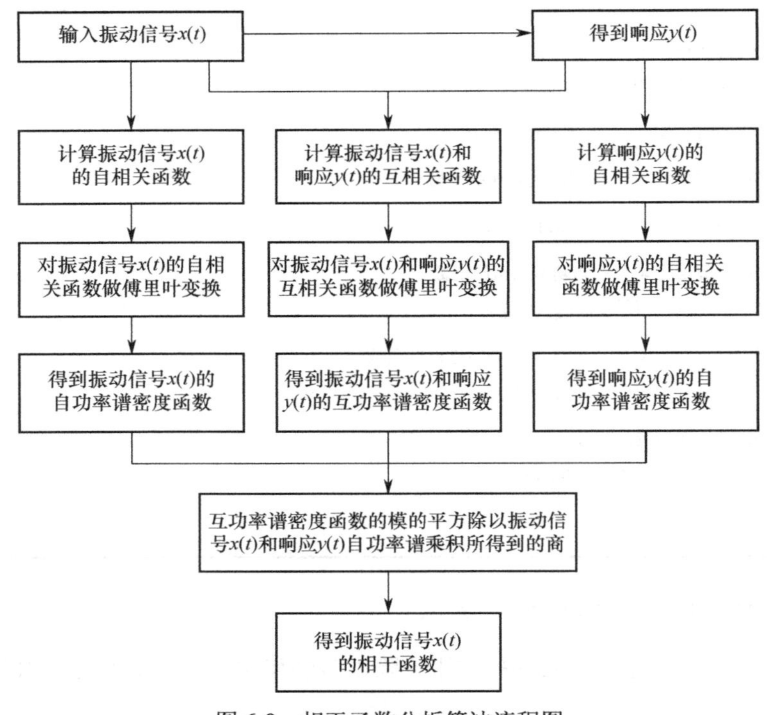

图 6-9 相干函数分析算法流程图

表 6-5 相干函数分析算法步骤表

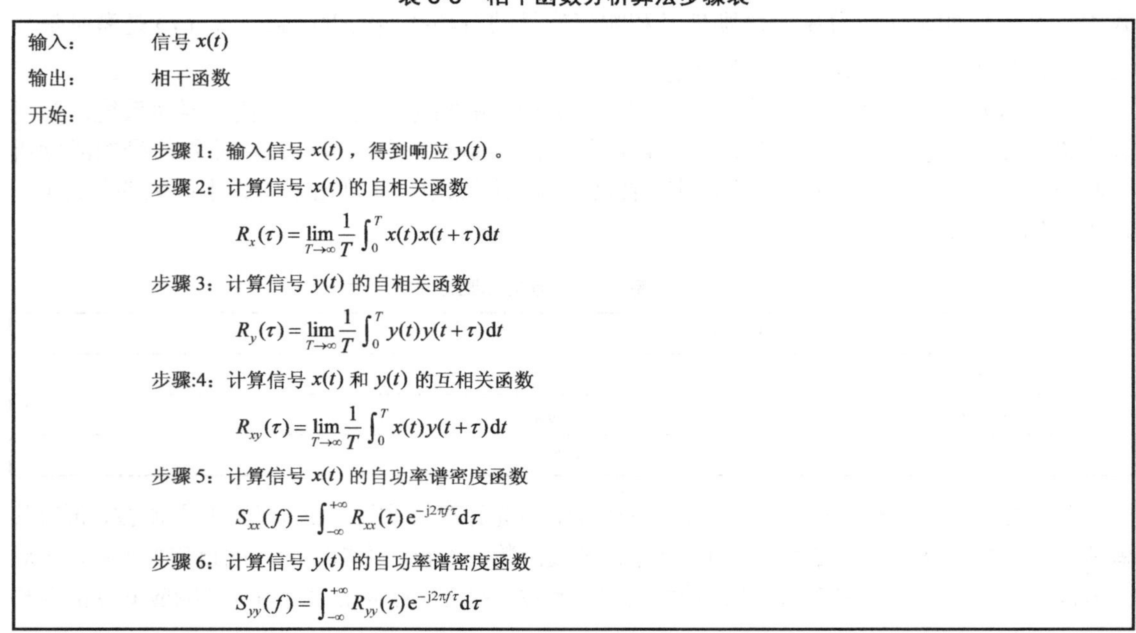

输入： 信号 $x(t)$

输出： 相干函数

开始：

步骤 1：输入信号 $x(t)$，得到响应 $y(t)$。

步骤 2：计算信号 $x(t)$ 的自相关函数

$$R_x(\tau)=\lim_{T\to\infty}\frac{1}{T}\int_0^T x(t)x(t+\tau)\mathrm{d}t$$

步骤 3：计算信号 $y(t)$ 的自相关函数

$$R_y(\tau)=\lim_{T\to\infty}\frac{1}{T}\int_0^T y(t)y(t+\tau)\mathrm{d}t$$

步骤:4：计算信号 $x(t)$ 和 $y(t)$ 的互相关函数

$$R_{xy}(\tau)=\lim_{T\to\infty}\frac{1}{T}\int_0^T x(t)y(t+\tau)\mathrm{d}t$$

步骤 5：计算信号 $x(t)$ 的自功率谱密度函数

$$S_{xx}(f)=\int_{-\infty}^{+\infty}R_{xx}(\tau)\mathrm{e}^{-\mathrm{j}2\pi f\tau}\mathrm{d}\tau$$

步骤 6：计算信号 $y(t)$ 的自功率谱密度函数

$$S_{yy}(f)=\int_{-\infty}^{+\infty}R_{yy}(\tau)\mathrm{e}^{-\mathrm{j}2\pi f\tau}\mathrm{d}\tau$$

（续表）

步骤 7：计算信号 $x(t)$ 和 $y(t)$ 的互功率谱密度函数

$$S_{xy}(f)\int_{-\infty}^{+\infty}R_{xy}(\tau)\mathrm{e}^{-\mathrm{j}2\pi f\tau}\mathrm{d}\tau$$

步骤 8：计算相干函数

$$C_{xy}(f)=\frac{\left|S_{xy}(f)\right|^{2}}{S_{xx}(f)S_{yy}(f)}$$

结束

6.5　窗函数在振动信号处理中的应用

6.5.1　加窗对振动信号处理的影响

振动信号频域处理是建立在傅里叶变换的基础上的。通常意义下的傅里叶变换是针对无限长时间的，但实际上不可能进行无限长时间的信号采样，只有有限时间长度的信号数据。这相当于用一个矩形时间窗函数对无限长时间的信号进行截断，这种时域上的截断导致本来集中于某一频率的能量，部分被分散到该频率附近的频域，造成频域分析出现误差，这种现象称为泄漏。

为了减少振动信号截断所造成的谱泄漏，通常采用两种方法：一种方法是加大傅里叶变换的数据长度；另一种方法是对要进行傅里叶变换的信号乘上一个函数，使该信号在结束处不是突然截断的，而是逐步衰减平滑过渡到截断处的，这样就能减少谱泄漏，这一类函数称为窗函数。

6.5.2　常用窗函数的特性分析与对比

1）矩形窗

$$\omega(t)=\begin{cases}1,0\leqslant t\leqslant T\\0,t>T\end{cases}\tag{6-5}$$

矩形窗相当于使信号突然截断，它的旁瓣较大，且衰减较慢，旁瓣的第一个负峰值为主瓣的 21%，第一个正峰值为主瓣的 12.6%，第二个负峰值为主瓣的 9%，故泄漏较大。但矩形窗的频率分辨率高，实际中常常因为这个原因而选择使用矩形窗。

2）汉宁窗

$$\omega(t)=\begin{cases}\dfrac{1}{2}\left(1+\cos\left(\dfrac{\pi t}{T}\right)\right),0\leqslant t\leqslant T\\0,\ t>T\end{cases}\tag{6-6}$$

汉宁窗的频谱实际上是由三个矩形窗经相互频移叠加而成的。汉宁窗的第一旁瓣的峰值是主瓣高的 2.5%，这样旁瓣可以最大限度地互相抵消，从而达到加强主瓣的作用，使泄漏得到较为有效的抑制。采用汉宁窗函数可以使主瓣加宽，虽然频率分辨率比矩形窗稍有下降，但频谱幅值精度被大幅提高，因此，对要求显示不同频段上各个频率成分的不同贡献而不关心频率分辨率的问题，建议使用汉宁窗。

3）海明窗

$$\omega(t)=\begin{cases}0.54+0.46\cos\left(\dfrac{\pi t}{T}\right),0\leqslant t\leqslant T\\0,\ t>T\end{cases}\tag{6-7}$$

海明窗与汉宁窗同属于余弦类窗函数，它比汉宁窗在减小旁瓣幅值方面的效果更好，但主瓣比汉宁窗也稍宽一些。海明窗的最大旁瓣高度比汉宁窗低，约为汉宁窗的1/5，这是海明窗相比汉宁窗的优越之处。但是，海明窗的旁瓣衰减不及汉宁窗迅速。

4）布莱克曼窗

$$\omega(t)=\begin{cases}0.42+0.5\cos\left(\dfrac{\pi t}{T}\right)+0.08\cos\left(\dfrac{2\pi t}{T}\right),0\leqslant t\leqslant T\\0,\ t>T\end{cases}\tag{6-8}$$

布莱克曼窗和汉宁窗及海明窗一样，同属于广义余弦窗函数。在与汉宁窗及海明窗相同长度的条件下，布莱克曼窗的主瓣稍宽，旁瓣高度稍小。

5）三角窗

$$\omega(t)=\begin{cases}1-\dfrac{t}{T},0\leqslant t\leqslant T\\0,\ t>T\end{cases}\tag{6-9}$$

三角窗的旁瓣较小，且无负值，衰减较快，但主瓣宽度较大，且易使信号产生畸变。如表6-6所示为常用窗函数的特点对比和时域图、频域图。

表6-6 常用窗函数的特点对比和时域图、频域图

窗函数	时域图	频域图	特点
矩形窗	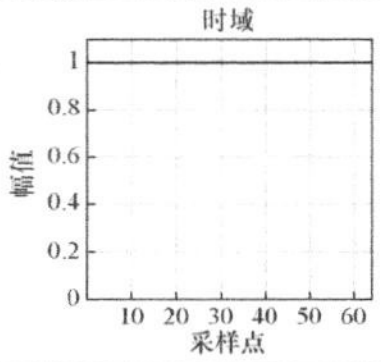	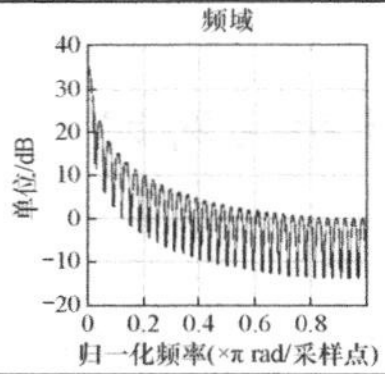	旁瓣较高，但主瓣宽度小，衰减较慢。加窗的效果不是很好，泄漏较大，但频率分辨率高，容易获得
汉宁窗	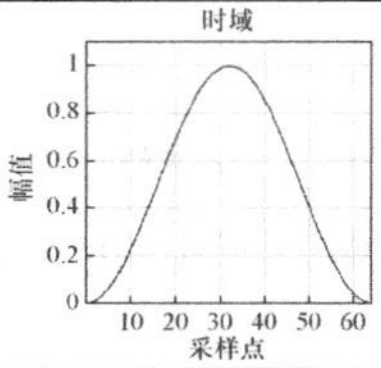	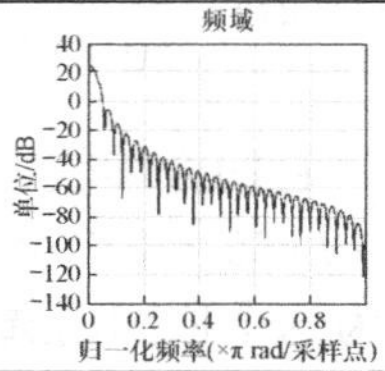	主瓣较宽，旁瓣很小，峰值衰减快，频率分辨率比矩形窗稍有下降，但频谱幅值精度被大幅提高
海明窗	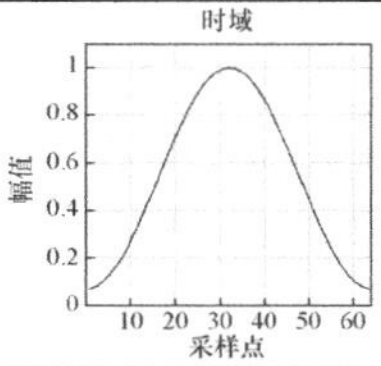	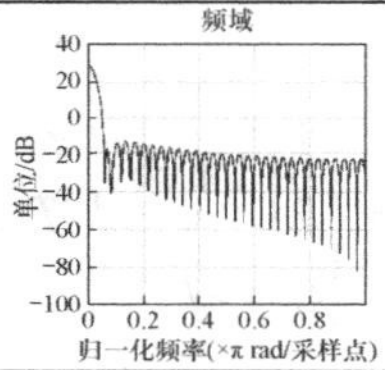	比汉宁窗在减小旁瓣幅值方面的效果更好，但主瓣比汉宁窗稍宽，主瓣衰减率高，旁瓣衰减不及汉宁窗迅速
布莱克曼窗	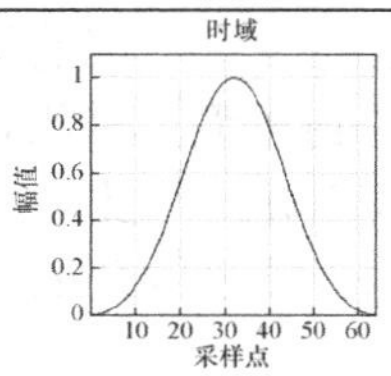	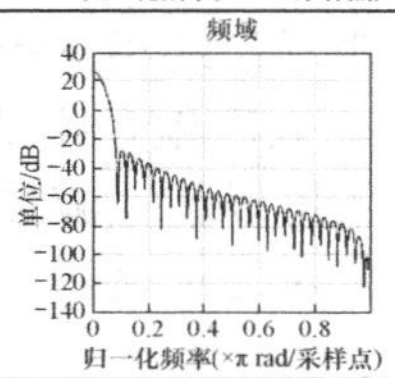	与汉宁窗及海明窗一样，同属于广义余弦窗函数。在与汉宁窗及海明窗相同长度的条件下，布莱克曼窗的主瓣稍宽，旁瓣高度稍低

（续表）

窗 函 数	时 域 图	频 域 图	特 点
三角窗	时域 幅值 采样点	频域 单位/dB 归一化频率(×π rad/采样点)	旁瓣较小，且无负值，衰减较快，但主瓣宽度较大，且易使信号产生畸变

6.5.3 窗函数的选择原则

窗函数的选择对结果起着重要的作用，针对不同的信号和不同的处理目的来确定窗函数的选择，才能得到良好的效果。一般情况下，选择窗函数的原则是：

（1）窗函数的旁瓣尽可能小；

（2）窗函数的主瓣带宽尽可能窄；

（3）窗函数的窗长尽量大。

在频域上尽量压低旁瓣的高度，虽然压低旁瓣通常伴随主瓣的变宽，但一般情况下旁瓣的泄漏是主要的，主瓣变宽的泄漏是次要的。总之，在选择窗函数时，力求对各方面的影响因素加以权衡，即尽量选取频率窗有高度集中的主瓣，即主瓣衰减率应尽量大，主瓣宽度应尽量小，旁瓣高度应尽量小，最好没有负的旁瓣。对于任何一种窗函数，窗长应该尽量大，这样得到的信号才最接近真实信号，产生的频率泄漏才最少。

6.5.4 窗函数选择实验

1）实验要求

采用矩形窗、汉宁窗和布莱克曼窗对某一特定信号做 MATLAB 仿真实验，来说明窗函数的选择。假设原始信号为 $x(t) = A\cos(2f_1t) + B\cos(2f_2t)$，其中 $f_1 = 100\text{Hz}$，$f_2 = 120\text{Hz}$，$A = 1$，$B = 0.2$。采样点数 $N = 160$，分别对该信号加矩形窗、汉宁窗、布莱克曼窗后，利用 MATLAB 软件进行仿真。

2）实验步骤

（1）在 MATLAB 中仿真实验方案中所给的信号，并分别对其加矩形窗、汉宁窗和布莱克曼窗，画出加窗后的时域图和频域图；

（2）对用不同窗对这一信号处理后的结果进行对比分析，并总结其优缺点，绘制成表并记录下来。

3）实验结果分析

（1）加窗后的时域图和频域图如图 6-10～图 6-12 所示。

（2）处理结果并对比总结。

4）实验结论

通过 MATLAB 仿真实验，得知加不同的窗函数可以严重影响信号处理的结果，对于实验中的信号，加汉宁窗是最合适的选择。从理论上分析了各种窗函数和频谱泄漏的原理，利用 MATLAB 软件做出了各种窗函数的时域幅度与频域幅度曲线，分析了各种窗函数的性能特点及各种窗函数对信号频谱分析所产生的影响，如表 6-7 所示，得出选择合适的窗函数可以减少截断对信号产生的泄漏现象和栅栏效应的结论，同时总结了窗函数的选择原则。

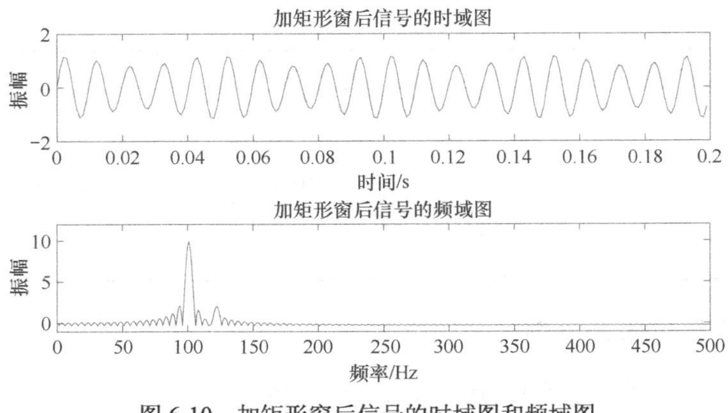

图 6-10 加矩形窗后信号的时域图和频域图

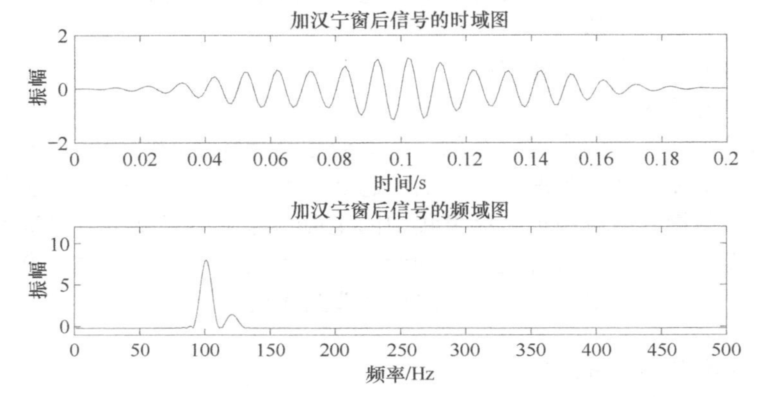

图 6-11 加汉宁窗后信号的时域图和频域图

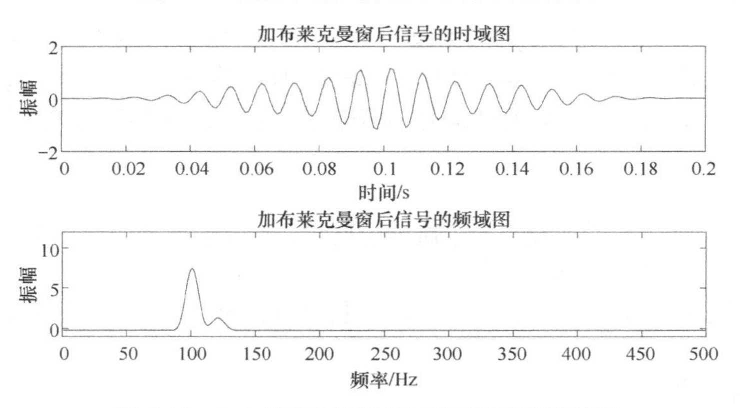

图 6-12 加布莱克曼窗后信号的时域图和频域图

表 6-7 窗函数及其加窗效果

窗 函 数	加 窗 效 果
矩形窗	幅度较小的峰值，与旁瓣的幅度接近，甚至难以区分，几乎完全被频谱泄漏所淹没，效果不理想
汉宁窗	泄漏现象被有效遏制，可以清楚地区分主瓣、旁瓣
布莱克曼窗	幅度较小的峰值和幅度较大的峰值紧靠在一起，差点被幅度较大的峰值所掩盖，不易区分主瓣、旁瓣
总结：由以上分析可以看出，此原始信号加汉宁窗可以大大减少频谱泄漏	

窗函数的选择原则：

（1）窗函数的窗长应尽量大；

（2）窗函数的主瓣带宽应尽可能窄；

（3）窗函数的旁瓣应尽可能小。

6.6　三分之一倍频程分析的原理、算法、实现与应用

6.6.1　三分之一倍频程分析的原理

三分之一倍频程谱是一种频域分析方法，它具有谱线少、频带宽的特点。三分之一倍频程谱常用于声学、人体振动、机械振动等测试分析，以及频带范围较宽的随机振动测试分析等。

倍频程实际上是频域分析中频率的一种相对尺度。倍频程谱是由一系列频率点及对应这些频率点附近频带内信号的平均幅值（有效值）所构成的。这些频率点称为中心频率 f_c，中心频率附近的频带处于下限频率 f_l 与上限频率 f_h 之间。

三分之一倍频程谱是按逐级式频率进行分析的，它是由多个带通滤波器并联组成的，目的是使这些带通滤波器的带宽覆盖整个分析频带。根据国际电工委员会（IEC）的推荐，三分之一倍频程的中心频率为

$$f_c = 1000 \times 10^{\frac{3n}{30}}\ \text{Hz} \qquad (n = 0, \pm 1, \pm 2, \cdots) \tag{6-10}$$

但在实际应用中，通常采用的中心频率是其近似值。按照我国现行标准规定，中心频率为 1Hz、1.25Hz、1.6Hz、2Hz、2.5Hz、3.15Hz、4Hz、5Hz、6.3Hz、8Hz、10Hz 等。可以看出，每隔三个中心频率，频率值增大为原来的 2 倍。

三分之一倍频程的上、下限频率与中心频率之间的关系为

$$\frac{f_h}{f_l} = 2^{1/3}, \frac{f_c}{f_l} = 2^{1/6}, \frac{f_h}{f_c} = 2^{1/6} \tag{6-11}$$

三分之一倍频程带宽为

$$\Delta f = f_h - f_l \tag{6-12}$$

对于三分之一倍频程谱，可以通过两种处理方法得到。一种方法是在整个分析频率范围内，按照不同的中心频率定义对采样信号进行带通滤波，然后计算出滤波后数据的均方值或均方根值（有效值），这样，便得到对应每个中心频率的功率谱值或幅值谱值。由于三分之一倍频程的滤波带宽与中心频率的比值是不变的，因此这种处理方法被称为恒定百分比带宽滤波法。另一种方法是首先对采样信号进行快速傅里叶变换（FFT），计算出功率谱或幅值谱，然后用功率谱或幅值谱的数据，计算每个中心频率的带宽内数据的平均值，这样，便可得到三分之一倍频程谱值。这种处理方法显然比第一种方法的处理效率高得多。

6.6.2　三分之一倍频程分析的算法

要想计算信号的三分之一倍频程，应首先计算三分之一倍频程的上、下限频率，接着对信号进行加窗处理，再对所得结果进行傅里叶变换，然后通过滤波滤去不需要的成分，最后计算每个中心频段的有效值，就可以绘制出信号的三分之一倍频程柱状图。三分之一倍频程

分析原理流程图如图 6-13 所示，三分之一倍频程分析算法步骤表如表 6-8 所示。

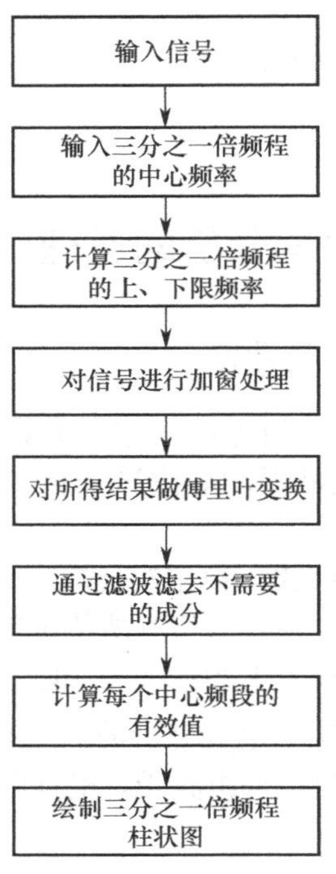

图 6-13 三分之一倍频程分析原理流程图

表 6-8 三分之一倍频程分析算法步骤表

输入：	信号 $x(t)$
输出：	三分之一倍频程柱状图
开始：	
	步骤 1：输入三分之一倍频程中心频率[1.00,1.25,1.600,2.00,2.50,3.15,4.00,5.00,6.30,8.00,10,12.5,16,20,25,31.5,40,50,63,80,…]
	步骤 2：计算三分之一倍频程的上、下限频率 $\frac{f_h}{f_l}=2^{1/3},\frac{f_c}{f_l}=2^{1/6},\frac{f_h}{f_c}=2^{1/6}$
	步骤 3：对信号 $x(t)$ 进行加窗处理 $x(t)\omega$，其中，ω 为适当的窗函数
	步骤 4：对 $x(t)\omega$ 做傅里叶变换
	步骤 5：通过滤波滤去不需要的成分
	步骤 6：计算每个中心频段的有效值
	步骤 7：绘制三分之一倍频程柱状图
结束	

6.6.3 高斯白噪声的三分之一倍频程分析实验

1）实验原理

一般噪声的频率分布较宽阔，在实际的频谱分析中，不需要也不可能对每个频率成分都进行具体分析，为了便于观察噪声信号在宏观上的能量分布，忽略信号频率或相位信息的微小变化对观察结果的影响，把 20～20000Hz 的声频范围分为几个段落，每个段落称为频带或频程，频带的中心频率为 $f_c=\sqrt{f_u f_l}$，其中，f_u 和 f_l 是上限频率和下限频率。频带的划分也有规定，

一般规定集中 m 倍频程，m 由下式确定：$f_u / f_l = 2^m$。当 $m=1$ 时，称为倍频程，类推，当 $m=1/3$ 时，称为三分之一倍频程。在此频带 $f_u \sim f_l$ 内的频谱，称为三分之一倍频程谱。按照三分之一倍频程的方法，可将声频范围分为更多的频带，便于进行较仔细的研究。对于噪声来讲，由于三分之一倍频程能够很好地体现噪声带宽的能量分布情况，为噪声控制提供参数，采取合理的措施，从而达到降噪的目的，所以在噪声分析过程中，三分之一倍频程的分析显得尤为重要。

我国对三分之一倍频程的频率范围及其中心频率都做了规定，程序中按照上、下限的规定将功谱中的频率划分成多个频带，在每个频带中将所有的功率谱幅值相加、平均，这样就借助功率谱实现了三分之一倍频程的功能，最终结果以柱状图的形式显示。按三分之一倍频程的频率范围对功率谱域进行划分，在 22.4～18 000Hz 内形成 29 个频段，可得三分之一倍频程的中心频率及频率范围，如表 6-9 所示。

表 6-9　三分之一倍频程的中心频率和频率范围

中心频率/Hz	频率范围/Hz	中心频率/Hz	频率范围/Hz
25	22.4～28	800	710～900
31.5	28～35.5	1000	900～1120
40	35.5～45	1250	1120～1400
50	45～56	1600	1400～1800
63	56～71	2000	1800～2240
80	71～90	2500	2240～2800
100	90～112	3150	2800～3550
125	112～140	4000	3550～4500
160	140～180	5000	4500～5600
200	180～224	6300	5600～7100
250	224～280	8000	7100～9000
310	280～355	10 000	9000～11 200
400	355～450	12 500	11 200～14 000
500	450～560	16 000	14 000～18 000
630	560～710		

2）实验步骤及结果分析

（1）功率谱分析。高斯白噪声的功率谱图如图 6-14 所示。

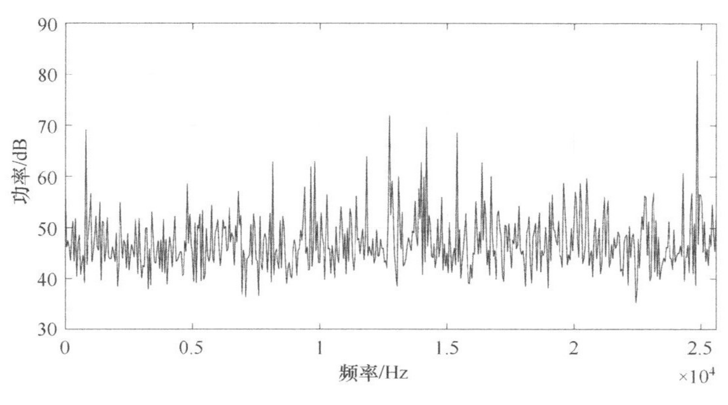

图 6-14　高斯白噪声的功率谱图

（2）三分之一倍频程分析。高斯白噪声的三分之一倍频程柱状图如图 6-15 所示。

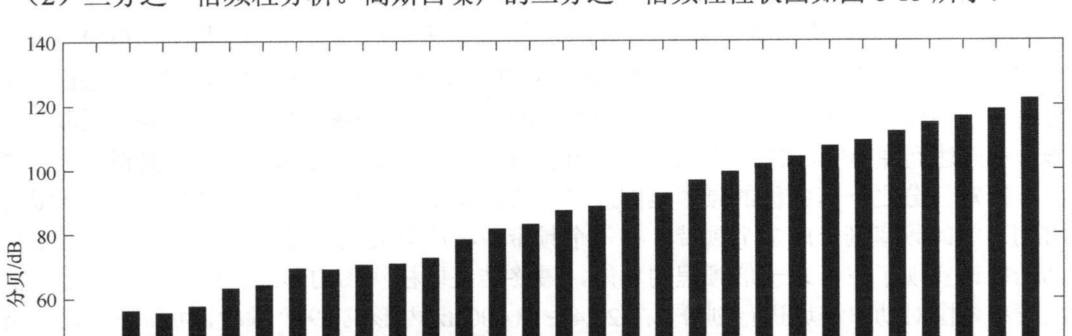

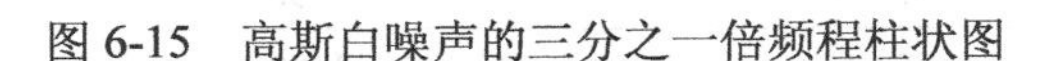
图 6-15　高斯白噪声的三分之一倍频程柱状图

（3）实验结果分析。用倍频程进行分析时，中心频率每增大为原来的 2 倍，能量就增大为原来的 2 倍，即 3dB；而用三分之一倍频程进行分析时，中心频率每增大为原来的 4/3 倍，能量就增大为原来的 4/3 倍，即 1dB。由白噪声的频率特性可知，在相等的带宽内的能量是相同的。倍频程分析模拟了人耳如何区分频率，在较低的频率下，耳朵可以更容易地区分频率，因此，倍频带较窄；在较高的频率下，耳朵难以区分频率（即使频率相差很远也是这样），因此，倍频带较宽。

6.7　倒频谱分析的原理、算法、实现与应用

倒频谱变换是近代信号处理中的一项技术，可以分析复杂频谱图上的周期结构，提取调频信号中的周期成分。

倒频谱分析技术是通过在时域中测量振动数据的功率谱并取对数后进行傅里叶逆变换得到的。一个倒频谱可以被显示为谱线形式，即幅值在垂直轴上，被称为“倒频率”的伪时间在水平轴上。

倒频谱从原理上适用于包含多个谐波序列的复杂信号的分析，如由齿轮箱或滚动轴承产生的信号。具备分离和加强周期函数的能力，所以它们的关系可以被识别出来，这是倒频谱的一个重要的优点。

倒频谱变换是一种非线性信号处理方法，对信号做倒频谱分析可以使信号的各频率的组成分量比较容易识别，便于提取所关心的信息。倒频谱在处理语音信号、地震信号、生物医学信号和机械故障诊断中获得了成功的应用。例如，用倒频谱可以检测信号中的回波（反射波），测定回波的滞后时间，以排除周围环境所造成的回波影响。在语言分析中，检测语音并测定音调，通过分析把语言分成语音效应和声道效应，改变口形使合成音变调，并与原声音进行比较，可使语音有效地收发和传输。在故障监测和诊断方面，用复倒谱中的低通和高通滤波，排除回波或者传输

通道的影响。另外，还可以用倒频谱来分析地震信号冲击响应与原来地震子波的卷积。

对于倒频谱变换，主要有两种分析方法，一种是实倒谱，另一种是复倒谱。实倒谱在变换过程中保留了信号的频谱幅值信息，摒弃了相位信息，所以不能对信号进行重建，但是可以利用它来重建一个最小相位信号。而复倒谱分析则保留了信号的全部信息，能够同时对信号的频谱幅值和相位进行检测。

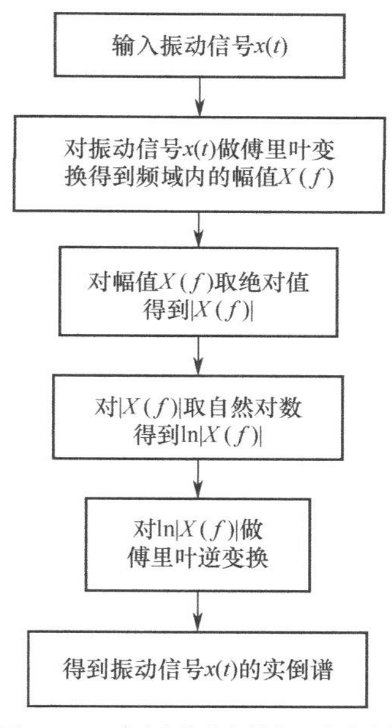

图 6-16 实倒谱分析原理流程图

6.7.1 实倒谱分析的原理、算法与实现

实倒谱的定义是通过对时域信号 $x(t)$ 的傅里叶变换 $X(f)$ 的幅值求自然对数，然后对所得的结果做傅里叶逆变换，即

$$C_{\mathrm{R}}(t)=F^{-1}[\ln|X(f)|]$$

从实倒谱分析的定义可以看出，在实倒谱变换中只用到信号傅里叶变换内的幅值分量，而损失了信号的相位分量，因此从实倒谱序列中重建原来的信号是不可能的。

计算振动信号的实倒谱，首先要对振动信号做傅里叶变换得到频域内的幅值，接着对幅值取绝对值后再取自然对数，最后对所得的值做傅里叶逆变换就可得到振动信号的实倒谱。实倒谱分析原理流程图如图 6-16 所示，实倒谱分析算法步骤表如表 6-10 所示。

表 6-10 实倒谱分析算法步骤表

输入：	振动信号 $x(t)$
输出：	振动信号 $x(t)$ 的实倒谱图
开始：	
	步骤 1：对振动信号 $x(t)$ 做傅里叶变换 $X(f)=\int_{-\infty}^{+\infty}x(t)\mathrm{e}^{-2\mathrm{j}\pi f\tau}\mathrm{d}t$
	步骤 2：对 $X(f)$ 取绝对值，得到 $\lvert X(f)\rvert$
	步骤 3：对 $\lvert X(f)\rvert$ 取自然对数，得到 $\ln\lvert X(f)\rvert$
	步骤 4：对 $\ln\lvert X(f)\rvert$ 做傅里叶逆变换得到实倒谱 $C_{\mathrm{R}}(t)=F^{-1}[\ln\lvert X(f)\rvert]$
	步骤 5：绘制振动信号 $x(t)$ 的实倒谱图
结束	

6.7.2 复倒谱分析的原理及算法

复倒谱是指通过对时域信号 $x(t)$ 的傅里叶变换 $X(f)$ 求复自然对数，然后对所得的结果做傅里叶逆变换，即

$$C_{\mathrm{C}}(t)=F^{-1}[\ln|X(f)|] \tag{6-13}$$

在进行复倒谱之前，要用一个线性相位因子对傅里叶变换的数据进行调整，来保证其频谱在 $-\pi$ 和 $+\pi$ 处没有相位跳变，再进行一系列处理使其在 π 弧度处具有零相位特征。由于对信号序列进行复倒谱变换得到的结果数据保留了信号的全部信息，因此可以进行复倒谱逆变

换。用结果数据重建原来的信号序列。

计算振动信号的复倒谱，首先要对振动信号做傅里叶变换得到频域内的幅值，接着对幅值取自然对数，最后对所得的值做傅里叶逆变换就得到了振动信号的复倒谱。复倒谱分析的原理流程图如图 6-17 所示，复倒谱分析算法步骤表如表 6-11 所示。

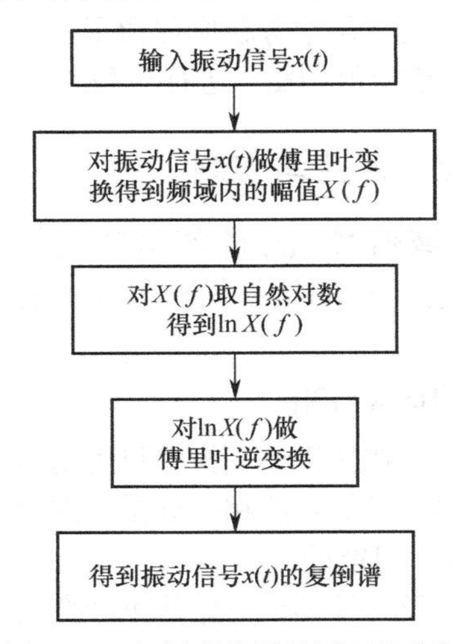

图 6-17　复倒谱分析的原理流程图

表 6-11　复倒谱分析算法步骤表

输入：	振动信号 $x(t)$
输出：	振动信号 $x(t)$ 的复倒谱图
开始：	
	步骤 1：对振动信号 $x(t)$ 做傅里叶变换 $X(f)=\int_{-\infty}^{+\infty}x(t)\mathrm{e}^{-2\mathrm{j}\pi f\tau}\mathrm{d}t$
	步骤 2：对 $X(f)$ 取自然对数，得到 $\ln X(f)$
	步骤 3：对 $\ln X(f)$ 做傅里叶逆变换得到复倒谱 $C_{\mathrm{C}}(t)=F^{-1}[\ln X(f)]$
	步骤 4：绘制振动信号 $x(t)$ 的复倒谱图
结束	

6.7.3　倒频谱分析进行故障检测的仿真实验

1）实验原理

倒频谱分析是在一般频谱分析的基础上发展起来的分析技术，所谓倒频谱，其实质为频域信号的傅里叶逆变换，即对时域信号 $x(t)$ 的功率谱取对数后，进行一次傅里叶逆变换后再开平方。工程上一般采用正值，即功率倒频谱的正平方根形式为

$$C_{\mathrm{c}}(q)=F^{-1}[\lg S(f)] \tag{6-14}$$

式中，$S(f)$ 为时域信号 $x(t)$ 的功率谱，$C_{\mathrm{c}}(q)$ 为其倒频谱，q 为倒频率，$C_{\mathrm{c}}(q)$ 的单位是 ms。

倒频谱分析具有以下用途与特点：

（1）可以识别不同谐波成分的周期性影响；

（2）可以检测边频的存在，也能在整个功率谱范围内求取边频的平均间距；

（3）可以检测到以一些特殊部件（轴承滚子）的通过频率为调制频率的固有频率调制振动现象。

2）实验步骤及结果分析

（1）仿真一个被 5Hz 倍频调制的 100Hz 信号，原始信号为

$$y = A\times\left[20\ 000+\cos\left(2\times\pi\times f_{\mathrm{m}}\times t\right)+\cos\left(2\times\pi\times 2\times f_{\mathrm{m}}\times t\right)+\right.$$
$$\cos\left(2\times\pi\times 3\times f_{\mathrm{m}}\times t\right)+\cos\left(2\times\pi\times 4\times f_{\mathrm{m}}\times t\right)+$$
$$\left.\cos\left(2\times\pi\times 5\times f_{\mathrm{m}}\times t\right)\right]\times\sin\left(2\times\pi\times f_0\times t\right)$$

（2）数据处理及分析。

给定信号的时程曲线图如图 6-18 所示。

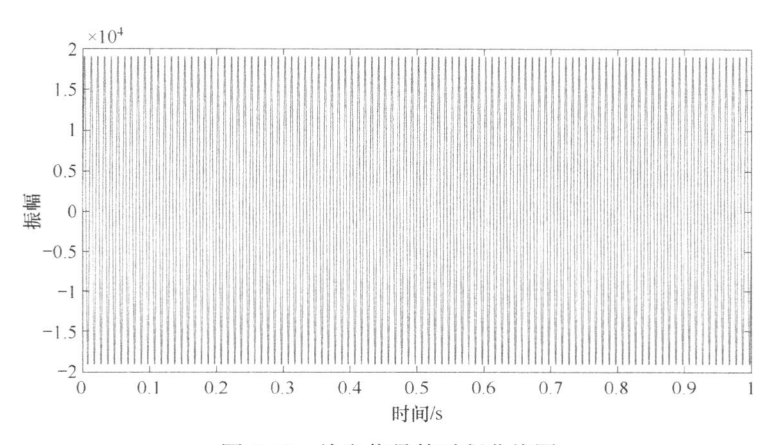

图 6-18　给定信号的时程曲线图

数据分析：由给定信号的时程曲线图可以看出明显的周期性冲击，对于故障机组而言，这样的信号代表存在故障。除此之外，从时程曲线图上得不到更多的有效信息。

给定信号的频域图如图 6-19 所示。

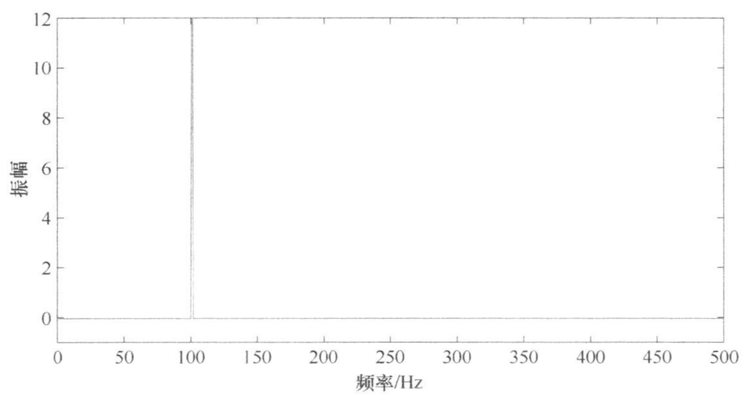

图 6-19　给定信号的频域图

数据分析：由给定信号的频域图可以看出信号中有谐波成分及突出峰值两边的边频成分。其调制边频带成分较为密集。由此可知，对于故障机组而言，通过谱分析并不能够有效地分析出它的特征。

给定信号的倒频谱图如图 6-20 所示。

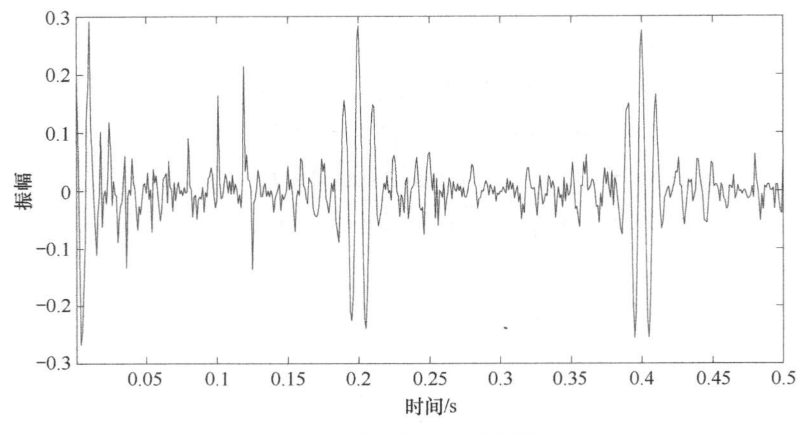

图 6-20　给定信号的倒频谱图

数据分析：由给定信号的倒频谱图可以看出在 $t=0.2\text{s}$ 处有一个小峰值，对应的就是 5Hz 频率，即为那个调制频率。对于故障机组而言，对应其故障特征频率表可找出故障部件。

3）结论

（1）由上面的仿真实验可以得出，对于给定信号，我们先通过时域分析进行粗略排查是否存在故障。时域分析的特点只能用来对部件进行粗略分析，难以区分产生异样信号的故障部位，以及进一步进行故障诊断。

（2）把时域分析后的故障信号进行傅里叶变换来进行时频变换，可获得相应的频谱图。频谱图上的信号强弱反映了振动的能量强弱，频谱图上的异样信号变得明显；利用频谱分析对振动信号的故障源进行定性分析，但要想将故障实现分类鉴别，还有一定困难。

（3）利用倒频谱分析，首先对存在故障的频谱图进行倒频谱分析得到故障部位的频率，再进行频率比对可得出故障位置。

6.7.4　实测轴承振动信号的倒频谱分析实验

1）实验原理

倒频谱分析是在一般频谱分析的基础上发展起来的分析技术，所谓倒频谱，其实质为频域信号的傅里叶逆变换，即对时域信号 $x(t)$ 的功率谱取对数后，进行一次傅里叶逆变换后再开平方，工程上一般采用正值，即功率倒频谱的正平方根形式为

$$C_{\text{c}}(q)=F^{-1}[\lg S(f)] \tag{6-15}$$

式中，$S(f)$ 为时域信号 $x(t)$ 的功率谱，$C_{\text{c}}(q)$ 为其倒频谱，q 为倒频率，$C_{\text{c}}(q)$ 的单位是 ms。

2）实验步骤及结果分析

（1） 实验选择 12kHz 采样频率、故障点在驱动端内圈、转速为 1797r/min 的驱动端的轴承振动信号。

（2）数据处理及分析。

数据时域分析：由给定驱动端轴承振动信号的时域图可以看出明显的周期性冲击，对于轴承而言，这样的信号代表轴承存在故障。除此之外，从时域图上得不到更多的有效信息。

数据频谱分析：由频谱图可以看出图中有许多突起峰值，其中存在频率为 160Hz 的轴承内圈固有频率，由于峰值的边频成分较多，因此通过谱分析并不能够有效地分析出其他特征。

故障轴承的时域图、频谱图、实倒谱如图 6-21～图 6-23 所示。实测振动时域信号的振幅单位为 m/s^2，频谱图和实倒谱纵轴的单位为 m/s^2。

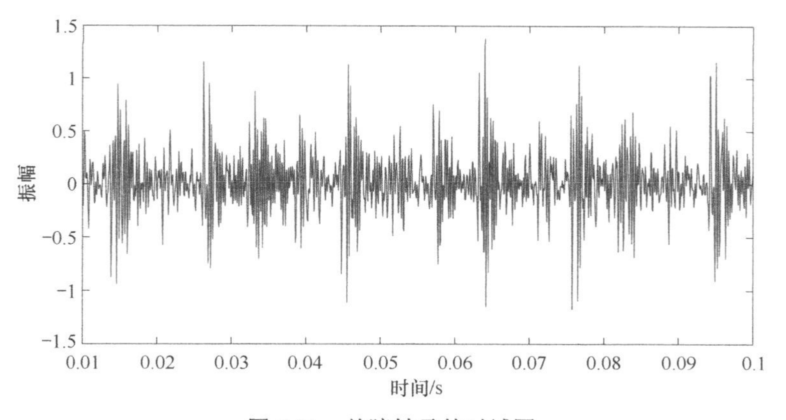

图 6-21　故障轴承的时域图

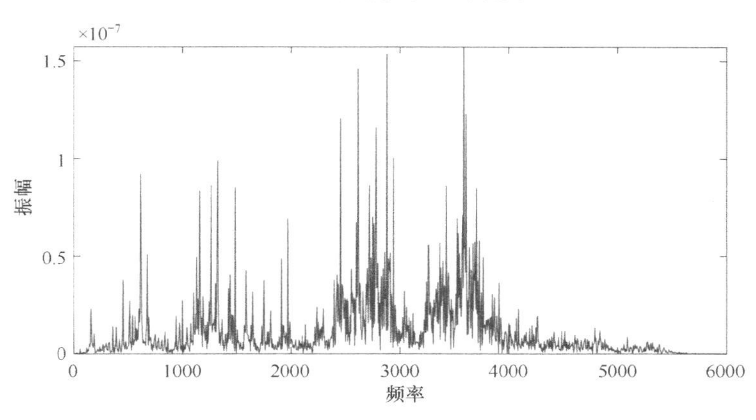

图 6-22　故障轴承的频谱图

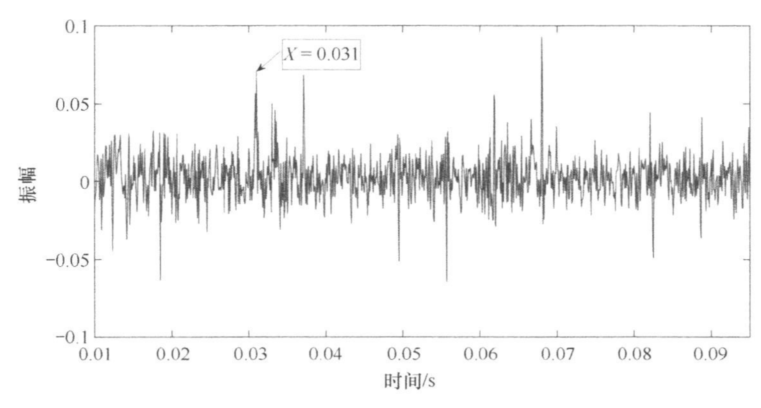

图 6-23　故障轴承的实倒谱

数据实倒谱分析：通过实倒谱可以找到前面相关分析中轴承转动一圈所需的时间信息，大约为 0.031s。在 0.031s 的倍数上可以看出也存在峰值。

3）结论

（1）对于给定的故障轴承信号，先通过时域分析进行粗略排查，判断是否存在故障。

（2）对故障信号进行时频变换，获得相应的频谱图。对于给定的故障轴承信号，通过频域分析寻找部分的特征频率。

（3）倒频谱可以分析出复杂频谱图上的周期结构，分离和提取频谱中的周期成分。在变换过程中，倒频谱将对数谱图上的周期性频率结构成分的能量做了又一次集中，在进行功率的对数转换时对低幅值分量有较高的加权，而对高幅值分量有较低的加权。

6.8 本章小结

本章论述了振动信号的频域处理方法，论述了振动信号的功率谱密度函数、频响函数、相干函数、实倒谱、复倒谱和三分之一倍频程分析等频域分析方法，并给出了应用实例及算法。

第7章 基于虚拟仪器的振动信号测试与处理

在工程振动测试中，被测对象往往是多种多样的，这就要求测试人员针对特定的被测对象，运用合理的测试手段与信号处理技术，对被测结构进行测试与分析。振动信号处理在设备的故障检测和结构特性分析中有着重要的作用，但现有的振动信号分析平台的价格一般比较高，导致测试任务的成本上升。而基于虚拟仪器开发的振动测试与分析平台成本较低且精度较高，非常适用于日常测试任务。因此，本章将结合前面所述的振动信号处理理论，设计基于虚拟仪器的振动信号处理平台，给出工程振动测试及信号处理中的一些应用实例，可以帮助有兴趣、有需求的科研工作人员更好地完成科研任务。

7.1 虚拟仪器

7.1.1 虚拟仪器的概念

虚拟仪器（Virtual Instrument，VI）的核心技术思想就是“软件即仪器”。虚拟仪器技术把仪器分为计算机、仪器硬件和应用软件三部分。虚拟仪器以通用计算机和配备标准数字接口的测量仪器为基础，将仪器硬件连接到各种计算机平台上，直接利用计算机丰富的软硬件资源，将计算机硬件和测量仪器等硬件资源与计算机软件资源有机地结合起来。图 7-1 所示为常见的虚拟仪器方案。

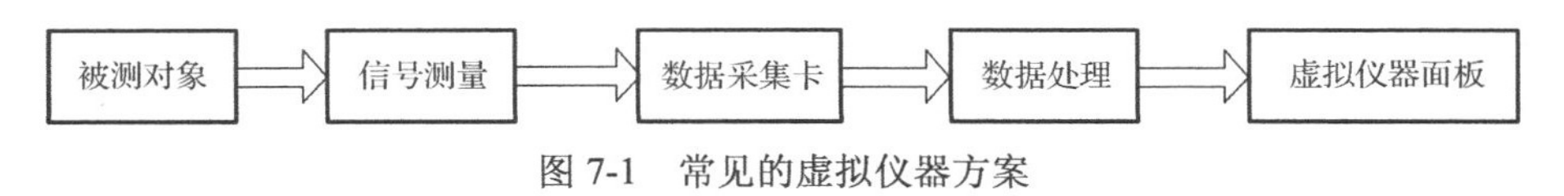

图 7-1 常见的虚拟仪器方案

（1）虚拟仪器的组成

虚拟仪器由软件和硬件两部分组成。虚拟仪器的硬件是计算机和为其配置的各种传感器、互感器、信号调理器、数据采集器等。计算机及其配置的电子测量仪器硬件模块组成了虚拟仪器测试硬件平台的基础。虚拟仪器的软件主要为美国国家仪器公司研制开发的实验室虚拟仪器工程平台。

（2）虚拟仪器的特点及优势

虚拟仪器是由基于计算机的功能化硬件模块和计算机软件所构成的电子测试仪器，而软件是虚拟仪器的核心。其中，软件的基础部分是设备驱动软件，而这些标准的仪器驱动软件使得系统的开发与仪器的硬件变化无关。这是虚拟仪器最大的优点之一，有了这一点，仪器的开发和换代时间将被大大缩短。虚拟仪器中的应用程序将可选硬件和可重复用库函数等软件结合在一起，实现了仪器模块间的通信、定时与触发。原码库函数为用户构造自己的虚拟仪器系统提供了基本的软件模块。

由于虚拟仪器具有模块化、开放性和灵活性等特点，因此当用户的测试要求变化时，可以方便地由用户自己来增减软硬件模块，或重新配置现有系统，以满足新的测试要求。当用户从一个项目转向另一个项目时，就能简单地构造出新的 VI 系统而不丢失已有的硬件和软件资源。虚拟仪器技术的优势在于可由用户定义自己的专用仪器系统，且功能灵活，很容易构建。

表 7-1 所示为虚拟仪器与传统仪器的比较。

表 7-1 虚拟仪器与传统仪器的比较

特 性	虚 拟 仪 器	传 统 仪 器
兼容性	开放性、灵活性，可与计算机技术保持同步发展	封闭性，仪器间的相互配合较差
系统升级	关键是软件，系统升级方便，可通过网络下载升级程序	关键是硬件，升级成本高，而且要上门进行升级服务
价格	价格低廉，仪器间资源的可重复利用率高	价格昂贵，仪器间一般无法共享资源
体积	体积较小，便于携带和野外工作	体积较大，不便于运输
开发和维护	用户可以定义仪器功能，可以方便地与网络及周边设备连接，开发与维护费用较低	功能由生产商预先定义，功能单一，只能连接有限设备，开发与维护开销高
技术更新周期	技术更新周期短（1～2 年）	技术更新周期长（5～10 年）

由表 7-1 可见，与传统仪器相比，虚拟仪器在各个方面都具有明显的优势，能够满足科技高速发展对电子测量技术提出的新要求，可能会成为电子测量仪器发展的趋势。

7.1.2 实验室虚拟仪器工程平台

（1）实验室虚拟仪器工程平台简介

LabVIEW 是实验室虚拟仪器工程平台（Laborary Virtual Instrument Engineering Workbench）的简称。虚拟仪器软件将计算机硬件资源与仪器硬件有机地融合为一个整体，这就把计算机中含有的强大的计算处理能力和仪器硬件的测量、控制能力结合在一起，大大降低了仪器硬件的成本，减小了体积，缩短了开发时间。

LabVIEW 也是一种通用的编程系统，具有各种各样、功能强大、简单易用的函数库，也有完善的仿真、调试工具，十分方便用户调试。此外，LabVIEW 有动态连续的跟踪方式，利用此功能可以动态、连续地观察程序中的数据及其变化情况，这比其他语言的开发环境更加方便、有效。

LabVIEW 采用图形化编程语言——G 语言，所产生的程序是框图的形式。这种形式易学易用，可在很短的时间内掌握并应用到实践中去。图形化的程序设计编程比传统的编程语言简单直观，并且开发效率高。随着虚拟仪器技术的不断发展，这种图形化的编程语言可能会成为通行的标准。

（2）LabVIEW 的特点

① 具有良好的图形用户界面。用 LabVIEW 可以在计算机屏幕上产生类似于传统仪器的面板，包括按钮、旋钮、开关、图形显示组件、控制组件等。这些组件都具有高仿真度。

② 比起其他的语言来说编程简单，采用图形化的语言——G 语言，用图形化的方式编写程序。

③ 具有良好的模块化和层次结构的特点。用 LabVIEW 编写的 VI 既可以作为顶层程序使用，又可以作为其他大型程序的子程序进行调用。

④ LabVIEW 软件提供功能强大的程序调试工具。程序调试工具可以在源代码中设置断点，可以单步执行，也可以启动。

7.2 基于虚拟仪器的振动信号时域处理

7.2.1 时域统计分析

振动信号的时域统计分析是指对信号的各种时域参数、指标进行估计或计算。常用的时域参数和指标包括：均值、均方值、均方根值、方差、标准差、概率分布函数和概率密度函数等。本节主要论述概率分布函数和概率密度函数的计算，并给出基于虚拟仪器设计的概率分布函数及概率密度函数计算平台。

（1）概率分布函数和概率密度函数

概率分布函数在工程上常用于机械部件在运行中所受的随机振动应力分析，较多出现的应力振幅所造成的疲劳是导致这些部件失效的关键。而概率密度函数曲线的形状特征可以被用于鉴别随机信号中是否含有周期信号及周期信号所占的比例成分。计算概率分布函数和概率密度函数的流程图如图 7-2 所示。

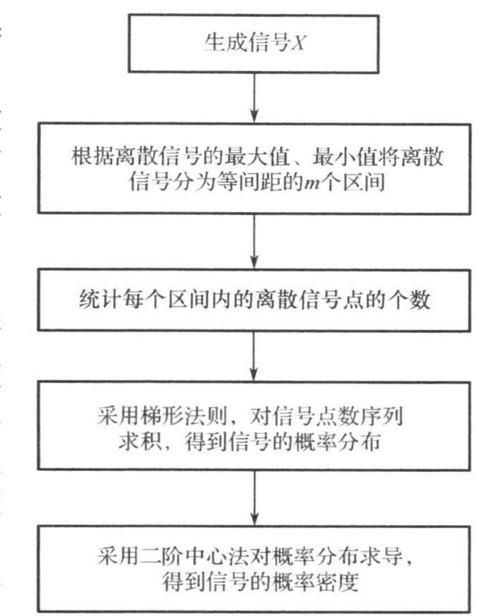

图 7-2 计算概率分布函数和概率密度函数的流程图

X 为离散信号序列，m 是将信号取值范围等分的个数，y_i 是落在第 i 个区间内的离散信号点的个数，通过梯形法则进行求积的公式为

$$P_j = \frac{\mathrm{d}t}{2}\sum_{j=0}^{i}(y_{j-1} + y_j) \tag{7-1}$$

式中，P_j 是信号 X 的取值 x 位于 y_j 时对应的概率分布（$i = 0,1,2,\cdots,m-1$），m 为等分的区间个数，$y_{-1} = 0$，dt=1/(采样频率×循环次数)。

得到信号的概率分布后，采用二阶中心法求导计算概率密度，其计算公式为

$$p_j = \frac{1}{2\mathrm{d}t}(x_{j+1} - x_{j-1}) \tag{7-2}$$

式中，p_j 为元素 x 取值落在 y_j 时对应的概率。

（2）基于虚拟仪器的概率分布函数和概率密度函数计算平台前面板

为了更好地理解概率分布函数和概率密度函数的概念，我们使用 LabVIEW 编程实现了基于虚拟仪器的概率分布函数和概率密度函数计算平台。该平台的主要功能是为仿真生成正态分布和均匀分布的随机振动信号，并计算其概率分布函数和概率密度函数，以图形的形式显示结果。振动信号可以由振幅传感器、加速度传感器或压力传感器测量得到，时域信号的单位相应地分别为 m、m/s^2、N。

图 7-3 所示为基于虚拟仪器的概率分布函数和概率密度函数计算平台的前面板。

该平台所需输入如下。

① 信号分布类型：选择仿真生成的随机振动信号的分布类型。

② 采样频率：对振动信号进行采样时，每秒内的采样点数，转动旋钮或直接输入可手动设置采样频率。

③ 循环计数：程序循环运行的次数，采样次数越多，得到的离散随机振动信号点数越多，计算得到的概率分布函数和概率密度函数越逼近理想分布，转动旋钮或直接输入可手动设置循环次数。

④ 区间数量：将随机振动信号在其取值范围内分为等间隔的 m 份，转动旋钮或直接输入可手动设置区间数量。

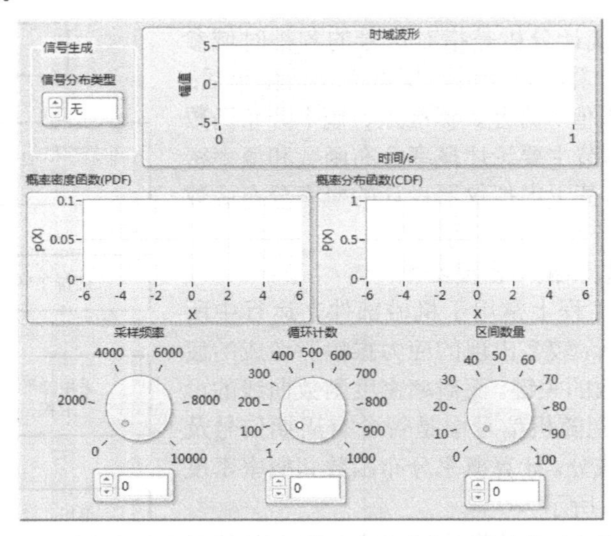

图 7-3 基于虚拟仪器的概率分布函数和概率密度函数计算平台的前面板

所得到的输出如下。

① 时域波形：随机振动信号的时程曲线。

② 概率密度函数：计算后得到的随机振动信号的概率密度函数。

③ 概率分布函数：计算后得到的随机振动信号的概率分布函数。

（3）基于虚拟仪器的概率分布函数和概率密度函数计算平台后面板程序框图

图 7-4 所示为基于虚拟仪器的概率分布函数和概率密度函数计算平台的后面板程序框图。其中，信号分布类型、采样频率、循环计数、区间数量为程序所需的输入，时域波形、概率分布函数、概率密度函数为程序计算得到的输出。

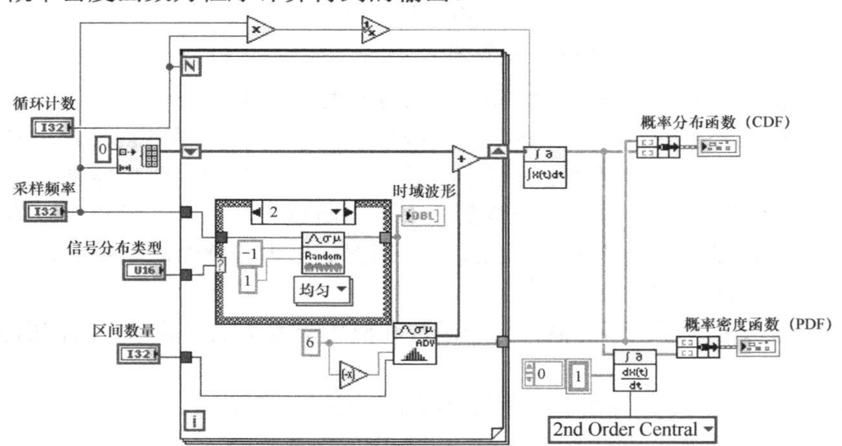

图 7-4 基于虚拟仪器的概率分布函数和概率密度函数计算平台的后面板程序框图

（4）概率分布函数和概率密度函数分析结果

该平台仿真生成的随机振动信号包含两种分布类型：正态分布和均匀分布。图 7-5 和图 7-6 所示分别为当随机振动信号服从正态分布和均匀分布时，计算得到的概率分布函数和概率密度函数。

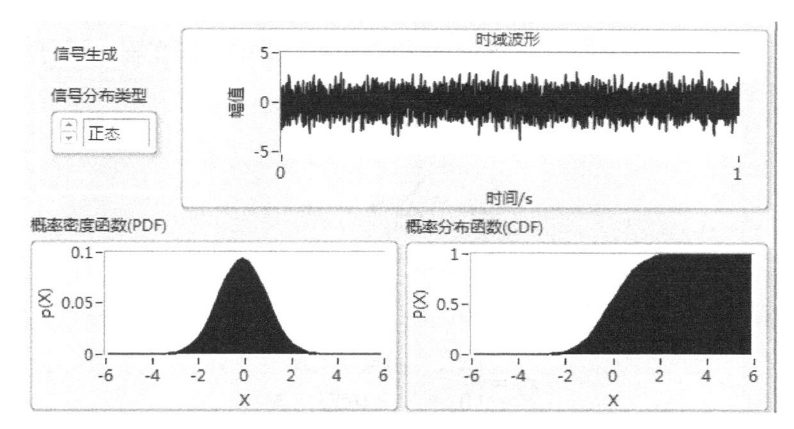

图 7-5　正态分布随机振动信号的概率分布函数和概率密度函数

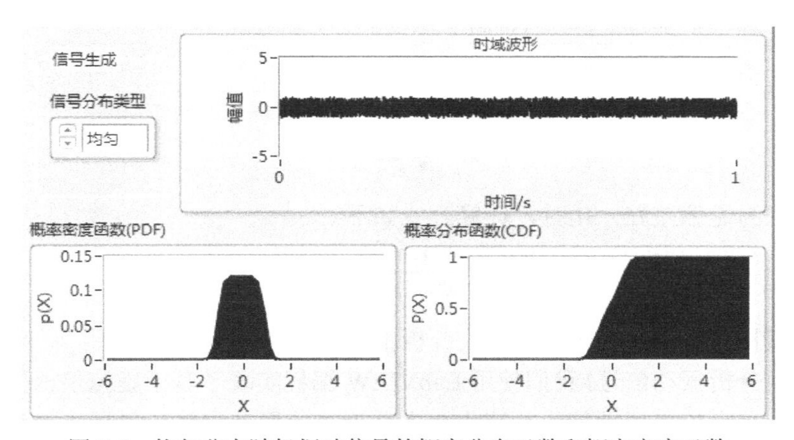

图 7-6　均匀分布随机振动信号的概率分布函数和概率密度函数

7.2.2　相关分析

相关是对客观事物或过程中某些特征量之间联系紧密性的反映。相关函数描述随机振动信号在不同时刻瞬时值之间的关联程度，可以简单地描述为随机振动波形随时间坐标移动时与其他波形的相似程度。对同一随机振动信号随时间坐标移动进行相似程度计算，其结果称为自相关函数；对两个随机振动信号随时间坐标移动进行相似程度计算，其结果称为互相关函数。相关分析能够较深入地揭示随机振动信号的波形结构。

1. 自相关分析

（1）自相关函数

自相关函数描述同一随机振动信号在不同时刻幅值间的依赖关系，也就是反映同一条随机振动信号波形随时间坐标移动时相互关联紧密性的一种函数。LabVIEW 中的自相关函数在

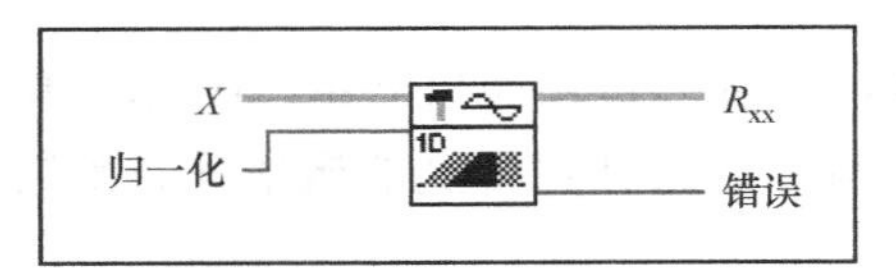

图 7-7 LabVIEW 中的自相关函数

后面板程序框图中的图标如图 7-7 所示。

该图标左侧的两个端口为函数所需的两个输入参数，X 端口为需要进行自相关分析的振动信号序列，归一化端口用于选择归一化方法。右侧的两个端口为函数的输出，R_{xx} 端口为函数对振动信号序列 X 处理后得到的自相关序列，错误端口在程序运行出错时终止程序运行并返回错误警告。

对于振动信号序列，其自相关计算公式为

$$R_{xx\,j}=\sum_{k=0}^{N-1}x_k\cdot x_{j+k} \tag{7-3}$$

式中，$j=-(N-1),-(N-2),\cdots,-1,0,1,\cdots,(N-2),(N-1)$，$N$ 是振动信号序列 X 的元素个数。序列 X 中，所有超出范围的元素值均为 0，即

$$x_j=\begin{cases}x_j, & 0\leqslant j<N\\ 0, & j<0或j\geqslant N\end{cases} \tag{7-4}$$

为了使自相关计算更精确，有时需要进行归一化。有两种归一化方法，分别为偏差（biased）归一化和无偏差（unbiased）归一化。

归一化方法为偏差归一化时，计算公式如下

$$R_{xx\,j}=\frac{1}{N}\sum_{k=0}^{N-1}x_k\cdot x_{j+k} \tag{7-5}$$

归一化方法为无偏差归一化时，计算公式如下

$$R_{xx\,j}=\frac{1}{N-|j|}\sum_{k=0}^{N-1}x_k\cdot x_{j+k} \tag{7-6}$$

（2）基于虚拟仪器的振动信号自相关分析平台前面板

为了更好地分析振动信号，我们使用 LabVIEW 编程实现了基于虚拟仪器的振动信号自相关分析平台。该平台的主要功能为仿真生成多种形式的振动信号，包括：正弦信号、正弦加噪信号、宽带随机信号、窄带随机信号，并计算各种信号的自相关函数，从而获取有关信号的周期成分并去除噪声。

图 7-8（a）、图 7-8（b）、图 7-8（c）、图 7-8（d）是基于虚拟仪器的振动信号自相关分析平台的前面板。

该平台所需的输入如下。

① 正弦信号。

- 频率：信号频率，以赫兹（Hz）为单位。
- 幅值：信号的幅值，幅值也是峰值电压。
- 相位：信号的初始相位，以度为单位。
- 采样频率：每秒的采样率。

② 正弦加噪信号。

- 正弦信号的频率、幅值、相位。

- 标准差：高斯白噪声信号的标准差，高斯白噪声服从正态分布，其标准差决定了分布的幅度。
- 初始化：选择是否进行初始化，初始化就是把信号值赋为默认值。
- 采样频率：对正弦加噪信号进行采样时的采样频率，每秒的采样点数。

③ 宽带随机信号。

- 宽带随机信号是指频率分量分布在宽频带内的随机信号。宽频带的带宽与所研究的问题有关，但通常等于或大于一个倍频程。
- 采样频率：每秒的采样点数。
- 标准差：高斯白噪声信号的标准差，高斯白噪声服从正态分布，其标准差决定了分布的幅度。
- 初始化：选择是否把信号值赋为默认值。

④ 窄带随机信号。

- 窄带随机信号是指频带范围 Δf 远小于中心频率 f_c，且 f_c 远离零频率的随机信号。
- 采样频率：每秒的采样点数。
- 标准差：高斯白噪声信号的标准差，高斯白噪声服从正态分布，其标准差决定了分布的幅度。
- 初始化：选择是否把信号值赋为默认值。
- 滤波：选择是否进行窄带低通滤波，用以得到窄带随机信号。

⑤ 归一化。

用于选择归一化方法，可选择不进行归一化、偏差归一化和无偏差归一化。

⑥ 停止。

需要停止程序运行时，单击停止按钮。

所得的输出如下。

① 时程曲线：仿真生成的振动信号的时域波形。

② 自相关波形：对振动信号进行自相关分析后，得到的自相关函数波形。

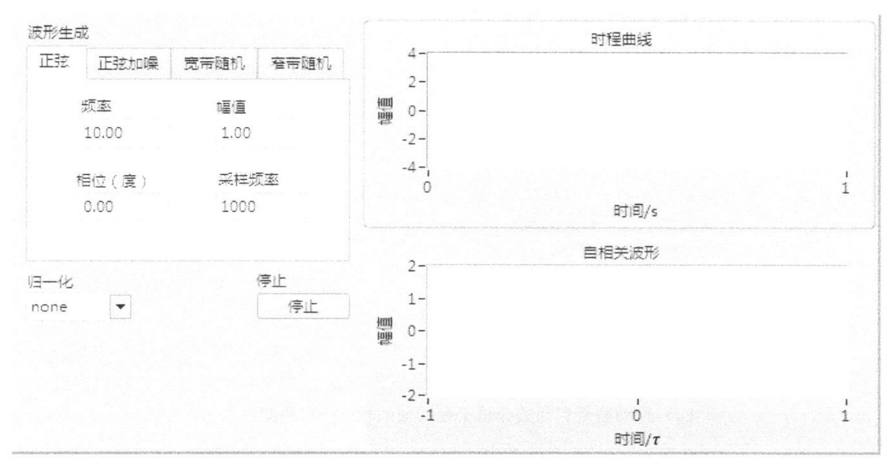

（a）振动信号自相关分析平台的前面板——正弦信号

图 7-8　振动信号自相关分析平台的前面板

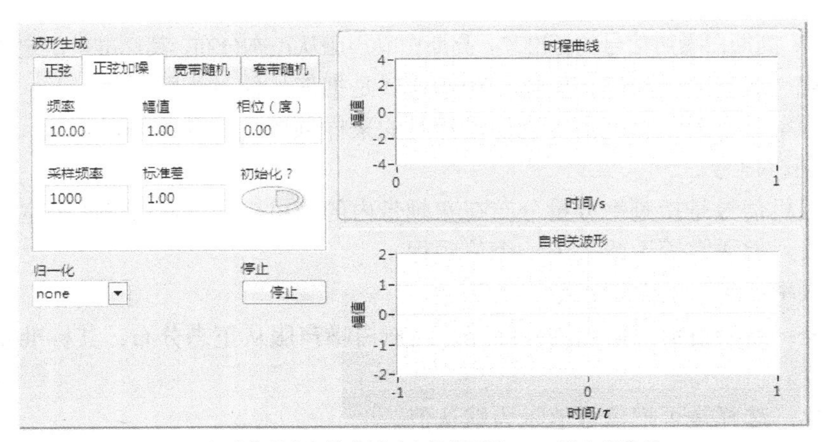

（b）振动信号自相关分析平台的前面板——正弦加噪信号

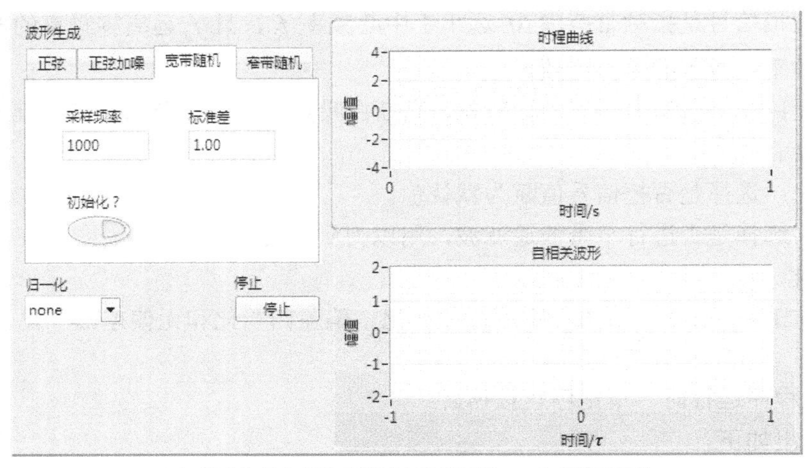

（c）振动信号自相关分析平台的前面板——宽带随机信号

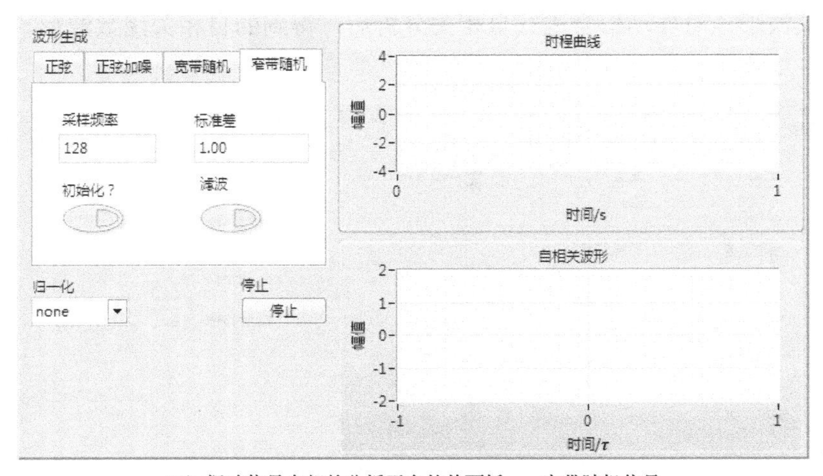

（d）振动信号自相关分析平台的前面板——窄带随机信号

图 7-8 振动信号自相关分析平台的前面板（续）

（3）基于虚拟仪器的振动信号自相关分析平台程序框图

图 7-9 所示为基于虚拟仪器的振动信号自相关分析平台的后面板程序框图，其中采样频率、幅值、相位、频率是生成仿真正弦振动信号时所需的输入。对应地，生成宽带随机信号时所需的输入有采样频率、标准差及是否选择初始化；生成正弦加噪信号时所需的输入有正弦信号的频率、幅值、相位、噪声信号的标准差及是否选择初始化，以及对混合信号进行采样时的采样频率；生成窄带随机信号时所需的输入有采样频率、随机振动信号的标准差、是否选择初始化。程序计算得到的输出为信号的时程曲线和自相关波形。

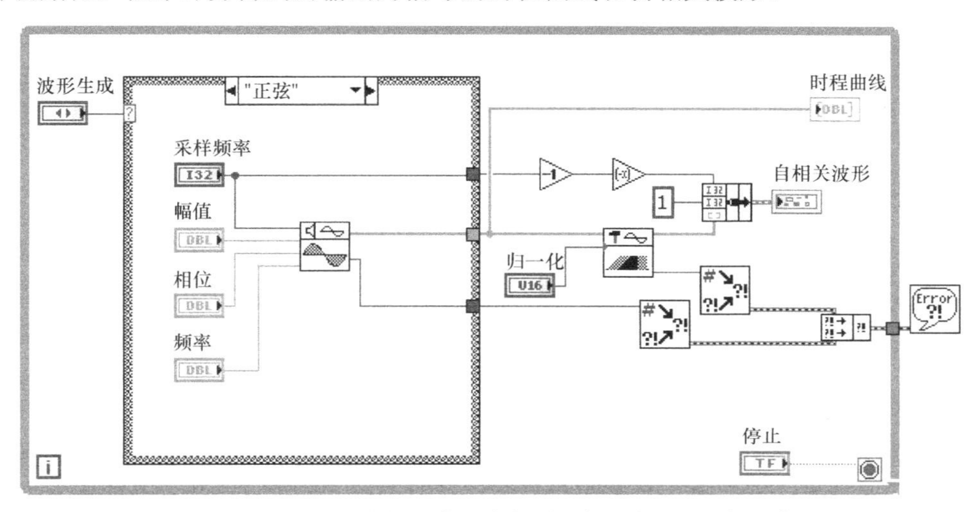

图 7-9 基于虚拟仪器的振动信号自相关分析平台的后面板程序框图

（4）自相关分析结果

下面分别给出对正弦信号、宽带随机信号、正弦加噪信号和窄带随机信号进行自相关分析后得到的结果。

① 正弦信号（见图 7-10）。

② 宽带随机信号（见图 7-11）。

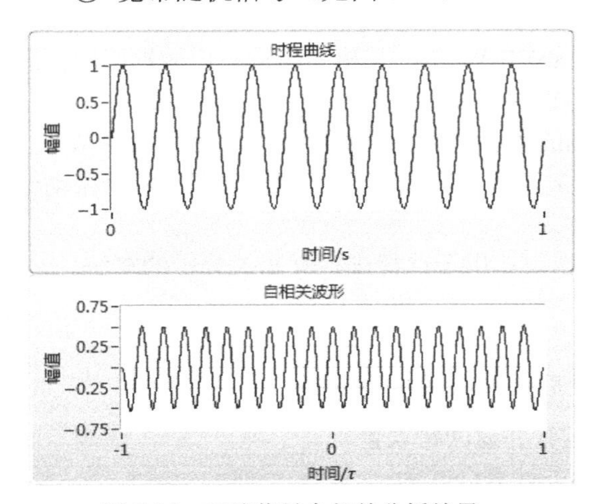

图 7-10 正弦信号自相关分析结果

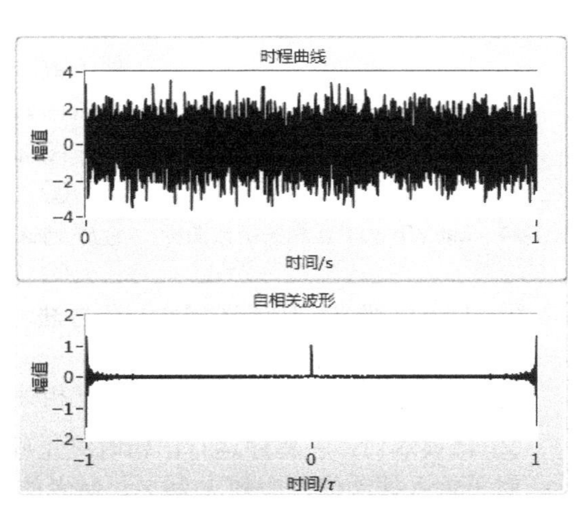

图 7-11 宽带随机信号自相关分析结果

③ 正弦加噪信号（见图 7-12）。

④ 窄带随机信号（见图 7-13）。

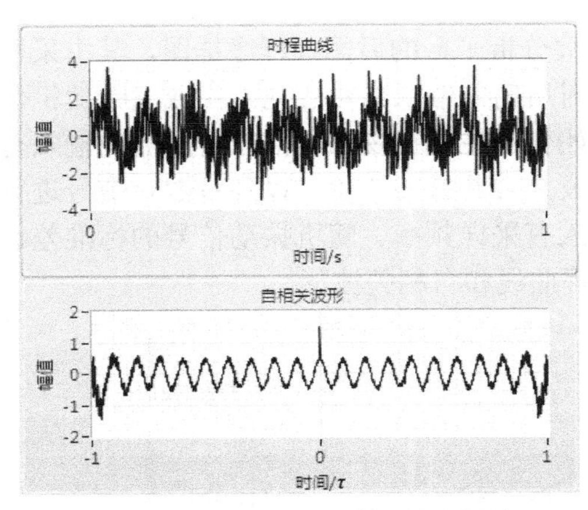

图 7-12 正弦加噪信号自相关分析结果

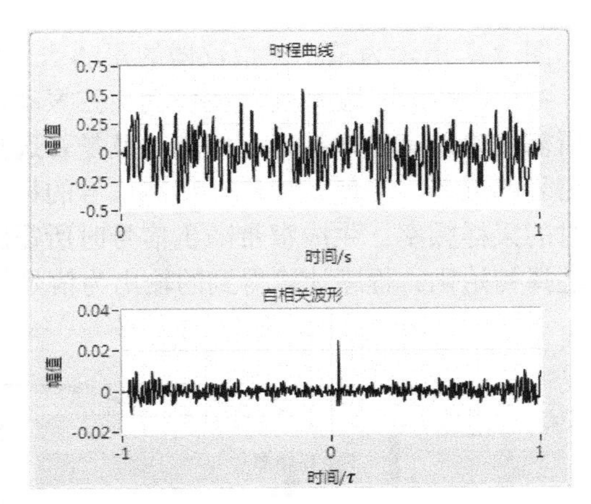

图 7-13 窄带随机信号自相关分析结果

自相关函数曲线的收敛快慢在一定程度上反映了振动信号中所含各频率分量的多少，反映了波形的平缓和陡峭程度。工程实际中常用自相关函数来检测随机振动信号是否包含周期振动成分，这是因为随机分量的自相关函数总是随着时间坐标的移动取值趋近于无穷大而趋近于零或某一常数值，而周期分量的自相关函数则保持原来的周期性而不衰减，并可以由它定性地了解振动信号所含频率成分的多少。

例如，在用噪声诊断机器运行状态时，正常机器噪声是由大量、无序、大小近似相等的随机成分叠加的结果，因此正常机器噪声具有较宽而均匀的频谱。当机器状态异常时，随机噪声中将出现有规则、周期性的信号，其振幅比正常噪声的幅值大得多。依靠自相关函数，就可以在噪声中发现隐藏的周期分量，确定机器的缺陷所在。

2. 互相关分析

（1）互相关函数

互相关函数描述两个随机振动信号在不同时刻幅值之间的依赖关系，也就是反映两条随机振动信号波形随时间坐标移动时相互关联紧密性的一种函数。在 LabVIEW 中，互相关函数在后面板程序框图的图标如图 7-14 所示。

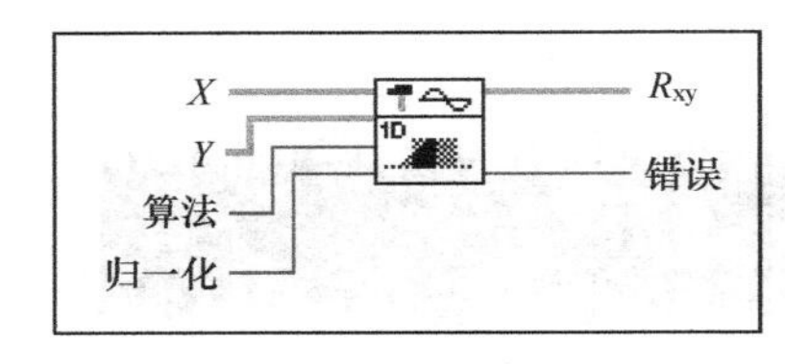

图 7-14 LabVIEW 中互相关函数图标

图标左侧的 4 个端口为函数所需的 4 个输入参数。

① X 和 Y 端口：需要进行互相关分析的两个振动信号序列 X 和 Y。

② 算法端口：用于选择进行互相关分析的算法。

③ 归一化端口：用于选择归一化方法。

右侧的两个端口为函数的输出。

① R_{xy} 端口：振动信号 X 和 Y 在互相关分析后得到的互相关函数。

② 错误端口：在程序运行出错时终止程序运行并返回错误警告。

对于输入振动信号序列 X 和 Y，两者的互相关计算公式为

$$R_{xy\,j}=\sum_{k=0}^{N-1}x_k\cdot y_{j+k} \tag{7-7}$$

式中，$j=-(N-1),-(N-2),\cdots,-1,0,1,\cdots,(M-2),(M-1)$，$N$ 是振动信号序列 X 中元素的个数，

M 是振动信号序列 Y 中元素的个数。超出序列 X 和 Y 的所有元素均等于零，即

$$x_j=\begin{cases}x_j,0\leqslant j<N\\0,j<0或j\geqslant N\end{cases},\quad y_j=\begin{cases}y_j,0\leqslant j<M\\0,j<0或j\geqslant M\end{cases} \tag{7-8}$$

为了使互相关计算更精确，在某些情况下需进行归一化。归一化方法包括偏差（biased）归一化和无偏差（unbiased）归一化。

偏差归一化的计算公式为

$$R_{\text{xy}}(\text{biased})_j=\frac{1}{\max(M,N)}R_{\text{xy}j} \tag{7-9}$$

无偏差归一化的计算公式为

$$R_{\text{xy}}(\text{unbiased})_j=\frac{1}{f(j)}R_{\text{xy}j} \tag{7-10}$$

式中，$f(j)$ 函数的取值如图 7-15 所示。

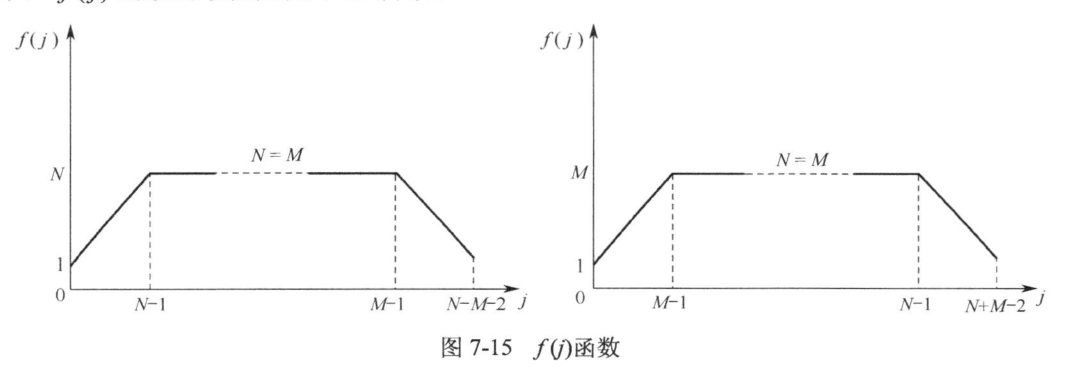

图 7-15　$f(j)$函数

（2）基于虚拟仪器的互相关分析时延检测平台前面板

为了更好地分析振动信号，我们使用 LabVIEW 编程实现了基于虚拟仪器的互相关分析时延检测平台。该平台的主要功能是为仿真生成两个不同时延的 sinc 信号，计算两个信号的互相关函数，并从中读取两个信号之间的时延。图 7-16 所示为基于虚拟仪器的互相关分析时延检测平台的前面板，采用 sinc 信号作为仿真信号。

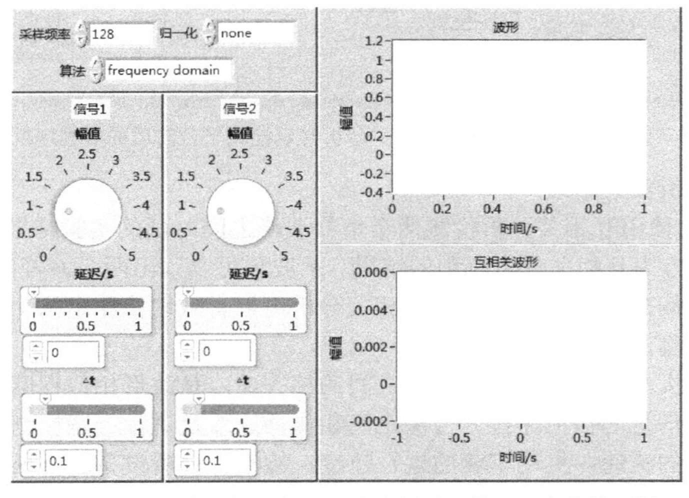

图 7-16　基于虚拟仪器的互相关分析时延检测平台的前面板

该平台所需的输入如下。

① 幅值：sinc 信号的幅值大小。

② 延迟：为信号偏移零点位置的时间延迟。

③ Δt ：sinc 信号的采样间隔，该数值的大小与 sinc 信号主瓣的宽度成反比，也就是说，采样间隔越小，主瓣就越宽；采样间隔越大，主瓣就越窄， $0<\Delta t<1$ 。

④ 采样频率：对信号进行采样时，每秒的采样点数。

⑤ 归一化：互相关计算归一化方法，可选择不进行归一化、偏差归一化和无偏差归一化。

⑥ 算法：计算信号互相关函数的算法，分为直接（direct）法和频域（frequency domain）法。

该平台的输出如下。

① 波形：信号 1 和信号 2 的时程曲线。

② 互相关波形：信号 1 和信号 2 的互相关波形。

（3）基于虚拟仪器的互相关分析时延检测平台的程序框图

图 7-17 所示为基于虚拟仪器的互相关分析时延检测平台的后面板程序框图。其中，幅值、延迟、delta t1、delta t2 为生成 sinc 信号所需的输入参数，采样频率为对信号进行采样时所需的输入参数，算法和归一化为计算互相关函数时所需的输入参数，波形和互相关波形为平台的输出。

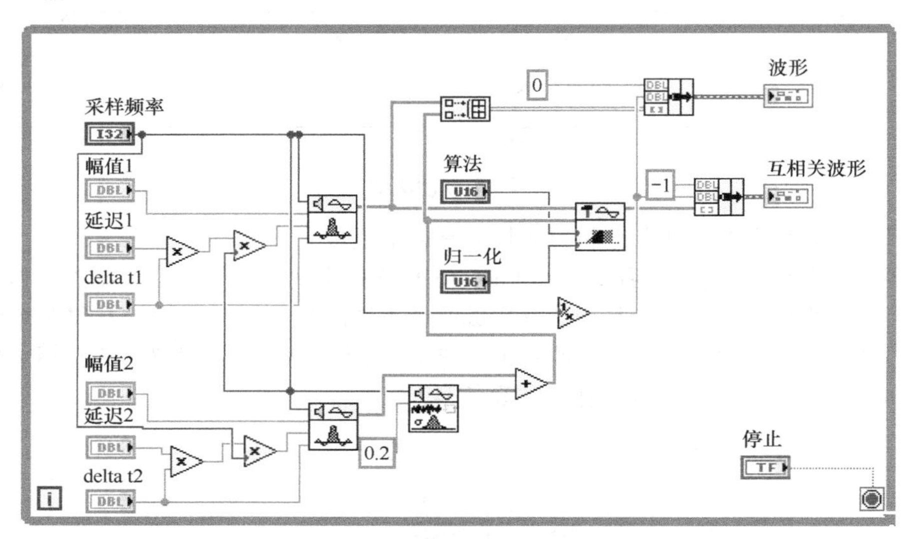

图 7-17 基于虚拟仪器的互相关分析时延检测平台的后面板程序框图

（4）互相关分析实验结果

图 7-18 所示为使用互相关分析检测两个信号波峰之间时延的实验结果。图 7-18 上方为仿真生成的波形，下方为互相关分析得到的结果。从波形可以读出两个波峰的时间间隔为 0.3s，互相关波形中波峰偏离原点 0.3s。说明互相关分析可以有效地检测出两个信号间的时延，从而用于工程实际的测速过程中。

互相关函数的大小直接反映两个信号之间的相关性，是波形相似程度的度量。互相关函数常用于识别振动信号的传播途径、传播距离和传播速度及进行一些检测分析工作，如测量管道内液体、气体的流速，机动车辆的运行速度，检测并分析设备运行振动和工业噪声传递的主要通道及各种运载工具中的振动噪声影响等。

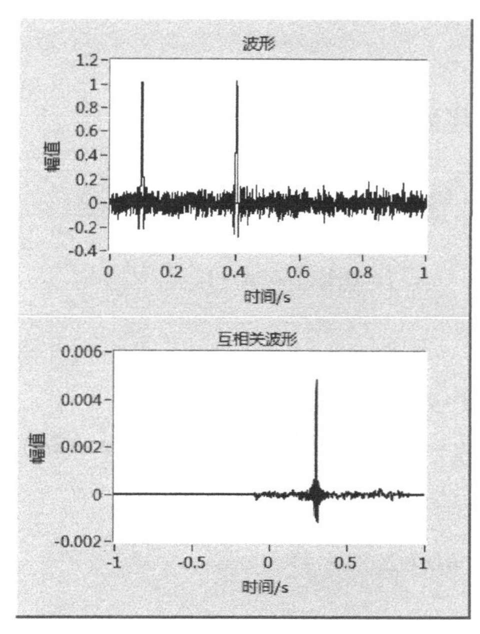

图 7-18　互相关分析检测实验结果

7.3　基于虚拟仪器的振动信号频域处理

7.3.1　加窗处理

1）窗函数

在进行傅里叶变换时，由于有限长时间信号的截断会造成频谱由单一的线谱扩散到较宽的一个频带上，因此产生了泄漏。泄漏会直接影响信号频谱的精度。为了减少泄漏效应，可选择不同形状的时间窗函数加以改善。

在第 6 章中，我们论述了窗函数的选择原则，并给出了通过使用窗函数改善频谱泄漏的实例。图 7-19 所示为 LabVIEW 中 Hanning 窗的后面板程序框图的图标。

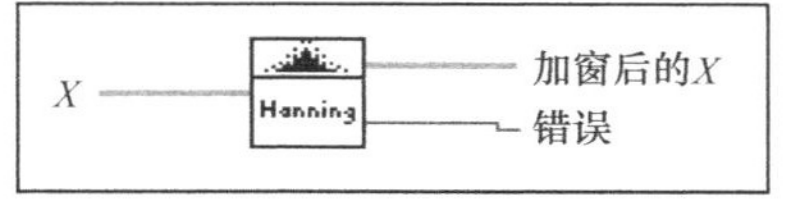

图 7-19　LabVIEW 中 Hanning 窗的后面板程序框图的图标

该函数的输入为振动信号序列 X，输出为加窗后的振动信号序列“加窗后的 X”。LabVIEW 中有丰富的可供选择的窗函数。本书主要给出常用的几种窗函数。下面分别给出 Hanning 窗、Hamming 窗、Blackman 窗和三角窗的计算公式。

（1）Hanning 窗。

以 Y 表示加窗后的输出序列，其计算公式为

$$y_i = 0.5x_i\left[1-\cos(\omega)\right]$$
$$\omega = \frac{2\pi i}{n} \tag{7-11}$$
$$i = 0,1,2,\cdots,n-1$$

式中，n是X中的元素个数。

（2）Hamming 窗。

以Y表示加窗后的输出序列，其计算公式为

$$\begin{aligned} y_i &= x_i\left[0.54-0.46\cos(\omega)\right] \\ \omega &= \frac{2\pi i}{n} \\ i &= 0,1,2,\cdots,n-1 \end{aligned} \tag{7-12}$$

式中，n是X中的元素个数。

（3）Blackman 窗。

以Y表示加窗后的输出序列，其计算公式为

$$\begin{aligned} y_i &= x_i\left[0.42-0.50\cos(\omega)+0.08\cos(2\omega)\right] \\ \omega &= \frac{2\pi i}{n} \\ i &= 0,1,2,\cdots,n-1 \end{aligned} \tag{7-13}$$

式中，n是X中的元素个数。

（4）三角窗。

以Y表示加窗后的输出序列，其计算公式为

$$\begin{aligned} y_i &= x_i\operatorname{tri}(\omega) \\ \omega &= \frac{2i-n}{n} \\ i &= 0,1,2,\cdots,n-1 \end{aligned} \tag{7-14}$$

式中，n是X中的元素个数，$\operatorname{tri}(\omega)=1-|\omega|$。

2）窗函数比较平台的前面板

为了更好地理解窗函数对振动信号处理的意义，我们给出了在 LabVIEW 中窗函数比较范例程序的基础上设计得到的窗函数比较平台。该平台的主要功能是为仿真生成两个频率相近、幅值相差很大的正弦周期振动信号，通过加窗处理，发现频域内被掩盖的低幅值信号，并比较不同窗函数处理结果的差异。

图 7-20 所示为 LabVIEW 中窗函数比较平台的前面板。

本程序所需的输入如下。

（1）幅值 1、幅值 2：正弦信号 1 和正弦信号 2 的幅值。

（2）频率 1、频率 2：正弦信号 1 和正弦信号 2 的频率。

（3）窗函数 1、窗函数 2：选择的不同窗函数类型。

该平台的输出如下。

（1）时域图：生成的两个不同频率正弦信号叠加的时域信号波形。

（2）频域图：对信号加不同窗函数时的频域图对比。

3）窗函数比较平台程序框图

图 7-21 所示为窗函数比较平台的后面板程序框图。其中，幅值 1、频率 1、幅值 2、频率 2 为平台生成两个正弦信号时的输入参数，窗函数 1、窗函数 2 为平台选择不同窗函数时的输入，时域图和频域图为平台的输出。

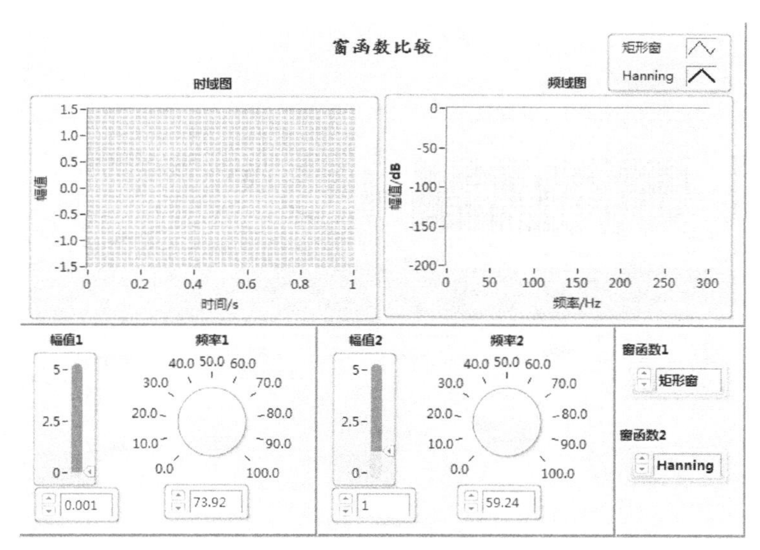

图 7-20　窗函数比较平台的前面板

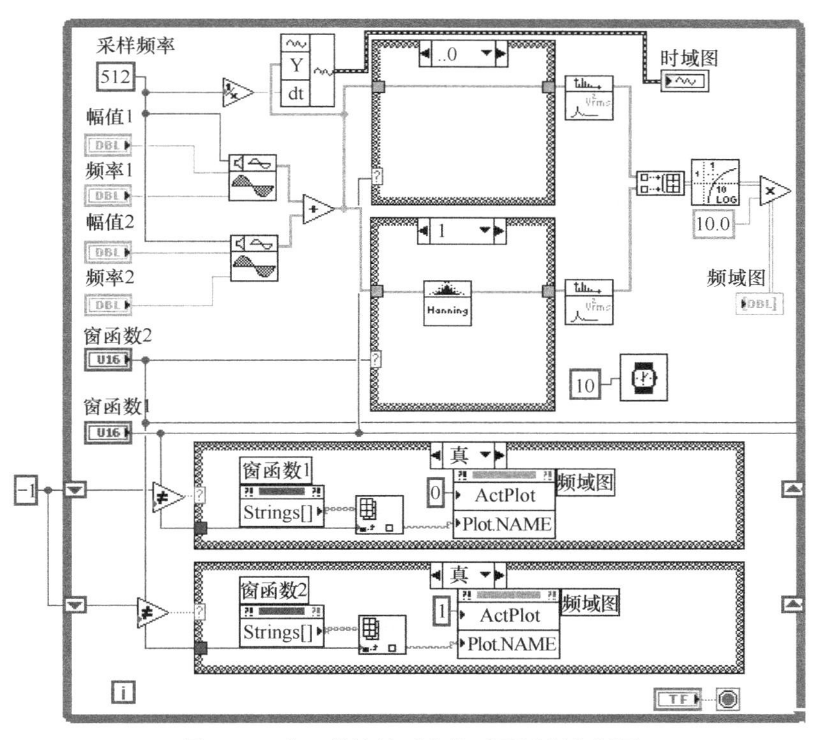

图 7-21　窗函数比较平台的后面板程序框图

4）加窗处理实验结果

图 7-22 所示为正弦信号 1（幅值为 1、频率为 59.15Hz）和正弦信号 2（幅值为 0.001、频率为 75.48Hz）的时域图，以及窗函数分别为矩形窗和 Hanning 窗时频域图的对比。从频域图可以看出，使用矩形窗时，由于矩形窗的旁瓣较大，因此正弦信号 1 将覆盖正弦信号 2 的低幅值部分。使用 Hanning 窗时，由于 Hanning 窗的旁瓣较小，因此可以在频域检测出低幅值的正弦信号 2。

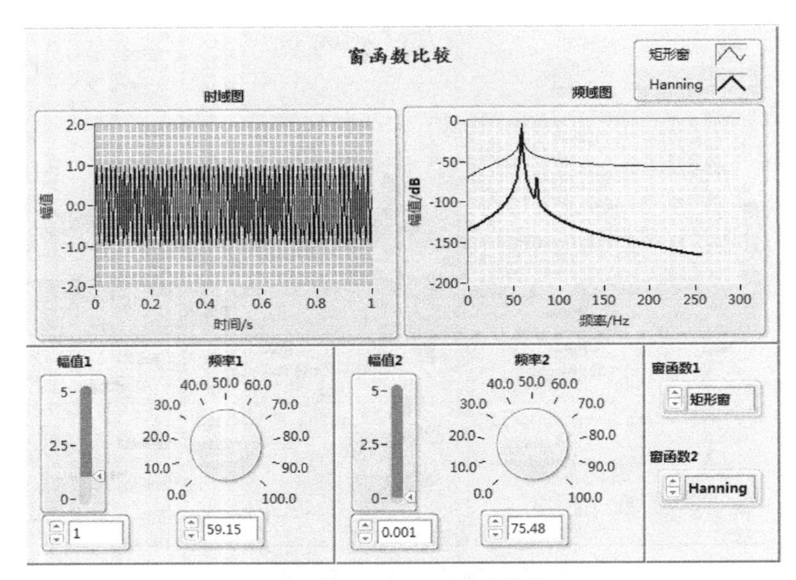

图 7-22 加窗处理实验结果

7.3.2 三分之一倍频程处理

1）三分之一倍频程函数

三分之一倍频程谱是一种频域分析方法，具有谱线少、频带宽的特点。三分之一倍频程谱常用于声学、人体振动、机械振动等测试分析及频带范围较宽的随机振动测试分析等。LabVIEW 中三分之一倍频程函数在后面板程序框图中的图标如图 7-23 所示。

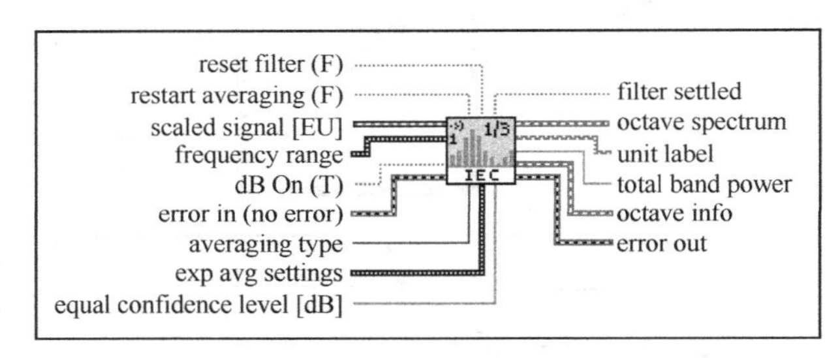

图 7-23 LabVIEW 中三分之一倍频程函数在后面板程序框图中的图标

其中，函数所需的输入为测量到的振动信号（scaled signal）、频率范围（frequency range）、单位转换（dB On）、平均类型（averaging type）、指数平均设置（exp avg settings）、重新开始平均（restart averaging）、重置滤波器（reset filter）。

函数的输出为滤波器设置完成（filter settled）、三分之一倍频程谱（octave spectrum）、单位标签（unit label）、所有频带总功率（total band power）、倍频程信息（octave info）。

2）基于虚拟仪器的振动信号三分之一倍频程处理平台的前面板

为了更好地理解三分之一倍频程，我们设计了基于虚拟仪器的振动信号三分之一倍频程处理平台。该平台的主要功能为生成仿真的正弦周期振动信号、高斯白噪声振动信号、正弦加噪信号，并对信号进行三分之一倍频程处理，得到三分之一倍频程谱。

图 7-24 所示为基于虚拟仪器的振动信号三分之一倍频程处理平台的前面板。左侧为生成仿真振动信号时所需设置的参数，分别为正弦周期振动信号的频率、幅值、相位和偏移量，

高斯白噪声信号的标准差，对振动信号进行采样时的采样频率和采样数，以及是否重置信号等。“停止”按钮用于停止程序运行。

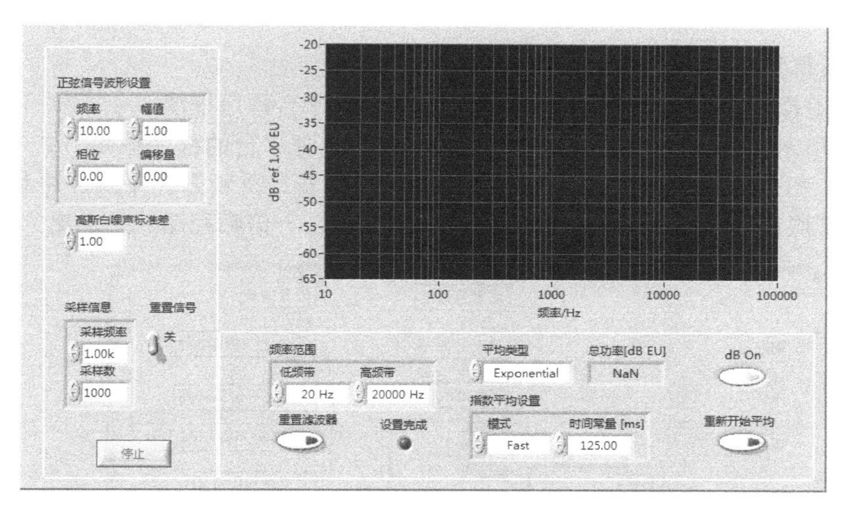

图 7-24　基于虚拟仪器的振动信号三分之一倍频程处理平台的前面板

该平台所需的输入如下。

（1）频率范围：包含低频带和高频带，低频带用于指定三分之一倍频程最低频带的中心频率，取值范围为 20～20 000Hz；高频带用于指定三分之一倍频程最高频带的中心频率，取值范围为 20～20 000Hz。低频带需小于高频带。

（2）平均类型：用于指定对三分之一倍频程滤波结果进行平均时的平均类型。平均类型包含线性平均、指数平均和峰值保持。

① 线性平均：一种基本的平均类型。采用这种平均方式时，对每个给定的数据块逐一进行运算后，对每一频率点的谱值分别进行等权线性平均。对于平稳的随机过程的测量分析，增加平均次数可以减小相对比准偏差。

② 指数平均：非等加权平均。最近一次的谱分析的结果在最终的平均谱中占一半的权重，而前面所有测量的平均谱占另外一半的权重。指数平均的结果特别重视最新的测量信号。指数平均常用于非平稳过程的分析。采用这种平均方式既可以考察“最新”测量信号的基本特征，又可以通过与“旧有”测量值的平均来减小测量的偏差或提高信噪比。

③ 峰值保持：峰值平均，实际上并不做平均，而是在各频率点上保留历次测量的最大值。这种平均方式常用于检测信号的频率漂移。结构模态实验中，在采用正弦扫频激励方式进行频响函数测量时，可以采用峰值保持来获得扫频带内的完整频响函数。

（3）指数平均参数设置：本例中采用指数平均方法，故需要进行指数平均参数设置。

① 模式：分为快速模式（Fast）、慢速模式（Slow）、脉冲模式（Impulse）和自由模式（Custom）。

② 时间常量 τ：当模式为自由模式时，需要设置时间常量，其他模式下有固定的时间常量。

不同模式对应的时间常量不同。慢速模式 $\tau = 1\text{s}$，快速模式 $\tau = 125\text{ms}$，脉冲模式 $\tau = 35\text{ms}$ 时上升、$\tau = 1.5\text{s}$ 时下降，自由模式的时间常量可以被设置为任意值。

（4）“重置滤波器”按钮用于指定是否需要重置滤波器，当滤波器设置完成时，“设置完成”指示灯变为高亮；“dB On”按钮用于指定是否将分析结果转换为分贝表示，当需要将结果从电压转换为工程单位时，需按下该按钮；“重新开始平均”按钮用于指定是否需要重新开始平均。

该平台所得到的输出为三分之一倍频程谱。

3）基于虚拟仪器的振动信号三分之一倍频程处理平台程序框图

图 7-25 所示为基于虚拟仪器的三分之一倍频程处理平台的程序框图。其中的偏移量、频率、幅值、相位、重置信号、采样信息、重置滤波器、重新开始平均、平均类型、频率范围、指数平均设置为平台的输入，设置完成、三分之一倍频程图、总功率为平台的输出。

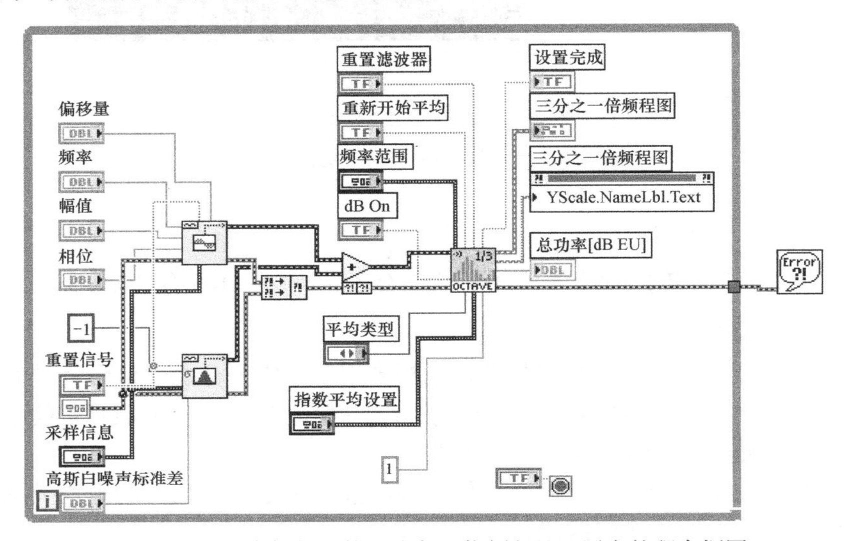

图 7-25 基于虚拟仪器的三分之一倍频程处理平台的程序框图

4）三分之一倍频程处理实验结果

图 7-26、图 7-27、图 7-28 分别为基于虚拟仪器的三分之一倍频程处理平台对 100Hz 正弦周期振动信号、高斯白噪声信号、100Hz 正弦加噪信号处理后得到的结果。

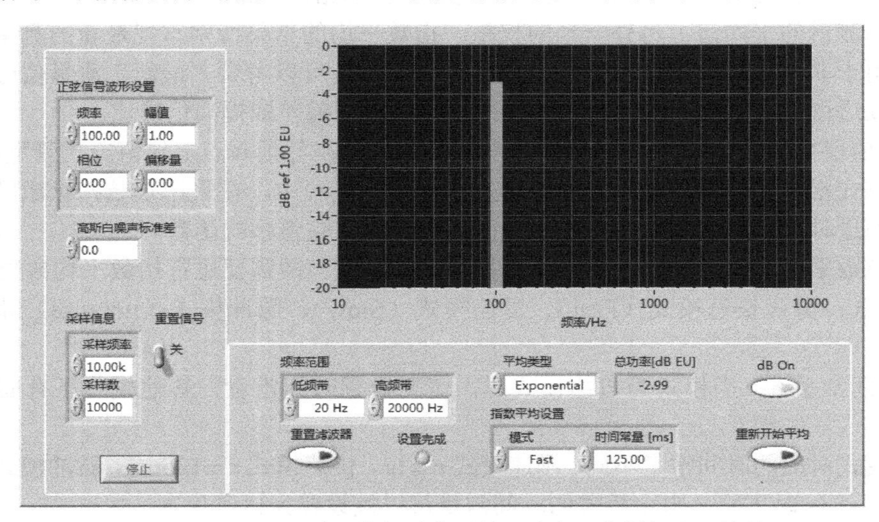

图 7-26 100Hz 正弦周期振动信号的三分之一倍频程处理结果

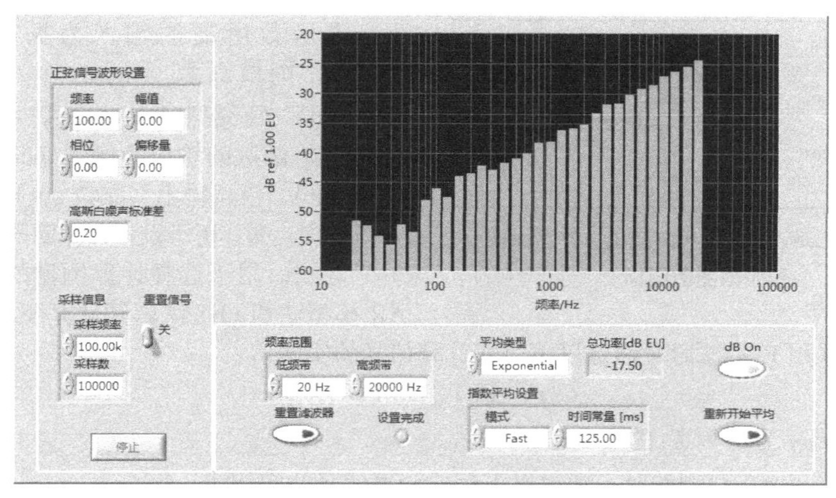

图 7-27　高斯白噪声信号的三分之一倍频程处理结果

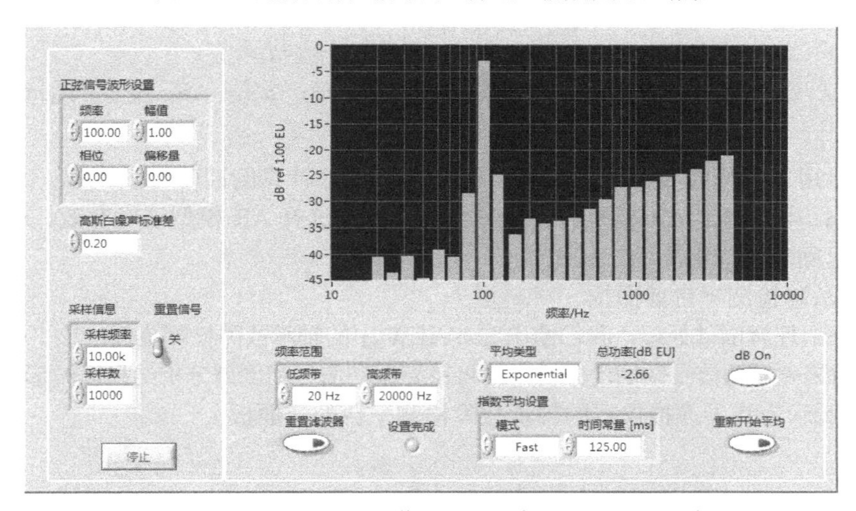

图 7-28　100Hz 正弦加噪信号的三分之一倍频程处理结果

7.3.3　倒谱处理

倒频谱变换是近代信号处理中的一项新技术，可以用来分析复杂频谱图上的周期结构，提取密集调频信号中的周期成分。倒频谱变换是频域信号的傅里叶变换的再变换，时域信号经过傅里叶变换可转换为频率函数和功率谱密度函数，当频谱图上呈现出复杂的周期结构而难以分辨时，对功率谱密度函数取对数后再进行一次傅里叶变换，可以使周期结构呈现为便于识别的谱线形式。倒频谱变换的功能相当于对信号的频谱做对数加权处理，结果导致对低幅值的频率分量有较高的加权，这样更有利于判别信号频谱的周期性。

1）实倒谱函数

实倒谱和复倒谱函数的主要功能都是计算振动信号序列的单边倒谱，都可以用来检测振动信号序列的周期性。区别在于实倒谱中不包含时间序列的相位信息，因此无法从实倒谱中重构原始信号，而复倒谱包含时间序列的相位信息，可以通过复倒谱逆变换恢复原始信号。LabVIEW 中实倒谱函数的后面板程序框图的图标如图 7-29 所示。

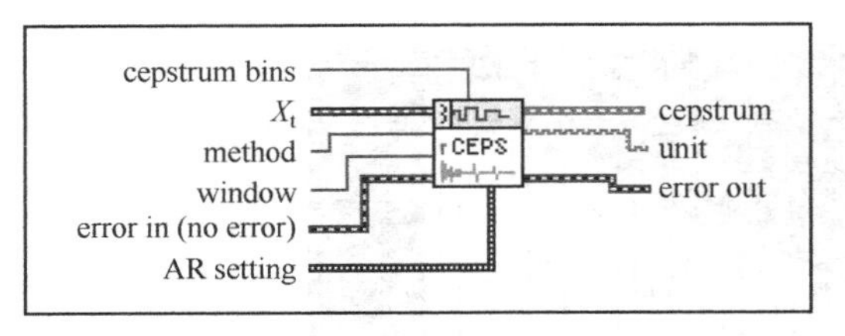

图 7-29 LabVIEW 中实倒谱函数的后面板程序框图的图标

本函数所需的输入为振动信号序列（X_t）、倒谱点数（cepstrum bins）、方法（method）、窗类型（window）、AR 设置（AR setting）。函数的输出为倒谱（cepstrum）、单位（unit）、错误输出（error out）。

倒谱点数：用于设置计算倒谱的时间点数。

方法：用于选择计算倒谱的方法，包含 AR 模型法和 FFT 法。其计算公式如下。

（1）当采用 FFT 法时，通过以下公式计算信号的实倒谱

$$C(\tau)=\mathrm{FFT}^{-1}\left(\ln\left|\mathrm{FFT}(X_t)\right|\right) \tag{7-15}$$

式中，$C(\tau)$ 是信号序列 X_t 的实倒谱。

（2）当采用 AR 模型法时，通过以下公式计算信号的实倒谱

$$C(\tau)=\mathrm{FFT}^{-1}\left(\ln\left(\frac{\sigma}{\left|\mathrm{FFT}(\boldsymbol{a})\right|}\right)\right) \tag{7-16}$$

式中，σ 是 X_t 的 AR 模型的估计噪声序列的标准差，$\boldsymbol{a}$ 是 AR 模型的估计系数，$\boldsymbol{a}=[1,a_1,a_2,\cdots,a_k]$。

窗类型：用于选择时域窗函数，只有在选择 FFT 法计算倒谱时有效。

AR 设置：用于确定 AR 模型的设置参数，只有在选择 AR 模型法时有效。

单位：返回功率谱密度的工程单位。

2）轴承故障检测平台前面板

为了更好地理解倒谱处理，我们给出 LabVIEW 中的轴承故障检测范例，该平台的主要功能是对采集到的铸壳振动信号做倒谱分析，并将铸壳振动信号和倒谱分析结果以波形的形式显示。

图 7-30 所示为基于虚拟仪器的轴承故障检测平台的前面板。

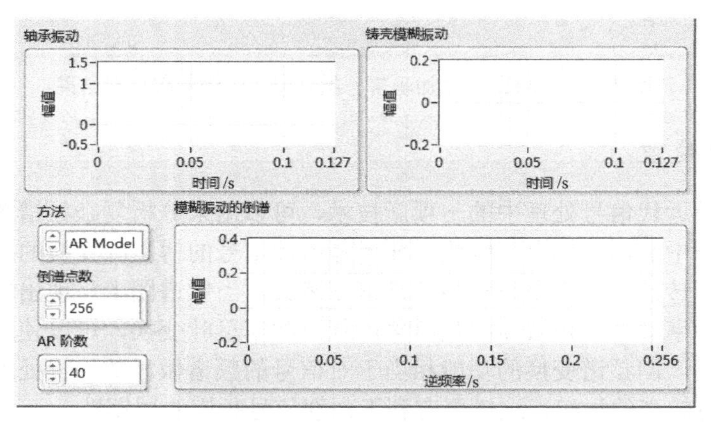

图 7-30 基于虚拟仪器的轴承故障检测平台的前面板

该平台所需的输入如下。

（1）方法：选择计算振动信号倒谱所用的方法。

（2）倒谱点数：设置计算倒谱的时间点数。

（3）AR 阶数：当选择倒谱计算方法为 AR 模型法时，设置 AR 模型的阶数。

该平台的输出如下。

（1）轴承振动：故障轴承的振动信号；

（2）铸壳模糊振动：采集到的轴承振动经铸壳传递后的振动信号；

（3）模糊振动的倒谱：铸壳模糊振动的倒谱。

3）轴承故障检测平台程序框图

图 7-31 所示为基于虚拟仪器的故障轴承检测平台的后面板程序框图。其中，倒谱点数、AR 阶数、方法为平台的输入，轴承振动、铸壳模糊振动、模糊振动的倒谱为平台的输出。

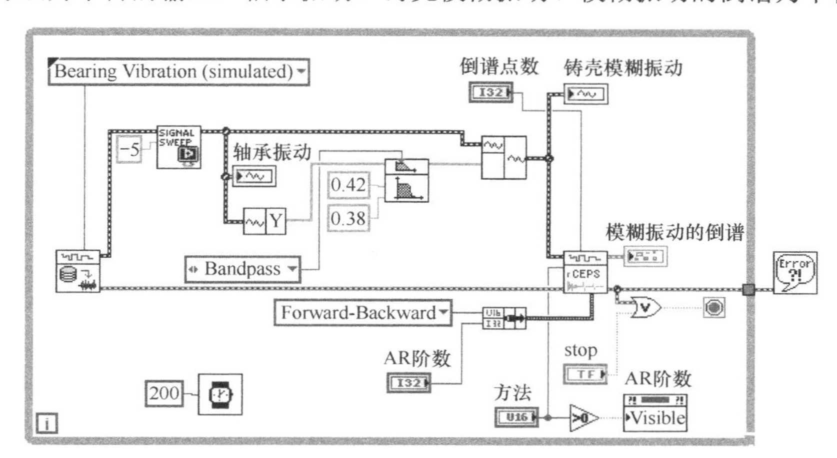

图 7-31　基于虚拟仪器的轴承故障检测平台的后面板程序框图

4）轴承故障检测实验结果

图 7-32 所示为故障轴承的结构示意图。受偏心质量的影响，轴承在旋转时会产生周期性的冲击信号。在实际检测中，检测到的信号是故障源经系统路径的传输而得到的响应，因此，为了得到源信号从而确定是否存在故障，需要对信号进行倒谱分析。

图 7-33 所示为轴承故障检测的实验结果。从图中可以看出，检测到的信号是经铸壳传播后的响应信号，对确定源信号造成了很大的影响，而经倒谱处理后，可以清楚地看出信号的多个周期成分，其中，第一个峰值对应的高倒频率反映了源信号的特征，而第二个及以后的峰值则反映了系统的特性。两者在倒频谱上所处的位置不同，可以根据需要将信号与系统的影响分开，从而抵消系统影响，保留源信号。

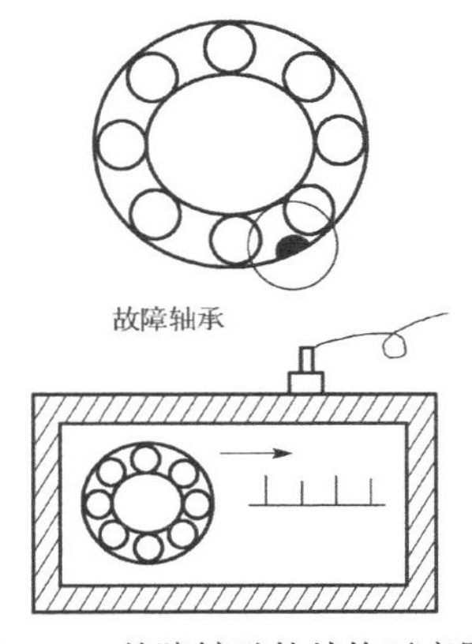

图 7-32　故障轴承的结构示意图

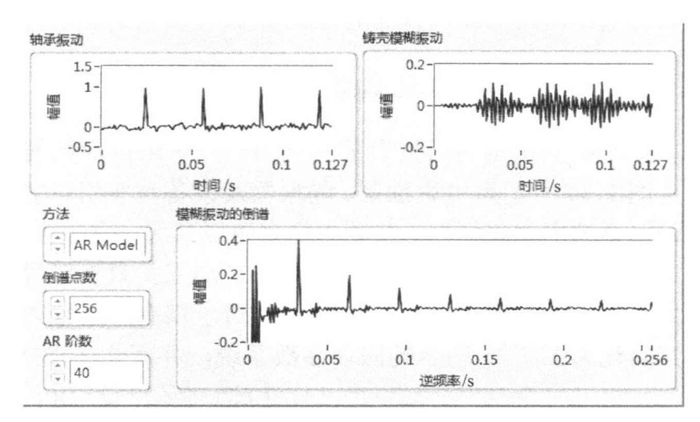

图 7-33　轴承故障检测的实验结果

7.4 阻抗参数测试

机械阻抗及其参数识别技术是分析和研究机械结构动力学问题的有效手段，是理论分析和实验研究相结合的新技术。20 世纪 30 年代，有研究者根据机电类比原理由电阻抗引申出了机械阻抗的概念。但机械系统具有复杂性，当时只形成了一种纯理论方法，并没有太多的实际应用。直到 20 世纪 60 年代，电测技术的发展带动了阻抗测试技术的飞速发展。机械阻抗方法最早被用于尖端武器运载工具的研制，并取得了很大的成功。目前机械阻抗方法在各个工业部门得到了广泛的应用，并已逐步发展为一种常规方法。

7.4.1 机械阻抗理论

机械阻抗是振动理论中线性定常系统的频域动态特性参量，系统的机械阻抗定义为作用于该系统的简谐激励力与系统由此引起的振动响应的复数式之比，即

$$\text{机械阻抗}=\frac{\text{简谐激励力}}{\text{振动响应}} \tag{7-17}$$

由于系统的振动响应是用位移、速度或加速度来表示的，故机械阻抗又分为位移阻抗（或称为动刚度）、速度阻抗和加速度阻抗（或称为有效质量），分别定义如下

$$Z_{\mathrm{x}}=\frac{F_0\mathrm{e}^{\mathrm{j}\omega t}}{X_0\mathrm{e}^{\mathrm{j}(\omega t+\varphi)}}=\frac{F}{X} \tag{7-18}$$

$$Z_{\mathrm{v}}=\frac{F_0\mathrm{e}^{\mathrm{j}\omega t}}{V_0\mathrm{e}^{\mathrm{j}(\omega t+\varphi)}}=\frac{F}{V} \tag{7-19}$$

$$Z_{\mathrm{a}}=\frac{F_0\mathrm{e}^{\mathrm{j}\omega t}}{A_0\mathrm{e}^{\mathrm{j}(\omega t+\varphi)}}=\frac{F}{A} \tag{7-20}$$

式中，X、V、A 分别为位移、速度、加速度，φ 为相角差。机械阻抗的倒数称为机械导纳。

根据所选取激励点和测试响应点的位置，机械阻抗可分为原点阻抗和跨点阻抗。原点阻抗的激励点与测试响应点选取为同一点。跨点阻抗的激励点和测试响应点不是同一点，而根据研究的对象和要求来选择相异的点。测得系统的机械阻抗并进行频域分析，即可采用参数识别法求出结构的振动模态和结构参数。

7.4.2 隔振器阻抗参数测试原理

下面以隔振器的阻抗参数测试为例，对阻抗参数的测试方法进行简要说明。

图 7-34 所示为由激励源、隔振器及设备基座组成的典型隔振系统。对于图 7-34 所示的典型隔振系统中的隔振器，从动力学上可以认为，它在小振幅范围内满足线性定常系统的假设。对于线性定常系统，无论激励在何时被加入，只要激励特性一致，系统振动响应就总是相同的，且激励与响应呈线性关系。因此对于仅有一个输入端和一个输出端的隔振器而言，可以将其简化为图 7-35 所示的四端参数系统，并用如下形式的阻抗矩阵方程进行描述

$$\begin{bmatrix} F_1 \\ F_2 \end{bmatrix}=\begin{bmatrix} Z_{11} & Z_{12} \\ Z_{21} & Z_{22} \end{bmatrix}\begin{bmatrix} V_1 \\ V_2 \end{bmatrix} \tag{7-21}$$

式中，$\begin{bmatrix} Z_{11} & Z_{12} \\ Z_{21} & Z_{22} \end{bmatrix}$为隔振器的阻抗矩阵；$F$、$V$分别为力和速度。

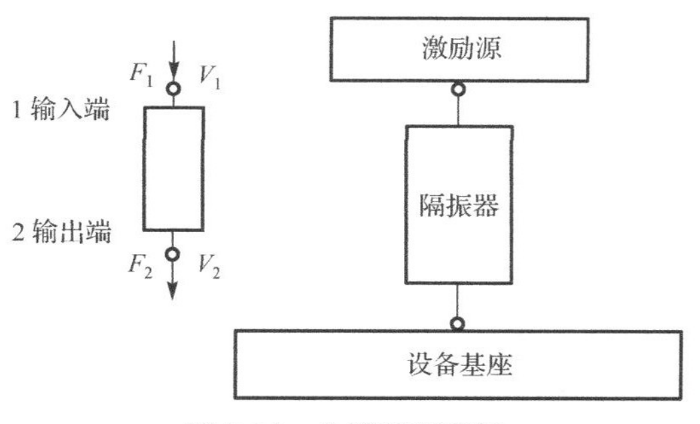

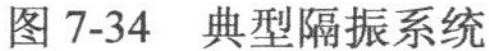

图 7-34　典型隔振系统

图 7-35　隔振器的四端参数系统表示

以原点阻抗Z_{22}与跨点阻抗Z_{21}的测试为例。由傅里叶变换可知，复杂振动可以被视为不同频率的简谐振动的叠加，对简谐振动的某个单一频率ω来说，有$\mathrm{j}\omega V = a$。此时，由式（7-21）得

$$F_2 = Z_{21}V_1 + Z_{22}V_2 \tag{7-22}$$

由式（7-22）可得

$$Z_{22} = \frac{F_2}{V_2}\bigg|_{V_1=0} = \frac{\mathrm{j}\omega F_2}{a_2}\bigg|_{V_1=0} \tag{7-23}$$

$$Z_{21} = \frac{F_2}{V_1}\bigg|_{V_2=0} = \frac{\mathrm{j}\omega F_2}{a_1}\bigg|_{V_2=0} \tag{7-24}$$

由式（7-23）和式（7-24）可知，如果将隔振器的输入端固定在大阻抗基础上，通过阻抗头拾取激励源并作用于输出端的激励力信号及该端的振动加速度信号，通过进一步的数据处理即可得到原点阻抗Z_{22}，如图 7-36 所示。同理，如果将隔振器的输出端固定在大阻抗基础上，并在大阻抗基础与被测的隔振器之间串接力传感器，对力传感器采集的输出端力信号与通过加速度传感器拾取的输入端振动加速度信号进行进一步数据处理，即可得到跨点阻抗Z_{21}，如图 7-37 所示。在测试隔振器的阻抗参数时，需要使用专用的阻抗测试台，以保证固定端的速度可近似被视为零。

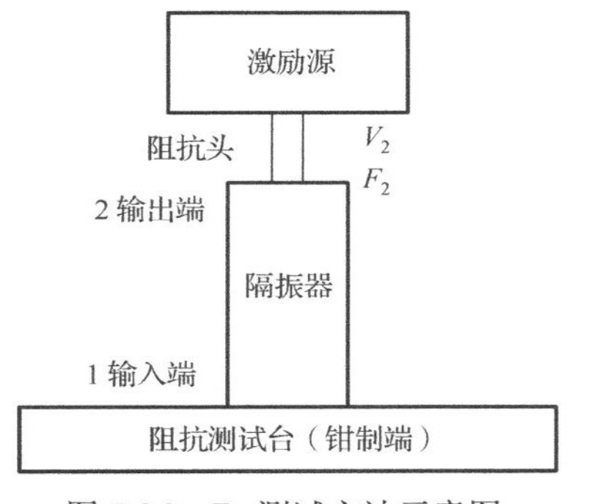

图 7-36　Z_{22}测试方法示意图

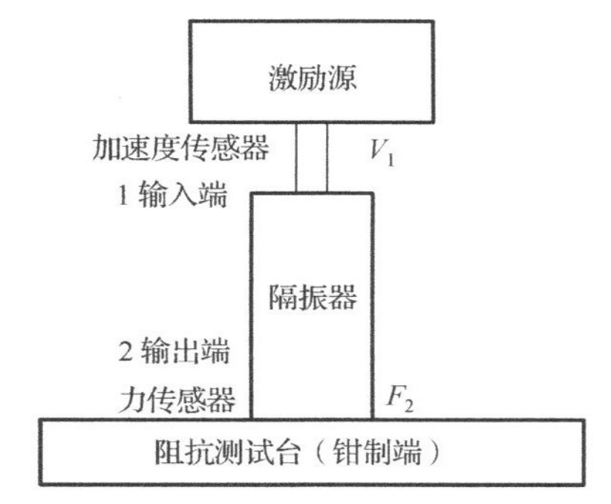

图 7-37　Z_{21}测试方法示意图

7.4.3　隔振器阻抗参数测试系统及振动信号采集

实验中所用的隔振器为钢弹簧隔振器。原点阻抗Z_{22}和跨点阻抗Z_{21}的测试系统示意图分别如图 7-38 和图 7-39 所示。

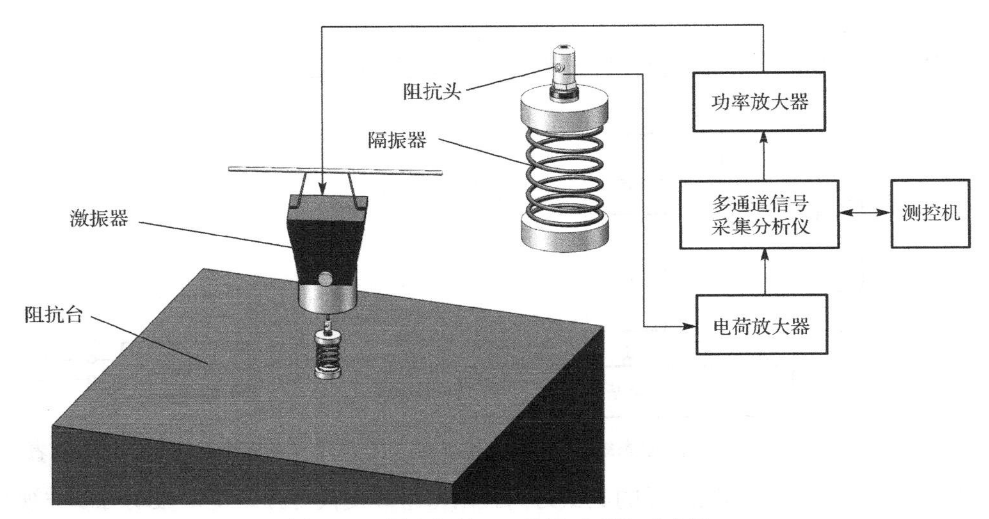

图 7-38　原点阻抗 Z_{22} 的测试系统示意图

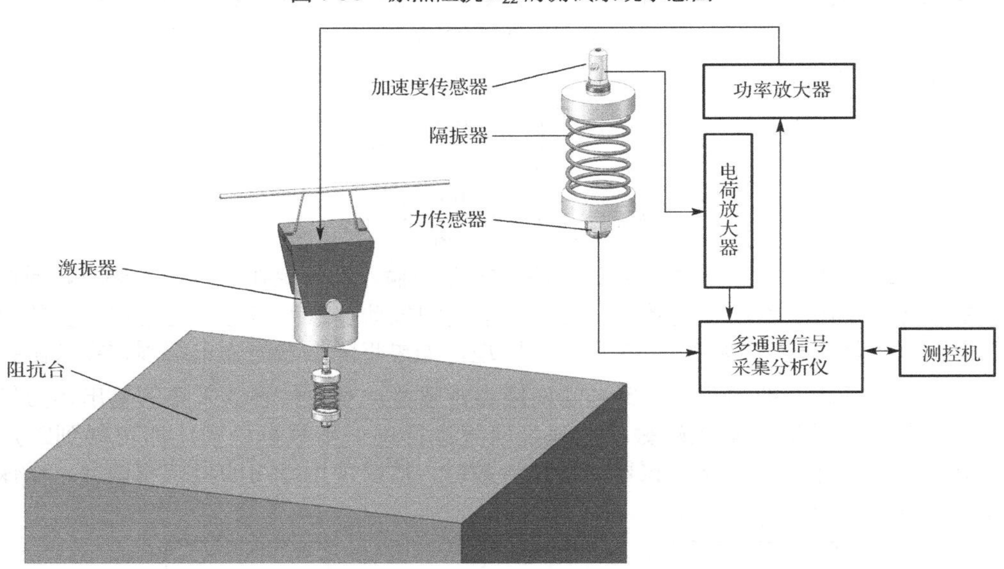

图 7-39　跨点阻抗 Z_{21} 的测试系统示意图

图 7-38 所示为隔振器原点阻抗 Z_{22} 的测试系统示意图，其中隔振器的输入端通过一定方法被固定于阻抗台上，激振器通过柔性带吊挂于支架上，并在其输出端连接阻抗头。阻抗头的另一端连接隔振器的输出端。

为了在整个测试频段上都能获得隔振器的阻抗参数，激励源可采用宽频激励。白噪声是一种功率谱密度在所选频域内均匀分布的随机噪声，因此可选用白噪声信号作为激励源信号。测控机向多通道信号采集分析仪发出指令，由分析仪产生白噪声信号。分析仪产生的白噪声信号的能量较小，不足以驱动激振器，需要经功率放大器对信号能量进行放大并输入至激振器，并在隔振器输出端的法向进行激励。阻抗头能将隔振器输出端的激励力信号及加速度信号以线性关系转换为电荷量，经电荷放大器对电荷量进行放大并转换为电压量，之后输入至多通道信号采集分析仪。分析仪根据所得到的电压量与被测振动信号的线性转换关系，就能得到被测的力信号和加速度信号的值，并对所得到的信号进行模数转换，成为数字量后传输到测控机中进行保存及后处理。

图 7-39 所示为隔振器跨点阻抗 Z_{21} 的测试系统示意图，其中隔振器的输出端与阻抗台之间串接一个力传感器。力传感器通过一定方法被固定于阻抗台上，激振器通过柔性带吊挂于支架上，并在其输出端连接加速度传感器。加速度传感器的另一端连接隔振器的输入端。

同样选用宽频白噪声信号作为激励源信号，测控机向多通道信号采集分析仪发出指令，由分析仪产生白噪声信号。功率放大器对信号能量进行放大并输入至激振器，并在隔振器输入端的法向进行激励。加速度传感器将隔振器输入端的加速度信号以线性关系转换为电荷量，经电荷放大器对电荷量进行放大并转换为电压量，之后输入多通道信号采集分析仪。力传感器将隔振器输出端的力信号以线性关系转换为电压量，并输入多通道信号采集分析仪。分析仪通过所得到的电压量与被测振动信号的线性转换关系，就能得到被测的力信号和加速度信号的值，并对所得到的信号进行模数转换，成为数字量后传输到测控机中进行保存及后处理。测试流程图如图 7-40 所示。

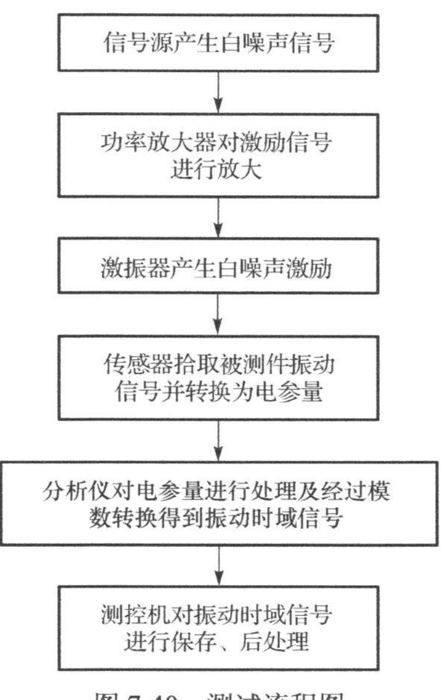

图 7-40　测试流程图

为提高实验结果的准确度，在实验过程中应注意以下几点。

（1）本实验是在激励源激励下的结构稳态测试，因此，在激励源开始激励后，需要等待被测设备的振动状态稳定后再进行信号采集。

（2）在测试分析要求的频率范围内，激励源需要保证足够的激励力与位移，以满足测试信噪比的要求。同时要保证测点处的力信号及加速度信号不能过载，以免引入传感器的非线性测试误差。

（3）阻抗测试台的台体刚度必须足够大，其一阶共振频率需高于测试频率范围的上限。

（4）吊挂激振器的柔性带长度和柔性要大，以保证激励系统的共振频率低于测试频率范围的下限。

（5）若待测隔振器带载工作，则在测试时需要运用相应的加载设备对隔振器施加工作载荷，以提高测试的准确性。

（6）传感器安装面法线与测点位置法线的夹角应尽可能小。

（7）安装激励源、隔振器、传感器时要确保激振源良好的对中性，尽量减小倾倒力矩激励带来的影响。

7.4.4　基于虚拟仪器的隔振器阻抗测试平台

本节主要论述基于虚拟仪器的阻抗测试系统。对实测信号数据进行处理，分别得到了加速度信号和力信号的时域图、频域图，并最终通过计算得到被测结构的机械阻抗。

1）基于虚拟仪器的机械阻抗测试平台前面板

为了更好地进行信号处理，我们基于 LabVIEW 设计了基于虚拟仪器的阻抗测试平台。该平台的功能是通过输入的加速度和力的时域信号，计算其加速度信号频谱和力信号频谱，最终求得被测结构的机械阻抗。

图 7-41 所示为基于虚拟仪器的阻抗测试平台的前面板。

该平台的输入如下。

（1）加速度信号：加速度传感器采集到的信号。

（2）力信号：力传感器采集到的信号。

加速度信号和力信号通过“读取文件”选取硬盘上的数据文件。

该平台的输出如下。

（1）信号波形：加速度信号的时域波形图、力信号的时域波形图。

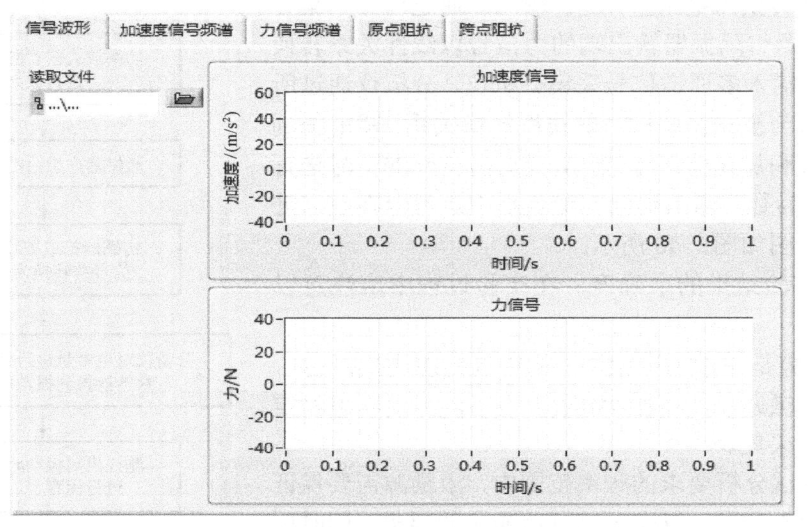

（a）隔振器阻抗测试平台的前面板——信号波形

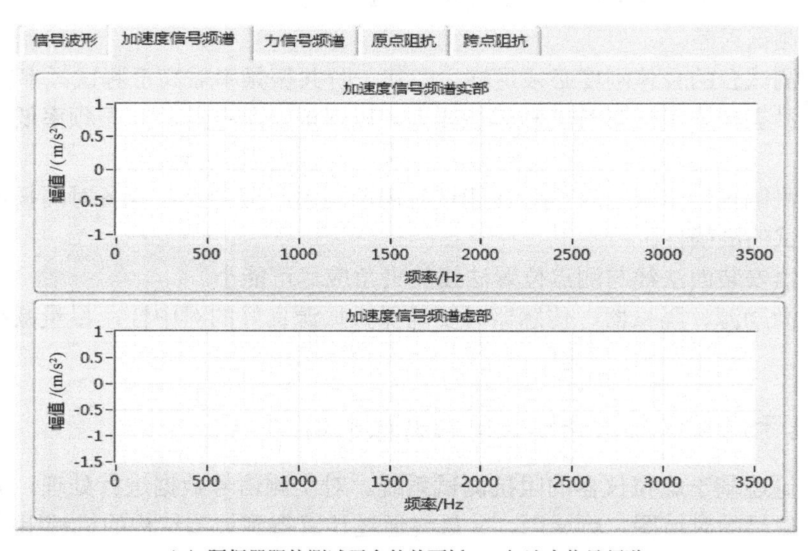

（b）隔振器阻抗测试平台的前面板——加速度信号频谱

图 7-41 基于虚拟仪器的阻抗测试平台的前面板

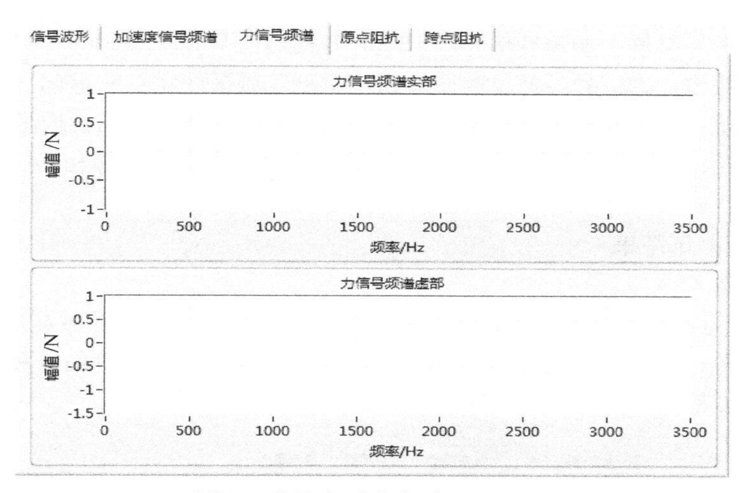

（c）隔振器阻抗测试平台的前面板——力信号频谱

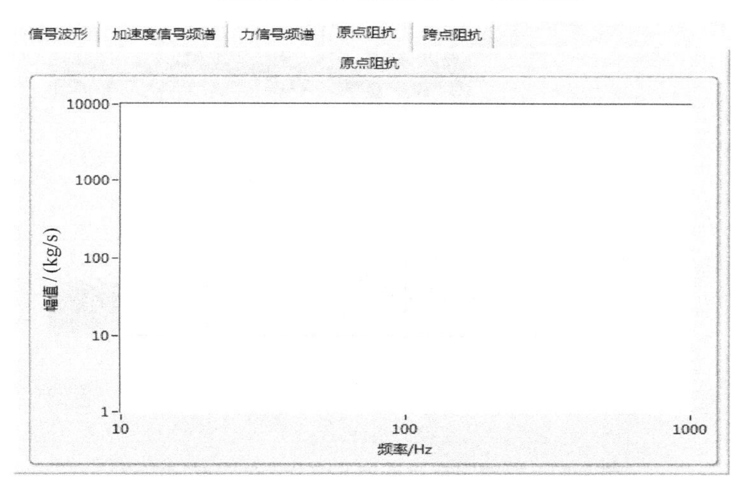

（d）隔振器阻抗测试平台的前面板——原点阻抗

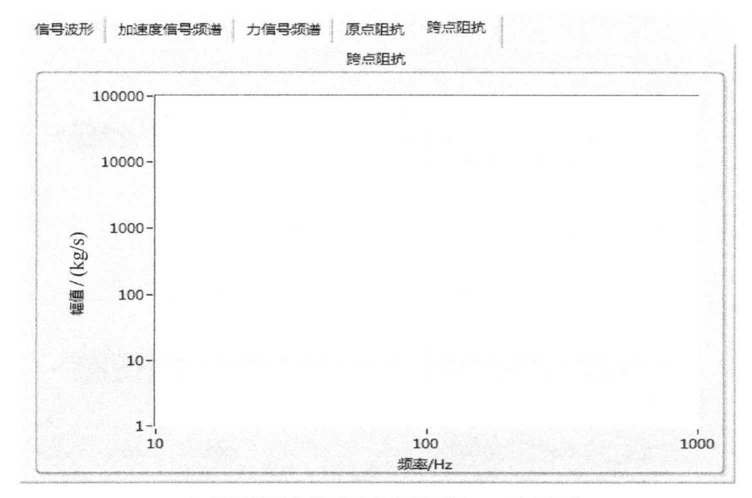

（e）隔振器阻抗测试平台的前面板——跨点阻抗

图 7-41　基于虚拟仪器的阻抗测试平台的前面板（续）

（2）加速度信号频谱：加速度信号经傅里叶变换后，得到其频谱的实部和虚部。

（3）力信号频谱：力信号经傅里叶变换后，得到其频谱的实部和虚部。

（4）原点阻抗：激励点与测试响应点选取为同一点时计算得到的机械阻抗。

（5）跨点阻抗：激励点与测试响应点根据研究的对象和要求选择相异的点时计算得到的机械阻抗。

2）机械阻抗测试结果

（1）跨点阻抗 Z_{21}。

图 7-42 所示为跨点阻抗测试中采集到的加速度信号和力信号的时域波形图。在时域信号中，除振动幅值外，不能得到其他有效的信息。因此，我们对加速度信号和力信号做傅里叶变换，得到其频域信号，如图 7-43 和图 7-44 所示。

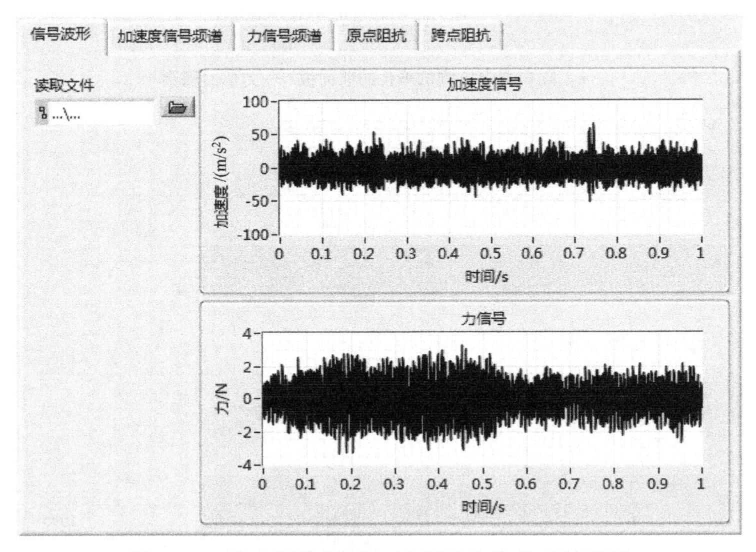

图 7-42 跨点阻抗测试加速度及力信号时域波形

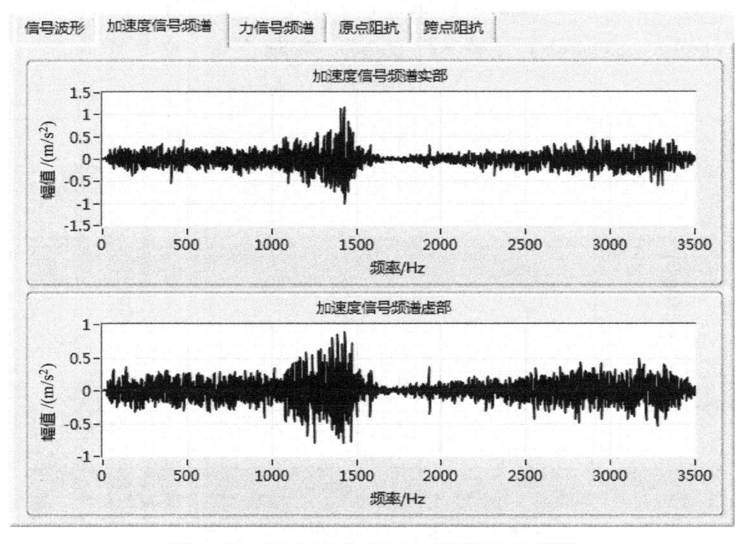

图 7-43 跨点阻抗测试加速度信号频谱

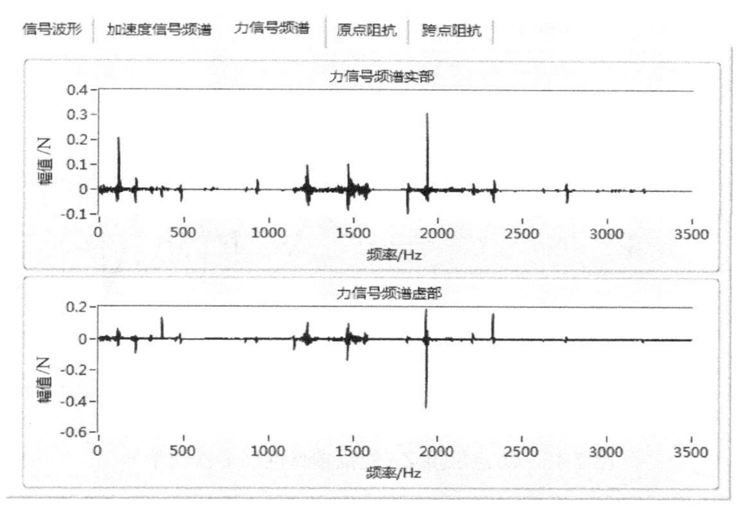

图 7-44　跨点阻抗测试力信号频谱

得到频域信号后，利用式（7-24）进行阻抗参数计算，最终可以在频域中描述隔振器跨点阻抗的测试结果，如图 7-45 和图 7-46 所示。

由图 7-45 和图 7-46 可见，利用振动信号处理技术，对采集到的振动时域信号进行时域到频域的变换处理，可以得到相应的振动频域信号，获取更多有用的信息。从上述两图中就可以判断出测试频段内跨点阻抗的幅值随频率的变化趋势。图 7-45 是单次测量的结果，图 7-46 是多次测量平均后的结果，可见多次平均后曲线更光滑。

（2）原点阻抗 Z_{22}。

图 7-47 所示为测试原点阻抗时采集到的加速度信号和力信号的时域波形。同样，对加速度信号和力信号做傅里叶变换，得到其频域信号，如图 7-48 和图 7-49 所示。

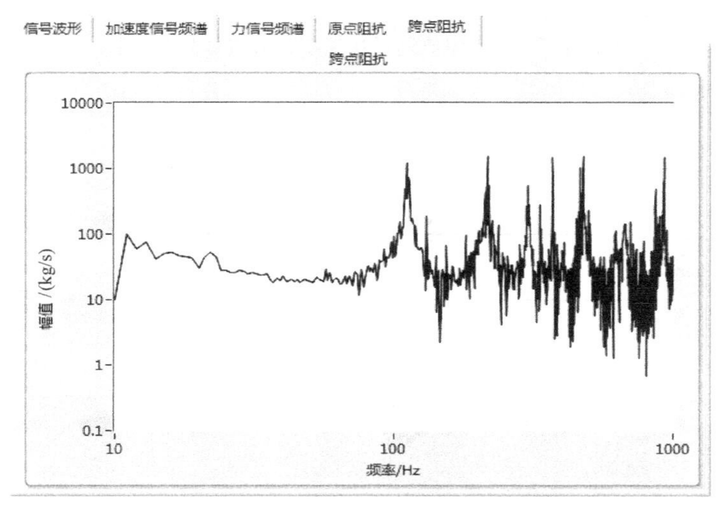

图 7-45　跨点阻抗 Z_{21} 的幅频特性（单次测量）

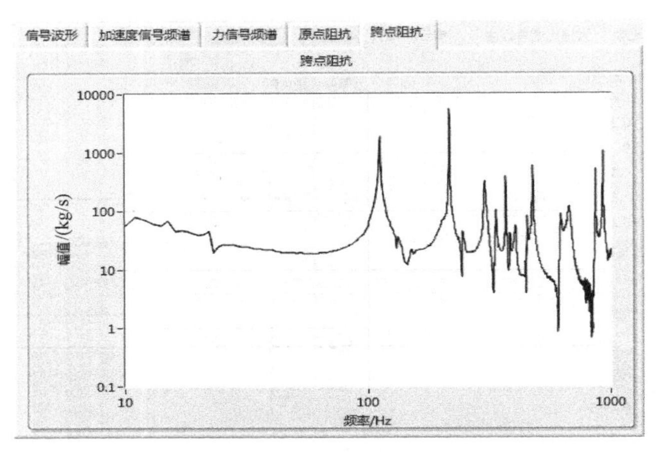

图 7-46 跨点阻抗 Z_{21} 的幅频特性（多次测量）

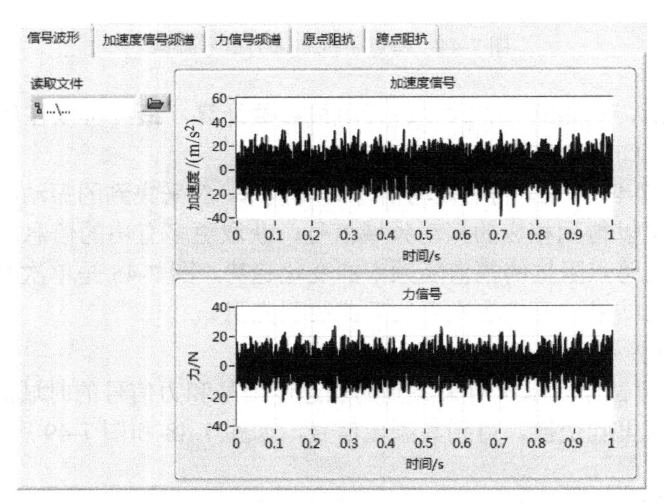

图 7-47 原点阻抗测试加速度和力信号时域波形

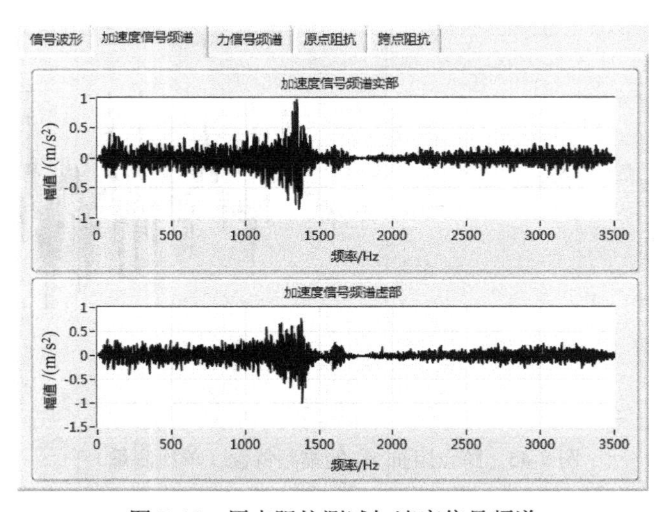

图 7-48 原点阻抗测试加速度信号频谱

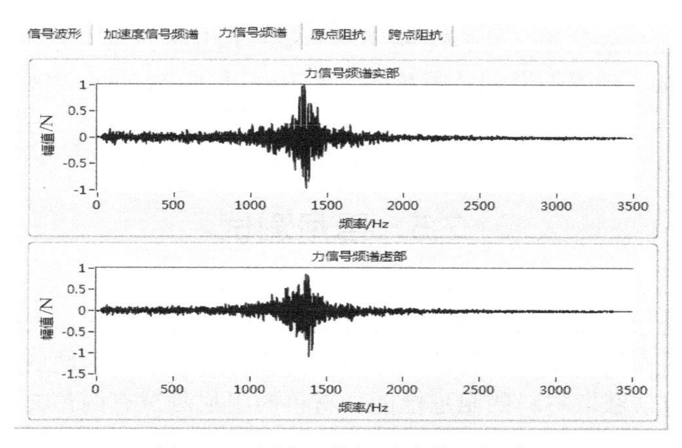

图 7-49　原点阻抗测试力信号频谱

得到频域信号后，利用式（7-23）进行阻抗参数计算，最终可以在频域中描述隔振器原点阻抗测试结果，如图 7-50 和图 7-51 所示。

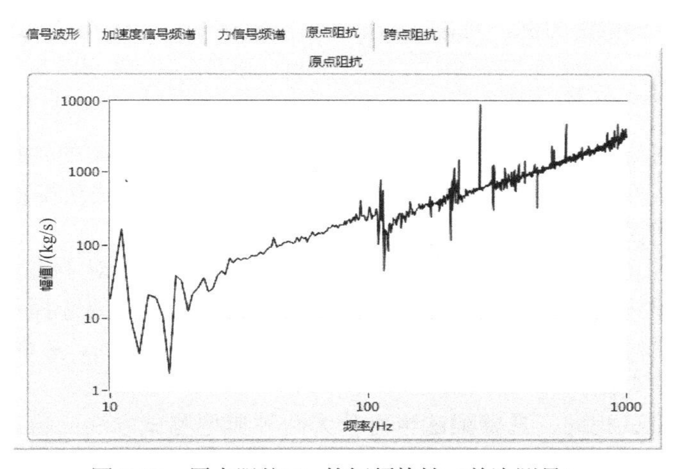

图 7-50　原点阻抗 Z_{22} 的幅频特性（单次测量）

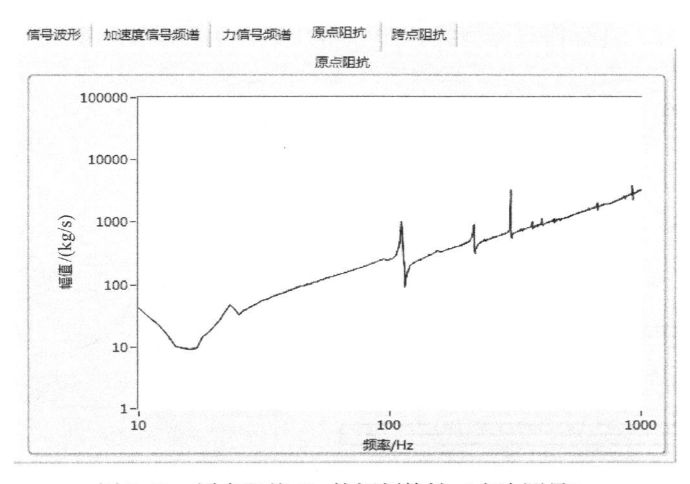

图 7-51　原点阻抗 Z_{22} 的幅频特性（多次测量）

图 7-50 是单次测量的结果，图 7-51 是多次测量平均后的结果，可见多次平均后曲线更光滑。观察图 7-51 可知，该隔振器的共振频率为 15Hz，且在 100Hz、200Hz、300Hz 附近各有一个反共振点。

7.5 阻尼测试

阻尼抑振技术是一门与机械、材料、力学等多学科相关的技术，利用能量耗散的机制对设备起到减振降噪的作用。要想设计良好的附加阻尼结构，需准确地获得材料的阻尼性能。实际中常用实验的方法获取材料的阻尼性能。材料的阻尼测试有两种典型的实验方式：稳态测试和瞬态测试。所谓稳态测试，是指试件在外部激励下产生平稳的振动，通过提取其振动频谱特征，从而计算试件的阻尼特性。所谓瞬态测试，是指试件在冲击激励下产生自由衰减振动，通过提取其不同频段内的能量衰减特性，从而计算试件的阻尼特性。两种方法的测试原理不同，信号采集及处理方式也有所差异。悬臂梁法是常用的一种阻尼测试方法，具有附加阻尼小的优点。本节以悬臂梁法为例，对稳态测试和瞬态测试的信号采集及处理过程进行介绍。

7.5.1 阻尼测试原理

悬臂梁法是一种专门针对梁试件的阻尼测试方法。通过测试梁的共振频率，可以计算出材料的杨氏模量；试件的损耗因子可以通过半功率带宽法或衰减法获得。图 7-52 所示为悬臂梁法典型试件的示意图。

悬臂梁法的试件可以分为两种：单层梁试件和复合梁试件。对于可以自支撑的材料，可以将材料做成单层梁进行直接测试。对于无法自支撑的材料，需要选择可以自支撑的材料作为基底层，将被测材料附加在基底层上，制作成复合梁来进行测试。复合梁可以有多种形式，这里不对其进行详细介绍。

与一般的阻尼测试相同，悬臂梁法也可分为两种典型测试方法：稳态测试和瞬态测试。对于稳态测试方法，确定试件损耗因子的方法为半功率带宽法。

图 7-53 所示为半功率带宽法的测试原理示意图。试件在白噪声的激励下产生稳态振动，采集其时域振动信号，进行傅里叶变换，可以得到试件的振动响应频谱。从频谱上可以识别出试件的第 n 阶共振频率 f_{rn}，以及共振频率两侧峰值高度下降 3dB 的半功率点频率 f_{1n} 和 f_{2n}，从而得到半功率带宽 Δf_{rn}，那么试件的损耗因子可通过下式计算

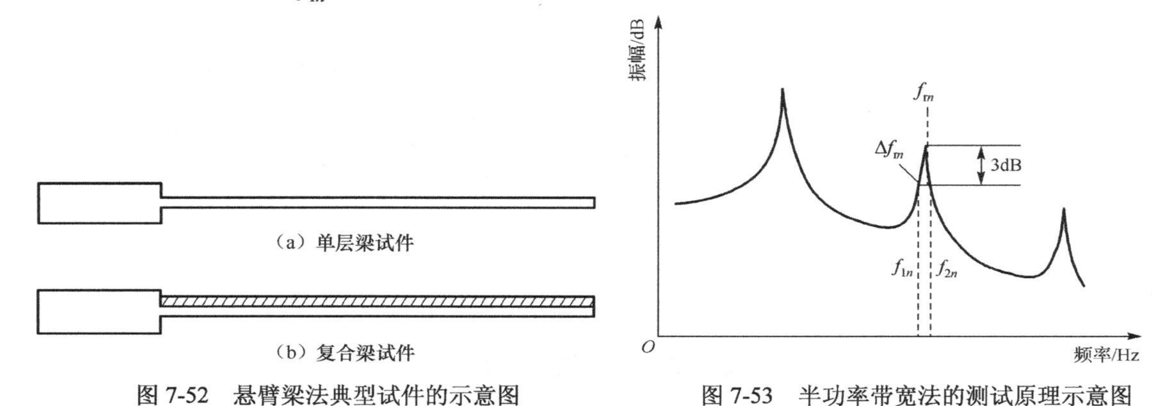

图 7-52 悬臂梁法典型试件的示意图

图 7-53 半功率带宽法的测试原理示意图

$$\eta = \frac{\Delta f_{rn}}{f_{rn}} = \frac{f_{2n} - f_{1n}}{f_{rn}} \tag{7-25}$$

当损耗因子较大时，峰值高度较矮，可选择 2dB 或 1dB 的宽度进行计算；当损耗因子较小，而频率分辨率不足时，可选择 10dB 或 20dB 的宽度进行计算，计算公式为

$$\eta = \frac{1}{\sqrt{x^2 - 1}} \frac{\Delta f_{rn}}{f_{rn}} \tag{7-26}$$

式中，$x = 10^{(L/20)}$，L 为峰值高度下降的分贝数。

一般在较高频率下较难满足半功率带宽法的信噪比要求，通常完成一个试件的测试可以获得 3～4 阶共振频率的测试，也就是获得 3～4 个频率上的损耗因子值。因此，要想获得更多的测点数据，就必须制作大量的被测试件。

对于瞬态测试方法，确定试件损耗因子的方法为衰减法。试件在冲击激励后做自由衰减运动时，此时试件振动能量的衰减速率与损耗因子的值成正比。衰减法就是通过测试振动结构振动能量的衰减速率来计算损耗因子的。一般来讲，测试的量是结构振动能量衰减 60dB 的时间 T_{60}，即混响时间。

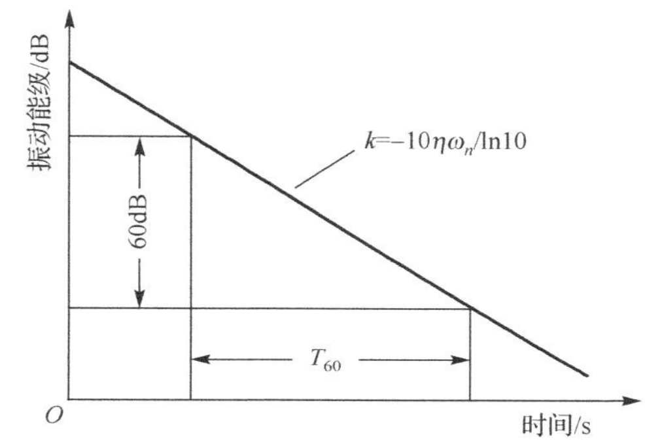

图 7-54　衰减法的原理示意图

图 7-54 所示为衰减法的原理示意图。振动的能量随着时间的增加而线性减小，其减小的速率与损耗因子 η 相关，假设振动的圆频率为 ω_n，那么以下关系成立

$$10\lg E_2 - 10\lg E_1 = -10\eta\omega_n T_{60}/\ln 10 = -60 \tag{7-27}$$

化简可得

$$\eta = \frac{6\ln 10}{2\pi f_n T_{60}} \approx \frac{2.2}{f_n T_{60}} \tag{7-28}$$

由于损耗因子是与频率相关的量，为测得试件在不同频率下的损耗因子，需要设计合适的滤波器，对采集到的时域信号在中心频率 f_n 附近进行滤波，从而得到中心频率 f_n 附近的能量衰减曲线。

7.5.2　阻尼测试系统及振动信号采集

稳态方法和瞬态方法的测试原理不同，相应地，其测试系统和信号采集过程也有所不同，以下分别简述。

图 7-55 所示为稳态方法的测试系统框图。将信号源产生的平稳的白噪声信号送入功率放大器，对白噪声信号的功率进行放大。放大后的信号传至非接触式激振器，驱动激振器对试件产生激振。功率放大器将放大后的激励信号的幅值缩小，将该信号传输至多通道信号采集分析仪进行保存和分析。试件在激振器的激励下产生稳态振动，使用非接触电涡流位移传感器将试件振动的位移信号转换为电荷信号，使用电涡流位移传感器专用的调理器将电荷信号转换为电压信号，然后将电压信号传输至多通道信号采集分析仪进行保存和分析。测试流程图如图 7-56 所示。

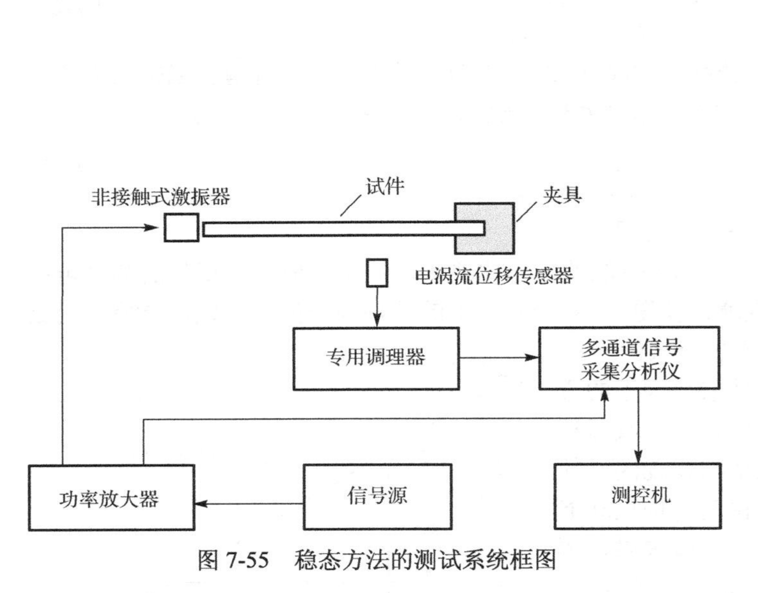

图 7-55 稳态方法的测试系统框图

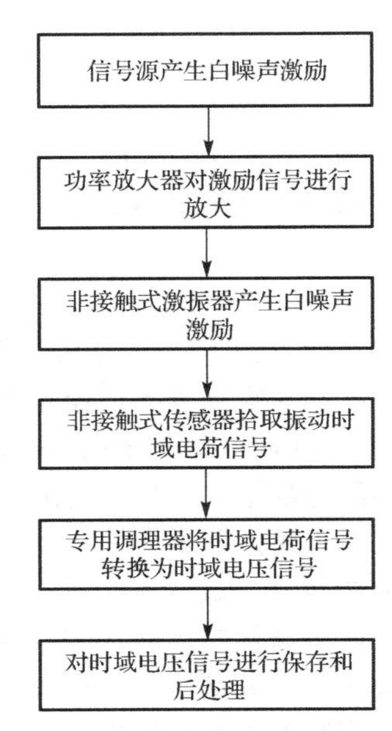

图 7-56 稳态方法的测试流程图

图 7-57 所示为瞬态方法的测试系统框图。力锤单次冲击试件，试件做自由衰减振动。非接触式电涡流位移传感器拾取试件振动的位移信号，并将其转换为电荷信号，送入电涡流位移传感器的专用调理器后，将电荷信号转换为电压信号，然后将电压信号传输至多通道信号采集分析仪进行保存和分析。瞬态方法的测试流程图如图 7-58 所示。

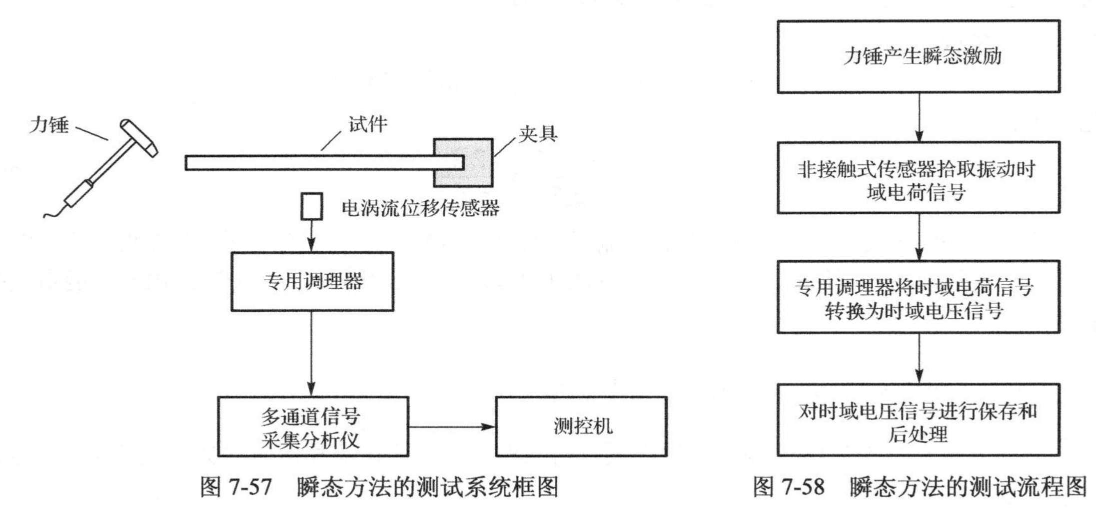

图 7-57 瞬态方法的测试系统框图

图 7-58 瞬态方法的测试流程图

为提高实验结果的准确度，在实验过程中应注意以下几点。

（1）对于稳态方法，在激振器开始激励后，需要等待被测设备的振动状态稳定后再进行数据采集。

（2）对于瞬态测试方法，力锤敲击应当短促以确保宽带激励，但敲击力不宜过大，以避免试件产生非线性振动。

（3）试件的夹具应当具有足够大的刚度。夹持力应当足够大，保证试件与夹具间不产生摩擦，避免引入额外的误差。

（4）调整电涡流位移传感器和电磁激振器的中线与试件的中心平齐，避免引入非弯曲振动的模态信号。调整电磁激振器与试件的距离，以获得足够大的激励幅度。调整电涡流位移传感器与试件的距离，以获得足够高的采集精度。

7.5.3　稳态方法的信号处理

1）稳态方法阻尼测试平台

为了更好地进行信号处理，我们基于 LabVIEW 设计了基于虚拟仪器的稳态方法阻尼测试平台。该平台的功能为通过读取振动激励信号和响应信号（此处为位移信号），计算激励信号的自功率谱、激励信号和响应信号的互功率谱，最终求得被测结构的频率响应。

图 7-59 所示为稳态方法阻尼测试平台的前面板。

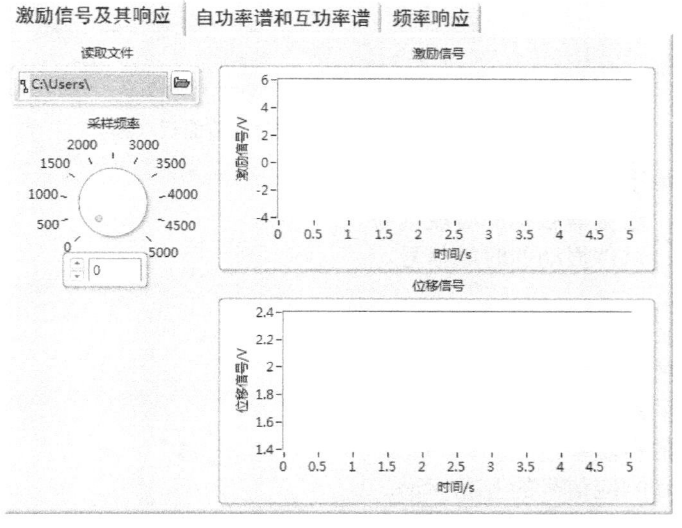

（a）稳态方法阻尼测试平台的前面板——激励信号与响应信号

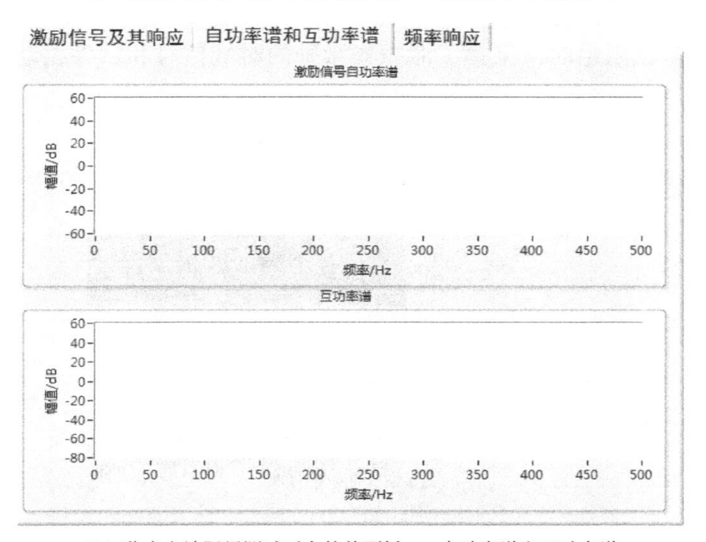

（b）稳态方法阻尼测试平台的前面板——自功率谱和互功率谱

图 7-59　稳态方法阻尼测试平台的前面板

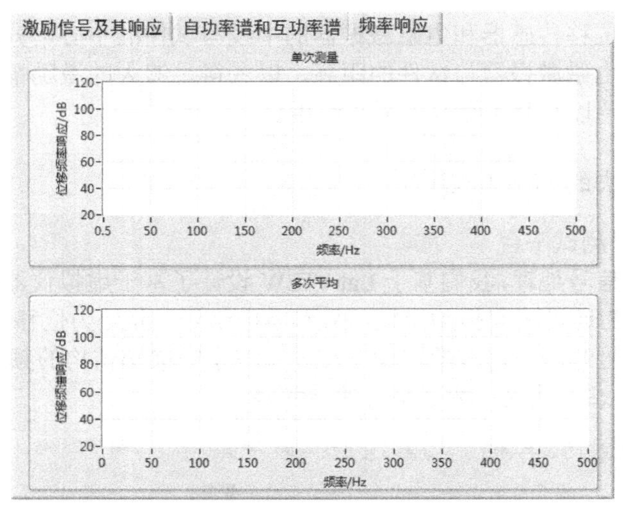

（c）稳态方法阻尼测试平台的前面板——频率响应

图 7-59　稳态方法阻尼测试平台的前面板（续）

该平台的输入如下。

（1）激励信号：激振器激励的时域信号。

（2）位移信号：试件振动的时域信号。

（3）采样频率。

该平台的输出如下。

（1）激励信号的时域波形。

（2）响应信号的时域波形。

（3）激励信号的自功率谱。

（4）激励信号和响应信号的互功率谱。

（5）频率响应函数。

2）稳态方法测阻尼实验结果

使用稳态方法测试阻尼时，采集了激振器激励的时域信号和试件振动响应的时域信号，如图 7-60 所示。

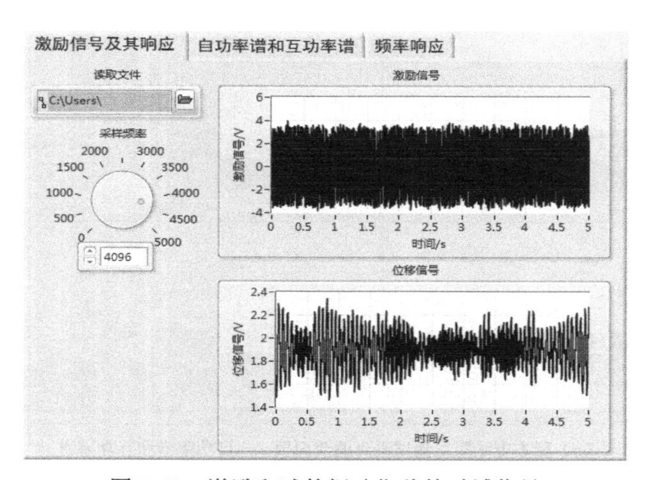

图 7-60　激励和试件振动位移的时域信号

为得到试件振动的频谱特性，对试件的激励信号和响应信号进行 FFT 互功率谱分析，并对激励信号进行 FFT 自功率谱分析，其结果如图 7-61 所示。

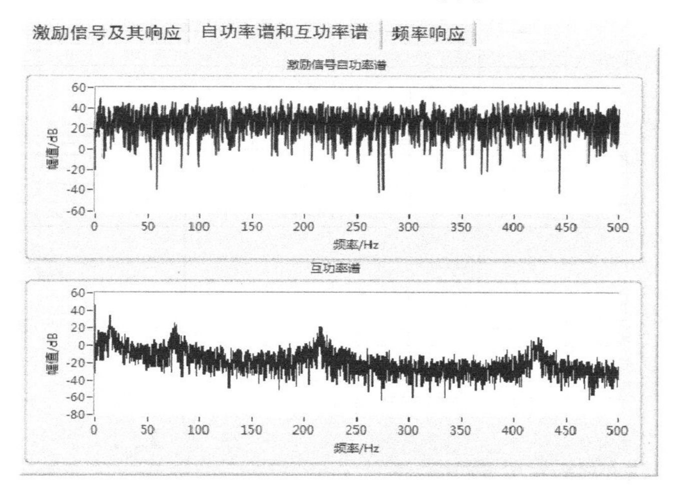

图 7-61　激励信号的自功率谱、激励信号和响应信号的互功率谱

将互功率谱与自功率谱相除，即可得到试件振动特性的频率响应函数，如图 7-62 所示。图中分别给出了单次测量的结果和多次平均的结果，可见多次平均后曲线更加光滑。

根据频响函数可以找到试件的共振频率和峰值下降 L（dB）的频率，使用式（7-25）即可计算各阶共振频率的损耗因子，其结果如表 7-2 所示。图 7-63 所示为试件的损耗因子随频率的变化规律。

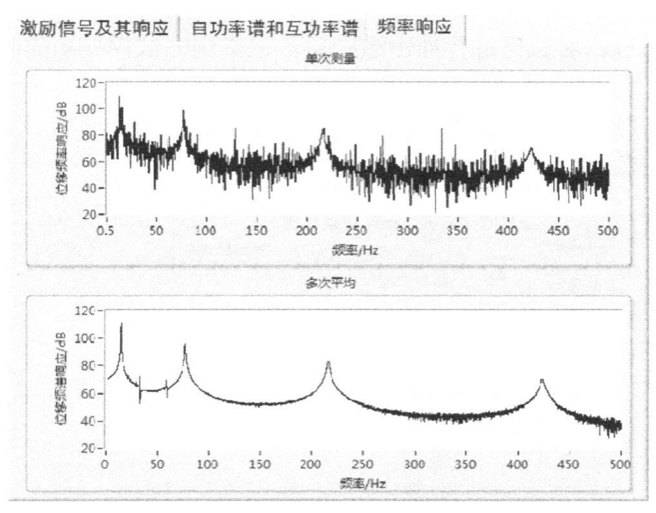

图 7-62　频率响应函数

表 7-2　稳态方法试件损耗因子计算表

	共振频率/Hz	左频率/Hz	右频率/Hz	下降高度/dB	损 耗 因 子
第 1 阶	14.8	13.91	15.55	20	0.0112
第 2 阶	77.5	75.7	79.22	15	0.0082
第 3 阶	216.0	214.8	217.4	5	0.0082
第 4 阶	423.0	421.2	424.9	3	0.0088

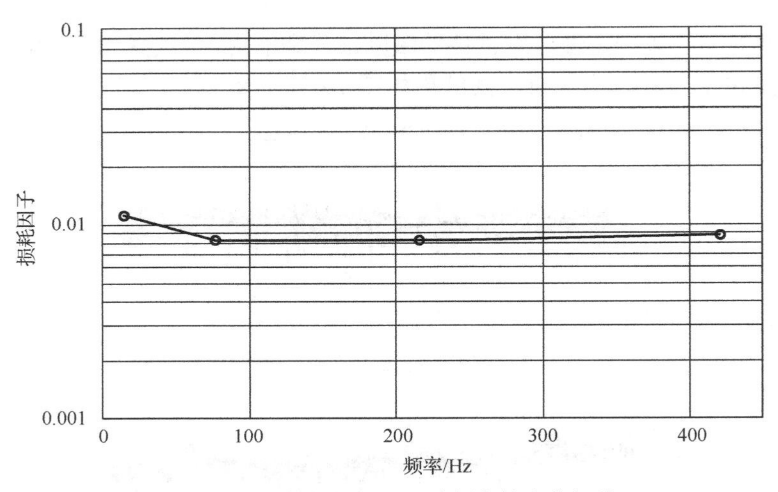

图 7-63 试件的损耗因子随频率的变化规律

7.5.4 瞬态方法的信号处理

1）瞬态方法阻尼测试平台

为了更好地进行信号处理，我们基于 LabVIEW 设计了基于虚拟仪器的瞬态方法阻尼测试平台。该平台的功能是通过读取采集到的瞬态响应信号，计算其自功率谱，对瞬态响应信号进行三分之一倍频程滤波，最终得到能量衰减曲线。

图 7-64 所示为瞬态方法阻尼测试平台的前面板。

该平台的输入如下。

（1）瞬态响应信号：对试件进行冲击激励后，采集到的试件振动的时域信号。

（2）采样频率。

（3）三分之一倍频程滤波器的中心频率：取试件的各阶固有频率。

（4）三分之一倍频程滤波器的阶数。

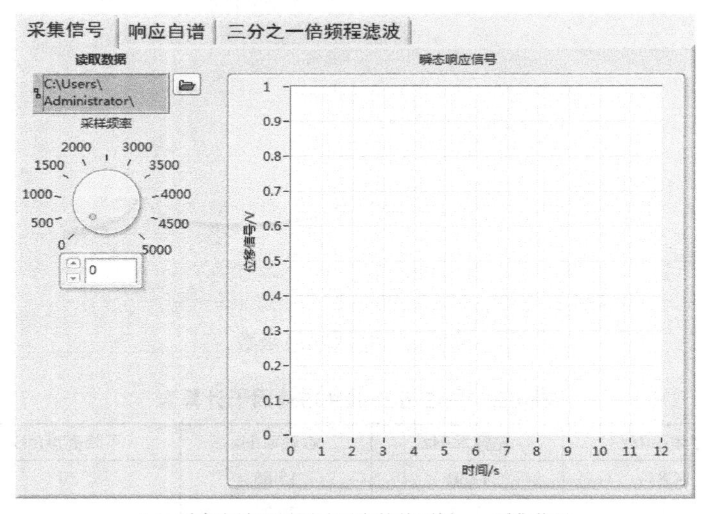

（a）瞬态方法阻尼测试平台的前面板——采集信号

图 7-64 瞬态方法阻尼测试平台的前面板

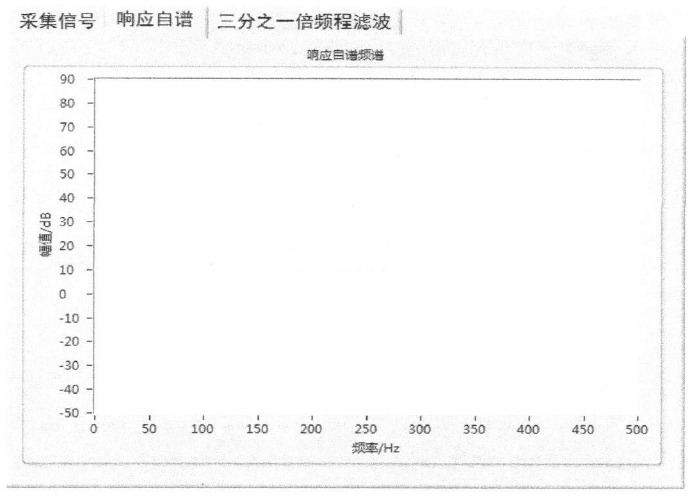

（b）瞬态方法阻尼测试平台的前面板——响应自谱

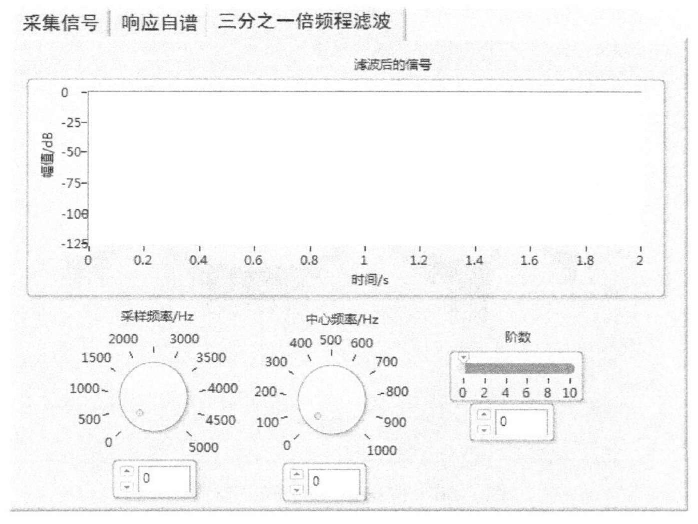

（c）瞬态方法阻尼测试平台的前面板——三分之一倍频程滤波

图 7-64　瞬态方法阻尼测试平台的前面板（续）

该平台的输出如下。

（1）瞬态响应信号的时域波形。

（2）瞬态响应信号的自功率谱。

（3）以共振频率为中心频率的频带内能量衰减曲线。

2）瞬态方法测阻尼实验结果

使用瞬态方法测试阻尼时，采集了试件振动的时域信号，其结果如图 7-65 所示。

为得到试件的共振频率，将试件振动的时域信号进行 FFT 自谱分析，得到试件振动的自谱函数，如图 7-66 所示，从中可识别出试件 1～4 阶的共振频率。

以 1～4 阶共振频率为中心频率，设计三分之一倍频程滤波器，对振动的时域信号进行滤波，可以得到各阶共振频率附近的能量衰减曲线，如图 7-67～图 7-70 所示。根据图 7-67～图 7-70 可以计算得到各阶共振频率的混响时间 T_{60}。

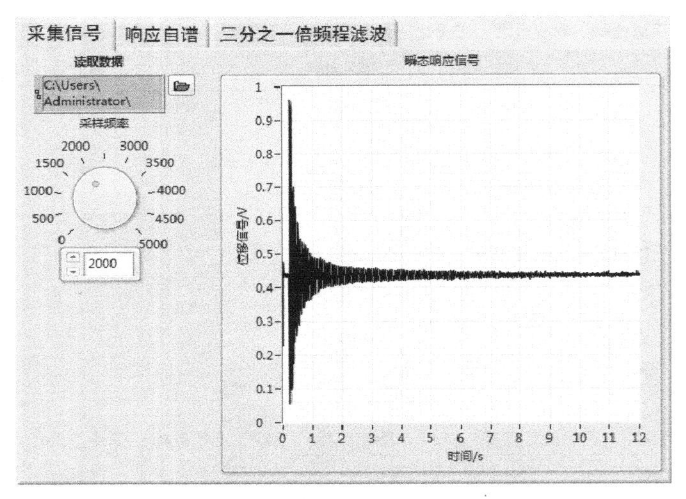

图 7-65　位移响应的时域信号

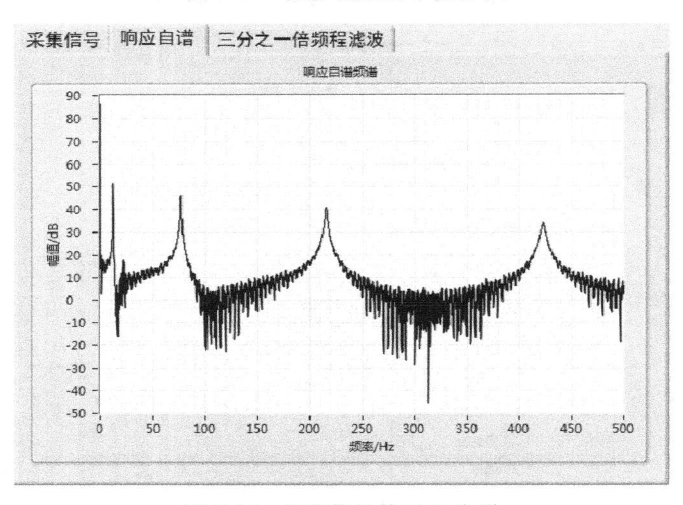

图 7-66　位移信号的 FFT 自谱

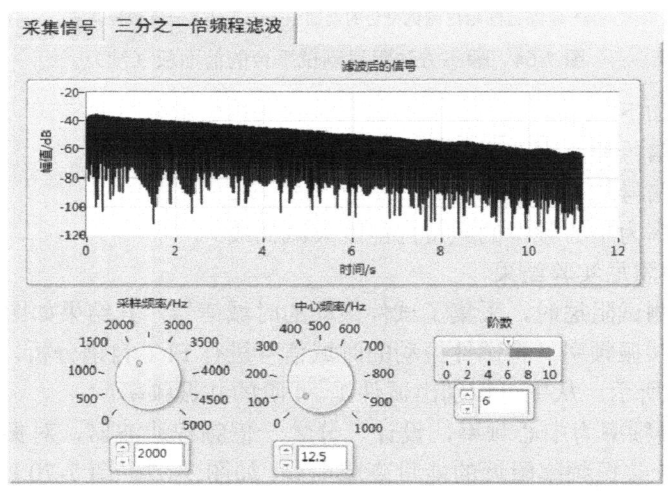

图 7-67　以第 1 阶共振频率为中心频率频带内的能量衰减曲线

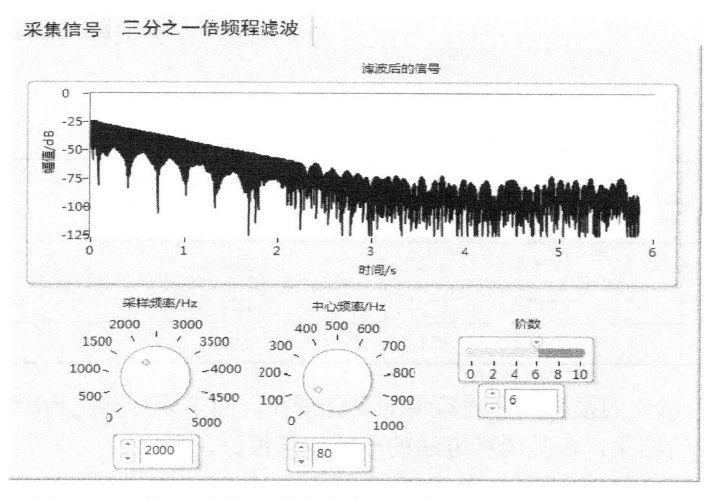

图 7-68 以第 2 阶共振频率为中心频率频带内的能量衰减曲线

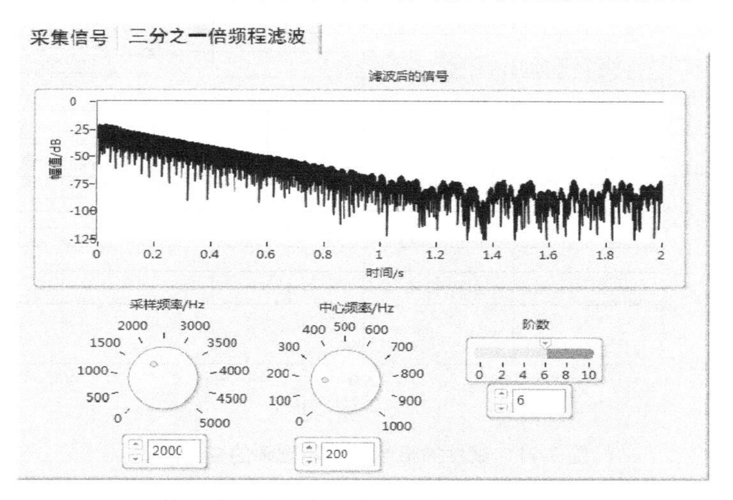

图 7-69 以第 3 阶共振频率为中心频率频带内的能量衰减曲线

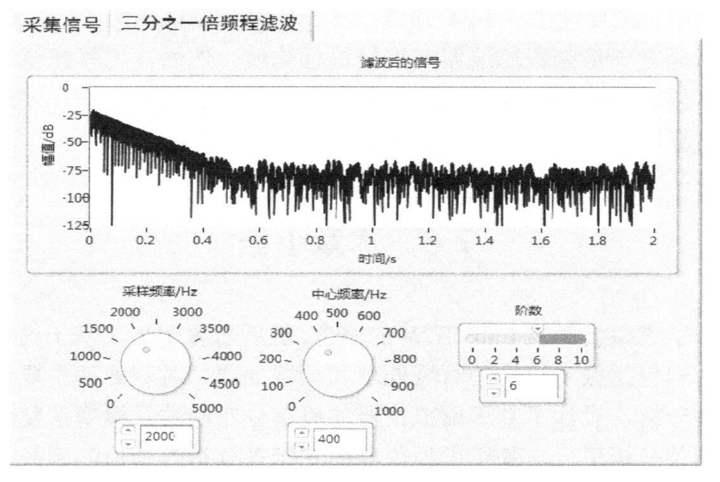

图 7-70 以第 4 阶共振频率为中心频率频带内的能量衰减曲线

根据试件的共振频率和混响时间，可根据式（7-28）计算试件的损耗因子，其结果如表 7-3 所示。

表 7-3 瞬态方法试件损耗因子计算表

	共振频率/Hz	混响时间/s	损 耗 因 子
第 1 阶	12.8	18.71	0.0092
第 2 阶	76.9	3.64	0.0074
第 3 阶	215.9	1.24	0.0080
第 4 阶	423.1	0.39	0.0108

图 7-71 所示为试件的损耗因子随频率的变化规律。图中菱形标记为瞬态方法的结果，圆形标记为稳态方法的结果，可见两种方法的一致性都很好。

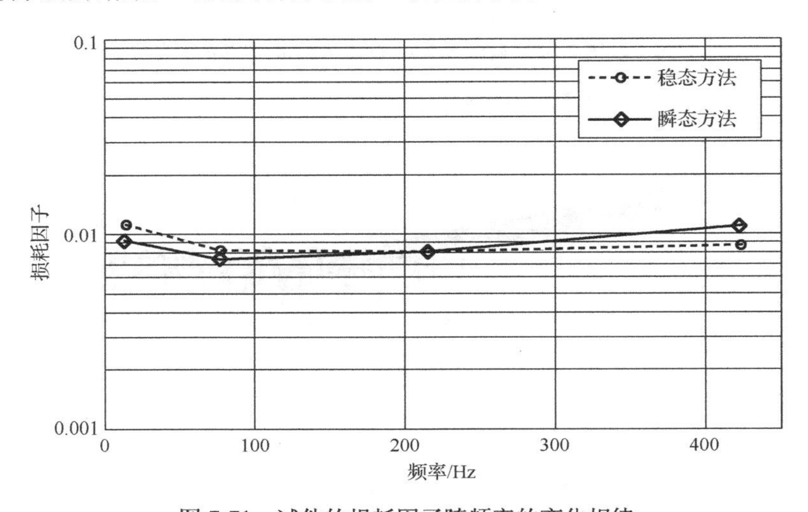

图 7-71 试件的损耗因子随频率的变化规律

本章通过阻抗测试和阻尼测试两个实例，介绍了振动测试中信号采集及处理的一般过程。在阻抗测试的例子中，主要使用了 FFT 频谱计算。在阻尼测试的例子中，既使用了 FFT 频谱计算，又使用了三分之一倍频程滤波器对信号进行滤波。然而，工程测试具有复杂和多样的特点，测试人员必须熟练掌握和灵活运用振动信号的采集及处理方法，才能对各种复杂环境和对象进行有效的测试。

7.6 本章小结

本章首先介绍了虚拟仪器及 LabVIEW 的概念，然后着重阐述了基于虚拟仪器的振动信号处理技术，主要内容包括振动信号的时域处理和频域处理。时域处理主要论述了振动信号时域统计分析及相关分析，设计了基于虚拟仪器的概率分布函数及概率密度函数计算平台、基于虚拟仪器的自相关分析平台、基于虚拟仪器的互相关分析时延检测系统。频域处理主要论述了振动信号的加窗处理、三分之一倍频程处理及倒谱处理，并设计了基于虚拟仪器的振动信号加窗处理平台、基于虚拟仪器的振动信号三分之一倍频程处理平台、基于虚拟仪器的轴承故障检测平台。针对每个平台，给出了具体的振动信号处理实验。本章还通过阻抗测试和阻尼测试两个实例，介绍了振动测试中信号采集及处理的一般过程。在阻抗测试的例子中，主要使用了 FFT 频谱计算。在阻尼测试的例子中，既使用了 FFT 频谱计算，又使用了三分之一倍频程滤波器对信号进行分析处理。

第 8 章　机器学习基础

8.1　机器学习概念

8.1.1　机器学习问题

机器学习是研究怎样使用计算机模拟或实现人类学习活动的科学，机器学习算法是一种能够从数据中学习的算法。图灵在 1950 年就探讨了机器能否思考的问题，1997 年 Mitchell 给出了机器学习算法的基本定义并获得了广泛的认可。Mitchell 关于机器学习的定义是："对于某类任务 T 和性能度量 P，一个计算机程序能从与任务相关的经验 E 中学习，通过经验 E 改进后，它在任务 T 上由性能度量 P 衡量的性能有所提升。"（英文原文是：A computer program is said to learn from experience E with respect to some class of tasks T and performance measure P, if its performance at tasks in T, as measured by P, improves with experience E.）

基于样本数据的机器学习算法可以描述如下：

（1）输入训练样本 X，X 蕴含着经验 E。

（2）学习 X 与任务 T 的目标的映射关系 F。

（3）计算 F 的度量 P。

（4）判断 P 是否满足任务 T 的要求。

（5）满足算法则停止，否则返回 2。

8.1.2　机器学习算法的分类

根据训练样本的组成，机器学习算法可以分成有监督学习和无监督学习两种，也可以称为有导师学习和无导师学习。

有监督学习算法的输入训练样本为 $\boldsymbol{X}=\{(x_i,y_i)|\ x_i\in\mathbf{R},y_i\in\mathbf{R},i=1,2,\cdots,N\}$，$y_i$ 是输入 x_i 的期望输出，算法学习输入 x_i 与期望输出 y_i 之间的映射关系为 F。

无监督学习算法的输入训练样本为 $\boldsymbol{X}=\{x_i\in\mathbf{R},i=1,2,\cdots,N\}$，算法学习与任务 T 有关的输入训练样本的分布规律。

8.2　回归分析的含义、分类及应用

回归分析是统计学中一种分析变量间关系的定量技术。从历史上看，"回归"概念是由生物统计学家高尔顿在研究豌豆和人体的身高遗传规律时首先提出的。1887 年，他第一次将"回复"（Reversion）作为统计概念使用，后改为"回归"（Regression）一词。1888 年他又引入"相关"（Correlation）的概念。

回归分析可以被分为一元回归分析和多元回归分析，前者是指两个变量之间的回归分析，后者则是指三个或三个以上变量之间的回归分析。一元回归分析还可被细分为线性回归分析和非线性回归分析两种，前者是指两个相关变量之间的关系可以通过数学中的线性组合来描述，后者是指两个相关变量之间的关系不能通过数学中的线性组合来描述，而表现为某种曲线模型。

8.3　一元线性回归

8.3.1　一元线性回归模型

总体的简单线性回归模型可表示为

$$\boldsymbol{Y} = \beta_0 + \beta_1 \boldsymbol{X} + \boldsymbol{u} \tag{8-1}$$

式中，$\boldsymbol{X}$ 为自变量，$\boldsymbol{Y}$ 为因变量，β_0 和 β_1 为待估的总体参数，又称为回归系数，$\boldsymbol{u}$ 为随机误差项。由此可见，实际观测值 $\boldsymbol{Y}$ 被分割为两部分：一部分是可解释的肯定项 $\beta_0+\beta_1\boldsymbol{X}$；另一部分是不可解释的随机项 $\boldsymbol{u}$。

总体的回归模型 $\boldsymbol{Y} = \beta_0 + \beta_1 \boldsymbol{X} + \boldsymbol{u}$ 是未知的，回归分析的基本任务就是利用样本去估计未知参数。由此可以假设样本的回归方程如下

$$\hat{\boldsymbol{Y}}=\hat{\beta}_0+\hat{\beta}_1\boldsymbol{x} \tag{8-2}$$

式中，$\hat{\boldsymbol{Y}}$、$\hat{\beta}_0$ 和 $\hat{\beta}_1$ 分别为 $\boldsymbol{Y}$、β_0 和 β_1 的估计值。

如果对变量 $\boldsymbol{X}$ 和 $\boldsymbol{Y}$ 联合进行 n 次观察，就可以获得一个样本集 $(\boldsymbol{x}, \boldsymbol{y})$，据此就可求出 β_0 和 β_1 的值。

8.3.2　损失函数

为了求解回归函数，我们给出回归函数的假设函数，接着定义一个损失函数来衡量回归函数中各个假设函数的优劣，找出使损失函数具有最小值所对应的那个假设函数即可。

一般地，损失函数具有如下的形式

$$\text{Loss}(h) = \sum^{m} L(y_i, h(x_i)) \tag{8-3}$$

式中的 $L(y_i, h(x_i))$ 是对于样本 (x_i, y_i) 假设函数的预测值 $h(x_i)$ 和真实值 y_i 之间的差距。对于这种差距，我们可以想到很多种计算形式，比如

$$L(y_i, h(x_i)) = y_i - h(x_i) \tag{8-4}$$

$$L(y_i, h(x_i)) = |y_i - h(x_i)| \tag{8-5}$$

$$L(y_i, h(x_i)) = (y_i - h(x_i))^2 \tag{8-6}$$

在机器学习中常使用第三种也就是平方函数来计算损失。式（8-4）中的正负损失加总后会互相抵消，式（8-5）中的绝对值函数不是连续可导函数，求解不方便，而式（8-6）是凸函数，存在全局最优值而且求解方便。

于是，单变量线性回归的损失函数的定义为

$$J(w_0,w_1)=\frac{1}{2m}\sum_{i=1}^{m}(h(x_i)-y_i)^2 \tag{8-7}$$

把 $h(x)$ 代入这个损失函数，可得

$$J(w_0,w_1)=\frac{1}{2m}\sum_{i=1}^{m}(w_1x_i+w_0-y_i)^2 \tag{8-8}$$

有了损失函数后要做的就是依据损失函数寻找最优的假设函数，也就等价于求解下面的最优化问题

$$(w_0^*,w_1^*)=\underset{(w_0,w_1)}{\arg\min}\frac{1}{2m}\sum_{i=1}^{m}(h(x_i)-y_i)^2 \tag{8-9}$$

当式中左边的 w_0^* 和 w_1^* 使右边成立时，即在 $J(w_0,w_1)$ 取最小值时，所对应的 w_0 和 w_1 的值。

对于上面的最优化问题的求解，分别对 w_0 和 w_1 求偏导，然后令导数为 0，求出 w_0 和 w_1，即可得到 w_0 和 w_1 的解析解。

$$\frac{\partial J(w_0,w_1)}{\partial w_0}=\frac{1}{m}\sum_{i=1}^{m}(w_1x_i+w_0-y_i)=w_0+\frac{1}{m}\sum_{i=1}^{m}(w_1x_i-y_i) \tag{8-10}$$

$$\frac{\partial J(w_0,w_1)}{\partial w_1}=\frac{1}{m}\sum_{i=1}^{m}(w_1x_i+w_0-y_i)x_i=\frac{w_1}{m}\sum_{i=1}^{m}x_i^2+\frac{1}{m}\sum_{i=1}^{m}(w_0-y_i)x_i \tag{8-11}$$

令上面两式等于 0，可解得 w_0 和 w_1

$$w_1=\frac{\sum_{i=1}^{m}y_i(x_i-\frac{1}{m}\sum_{i=1}^{m}x_i)}{\sum_{i=1}^{m}x^2-\frac{1}{m}(\sum_{i=1}^{m}x_i)^2} \tag{8-12}$$

$$w_0=\frac{1}{m}\sum_{i=1}^{m}(y_i-w_1x_i) \tag{8-13}$$

8.3.3 一元线性回归算法及分析

水下声速与水下的温度、压力及盐度有关。在压力为 1kg/cm^2、盐度为 35‰时，不同温度下的声速如表 8-1 所示。一元线性回归程序框图如图 8-1 所示。

表 8-1 温度与声速对照表

温度/℃	声速/（m/s）	温度/℃	声速/（m/s）
22	1 528.9	32	1 553.5
24	1 534.3	34	1 557.8
26	1 539.4	36	1 561.9
28	1 544.3	38	1 565.8
30	1 549.0	40	1 569.5

【程序框图】

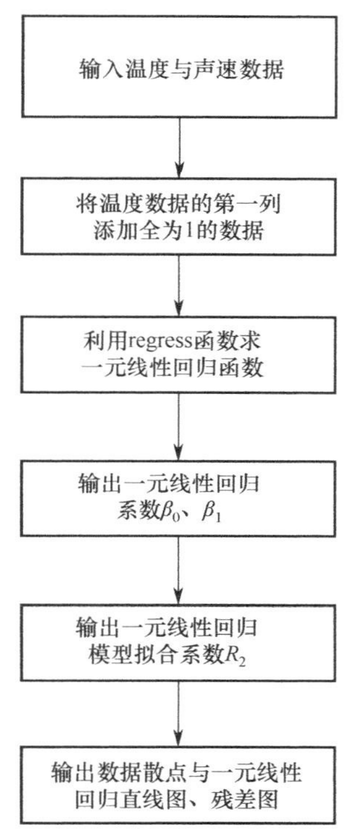

图 8-1　一元线性回归程序框图

【结果及分析】

运行上述程序后得到温度和声速的散点图及残差图，分别如图 8-2 和图 8-3 所示。得到一元线性回归系数分别为 β_0=1 480.6 和 β_1=0.002 3，且得到声速与温度相关系数的平方为 R_2=0.996 7。由散点图、残差图及相关系数可知此例中的一元线性回归方程拟合得比较好。

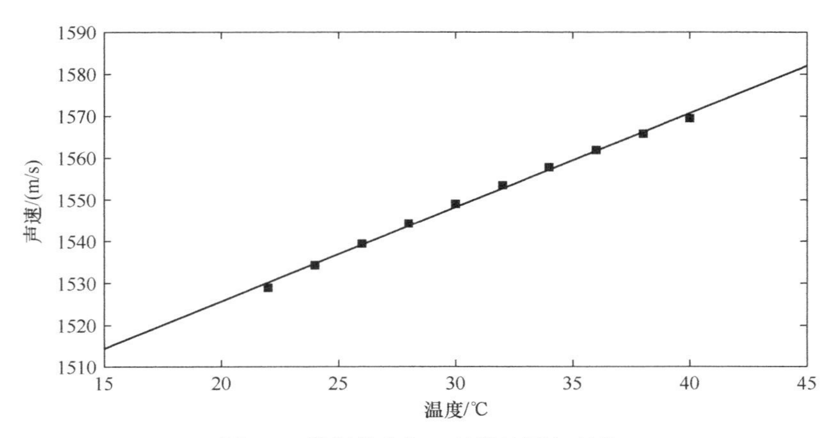

图 8-2　数据散点与一元线性回归直线

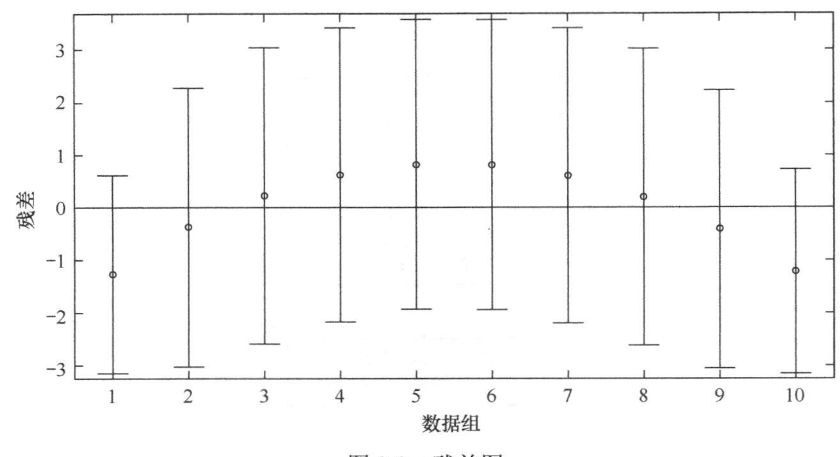

图 8-3 残差图

拟合出的一元线性回归方程为 $y_1 = 1\,480.6 + 0.002\,3x$ 。

8.4 梯度下降法

机器学习有一个至关重要的环节，就是优化损失函数。一个模型只有在损失函数收敛到一定的值时，才有可能会有好的结果。下面讨论常用的优化方法——梯度下降法。

【梯度下降算法】

输入：学习率 ε；从任意一点 $\boldsymbol{x}$ 开始

while $\nabla_{\boldsymbol{x}} f(\boldsymbol{x}) \neq 0$

do

　　更新 $\boldsymbol{x}$： $\boldsymbol{x} \leftarrow \boldsymbol{x} - \varepsilon \nabla_{\boldsymbol{x}} f(\boldsymbol{x})$

end while

8.4.1 随机梯度下降法

随机梯度下降法（Stochastic Gradient Descent，SGD）每次只使用单个样本进行优化。

【算法：随机梯度下降】

输入：学习率 ε；初始参数 $\boldsymbol{\theta}$

while 停止准则未满足

do

　　从训练集中采包含 m' 个样本 $\{\boldsymbol{x}^{(1)}, \cdots, \boldsymbol{x}^{(m')}\}$ 的小批量

　　计算梯度估计： $\hat{\boldsymbol{g}} \leftarrow \hat{\boldsymbol{g}} + \frac{1}{m'} \nabla_{\boldsymbol{\theta}} \Sigma_i L(f(\boldsymbol{x}^{(i)}; \boldsymbol{\theta}), y^{(i)})$

　　参数更新： $\boldsymbol{\theta} \leftarrow \boldsymbol{\theta} - \varepsilon \hat{\boldsymbol{g}}$

end while

优点：

只用计算单个样本的损失函数，优化迭代速度很快。

缺点：

（1）单个样本对全局分布的表达较弱，可能会收敛到局部最优；

（2）不易于并行实现。

8.4.2　批量梯度下降法

批量梯度下降法（Batch Gradient Descent，BGD）使用整个训练集的样本进行优化，也被称为确定性梯度算法。

【算法：批量梯度下降】

输入：学习率 ε；初始参数 $\boldsymbol{\theta}$

while 停止准则未满足

do

对训练集中全部 m 个样本 $\{\boldsymbol{x}^{(1)},\cdots,\boldsymbol{x}^{(m)}\}$ 计算梯度估计：

$$\hat{\boldsymbol{g}} \leftarrow \hat{\boldsymbol{g}} + \frac{1}{m}\nabla_{\boldsymbol{\theta}}\Sigma_i L(f(\boldsymbol{x}^{(i)};\boldsymbol{\theta}), y^{(i)})$$

参数更新：$\boldsymbol{\theta} \leftarrow \boldsymbol{\theta} - \varepsilon\hat{\boldsymbol{g}}$

end while

优点：

（1）一次迭代中对所有样本进行计算，此时利用矩阵进行运算，实现了并行计算；

（2）利于求解全局最优解。

缺点：

当训练样本集较大时，会导致训练过程很慢。

8.4.3　小批量梯度下降法

使用一个以上而又不是全部的训练样本的方法，称为小批量梯度下降法（Mini-Batch Gradient Descent，MBGD），是对批量梯度下降及随机梯度下降的一种折中方法。其具体思路是：每次迭代使用 batch_size 个样本来对参数进行更新。

【算法：小批量梯度下降】

输入：学习率 ε；初始参数 $\boldsymbol{\theta}$

while 停止准则未满足

do

训练集中包含 m 个样本，每次迭代使用 batch_size 个样本

计算梯度估计：

$$\hat{\boldsymbol{g}} \leftarrow \hat{\boldsymbol{g}} + \frac{1}{\text{batch\_size}}\nabla_{\boldsymbol{\theta}}\sum_i^{i+\text{batch}_{\text{size}}-1} L(f(\boldsymbol{x}^{(i)};\boldsymbol{\theta}), y^{(i)})$$

参数更新：$\boldsymbol{\theta} \leftarrow \boldsymbol{\theta} - \varepsilon\hat{\boldsymbol{g}}$

end while

优点：

（1）通过矩阵运算，每次在一个 batch 上优化神经网络参数的速度较快，并减小收敛所需要的迭代次数；

（2）可实现并行化。

缺点：

batch_size 的选择需要经验。

8.5 多元线性回归

8.5.1 多元线性回归原理

多元线性回归模型的自变量由一个增加到两个以上，因变量 $\boldsymbol{Y}$ 与多个自变量 $\boldsymbol{X}_1,\boldsymbol{X}_2,\cdots,\boldsymbol{X}_k$ 之间存在线性关系，因变量是自变量的多元线性函数，也称为多元线性回归模型，即

$$\boldsymbol{Y}=\beta_0+\beta_1\boldsymbol{X}_1+\beta_2\boldsymbol{X}_2+\cdots+\beta_k\boldsymbol{X}_k+\boldsymbol{u} \tag{8-14}$$

式中，$\boldsymbol{Y}$ 为因变量，$\boldsymbol{X}_j$（$j=1,2,\cdots,k$）为 k 个自变量，β_j（$j=0,1,2,\cdots,k$）为 k+1 个未知参数，$\boldsymbol{u}$ 为随机误差项。

对于 n 组观测值 $Y_i,X_{1i},X_{2i},\cdots,X_{ki}$（$i=1,2,\cdots,n$），其方程组的形式为

$$Y_i=\beta_0+\beta_1X_{1i}+\beta_2X_{2i}+\cdots+\beta_kX_{ki}+u_i,\ i=1,2,\cdots,n \tag{8-15}$$

其矩阵形式为

$$\begin{bmatrix}Y_1\\Y_2\\\vdots\\Y_n\end{bmatrix}=\begin{bmatrix}1&X_{11}&X_{21}&\cdots&X_{k1}\\1&X_{12}&X_{22}&\cdots&X_{k2}\\\vdots&\vdots&\vdots&\ddots&\vdots\\1&X_{1n}&X_{2n}&\cdots&X_{kn}\end{bmatrix}\begin{bmatrix}\beta_0\\\beta_1\\\beta_2\\\vdots\\\beta_k\end{bmatrix}+\begin{bmatrix}u_1\\u_2\\\vdots\\u_n\end{bmatrix} \tag{8-16}$$

即

$$\boldsymbol{Y}=\boldsymbol{X\beta}+\boldsymbol{u} \tag{8-17}$$

其中，$\boldsymbol{Y}_{n\times1}=\begin{bmatrix}Y_1\\Y_2\\\vdots\\Y_n\end{bmatrix}$ 为因变量的观测值向量；$\boldsymbol{X}_{n\times(k+1)}=\begin{bmatrix}1&X_{11}&X_{21}&\cdots&X_{k1}\\1&X_{12}&X_{22}&\cdots&X_{k2}\\\vdots&\vdots&\vdots&\ddots&\vdots\\1&X_{1n}&X_{2n}&\cdots&X_{kn}\end{bmatrix}$ 为自变量的观测值矩阵；$\boldsymbol{\beta}_{k+1}=\begin{bmatrix}\beta_0\\\beta_1\\\beta_2\\\vdots\\\beta_k\end{bmatrix}$ 为回归的参数向量；$\boldsymbol{u}_{n\times1}=\begin{bmatrix}u_1\\u_2\\\vdots\\u_n\end{bmatrix}$ 为随机误差向量。

多元线性回归分析根据观测样本数据估计模型中的各个参数。多元线性回归模型包含多个自变量，它们同时对因变量 $\boldsymbol{Y}$ 发生作用，若要考察其中某个自变量对 $\boldsymbol{Y}$ 的影响，就必须假

设其他自变量保持不变来进行分析。因此，多元线性回归模型中的回归系数为偏回归系数，即反映了当模型中的其他变量不变时，其中一个自变量对因变量 $\boldsymbol{Y}$ 的影响。

参数 $\beta_0,\beta_1,\beta_2,\cdots,\beta_k$ 都是未知的，可以利用观测样本 $(X_{1i},X_{2i},\cdots,X_{ki};Y_i)$ 对它们进行估计。多元线性样本回归方程为

$$\hat{Y}_i=\hat{\beta}_0+\hat{\beta}_1X_{1i}+\hat{\beta}_2X_{2i}+\cdots+\hat{\beta}_kX_{ki} \tag{8-18}$$

其中，$\hat{\beta}_j$ $(j=0,1,2,\cdots,k)$ 为参数的估计值。方程的矩阵表达形式为

$$\hat{\boldsymbol{Y}}=\boldsymbol{X}\hat{\boldsymbol{\beta}} \tag{8-19}$$

其中，$\hat{\boldsymbol{Y}}_{n\times1}=\begin{bmatrix}\hat{Y}_1\\ \hat{Y}_2\\ \vdots\\ \hat{Y}_n\end{bmatrix}$ 为因变量样本观测值向量 $\boldsymbol{Y}$ 的 $n\times1$ 阶拟合值列向量；$\boldsymbol{X}_{n\times(k+1)}=$ $\begin{bmatrix}1 & X_{11} & X_{21} & \cdots & X_{k1}\\ 1 & X_{12} & X_{22} & \cdots & X_{k2}\\ \vdots & \vdots & \vdots & \ddots & \vdots\\ 1 & X_{1n} & X_{2n} & \cdots & X_{kn}\end{bmatrix}$ 为自变量 $\boldsymbol{X}$ 的 $n\times(k+1)$ 阶样本观测矩阵；$\hat{\boldsymbol{\beta}}_{(k+1)}=\begin{bmatrix}\hat{\beta}_0\\ \hat{\beta}_1\\ \hat{\beta}_2\\ \vdots\\ \hat{\beta}_k\end{bmatrix}$ 为未知参数向量 $\boldsymbol{\beta}$ 的 $(k+1)\times1$ 阶估计值列向量。

样本回归方程得到的实际观测值 Y_i 与因变量估计值 $\hat{Y}_i$ 之间的偏差称为残差 e_i

$$e_i=Y_i-\hat{Y}_i=Y_i-(\hat{\beta}_0+\hat{\beta}_1X_{1i}+\hat{\beta}_2X_{2i}+\cdots+\hat{\beta}_kX_{ki}) \tag{8-20}$$

8.5.2 多元线性回归应用实例

本节利用线性回归方法求解水下声速与温度、盐度之间的关系。水下声速与水下的温度、压力及盐度有关，在压力为 1kg/cm^2 时，不同温度及不同盐度下的声速如表 8-2 所示。多元线性回归程序流程框图如图 8-4 所示。

表 8-2 1 标准大气压下温度、盐度及声速对照表

盐度/ ‰	温度/℃	声速/（m/s）	盐度/ ‰	温度/℃	声速/（m/s）
31	12	1 487.3	36	22	1 529.9
32	14	1 498.9	37	24	1 536.8
33	16	1 508.3	38	26	1 544.7
34	18	1 516.2	39	28	1 553.9
35	20	1 523.2	40	30	1 565.2

在上述程序运行后得到多元线性拟合的残差图，如图 8-5 所示。得到的多元线性回归系数分别为 β_0=0 、β_1= −24.777 4 和 β_2=57.655 3 。且得到声速与温度相关系数的平方为 $R_2=0.994\ 4$ 。由残差图及相关系数可知，此例中一元线性回归方程拟合得比较好。

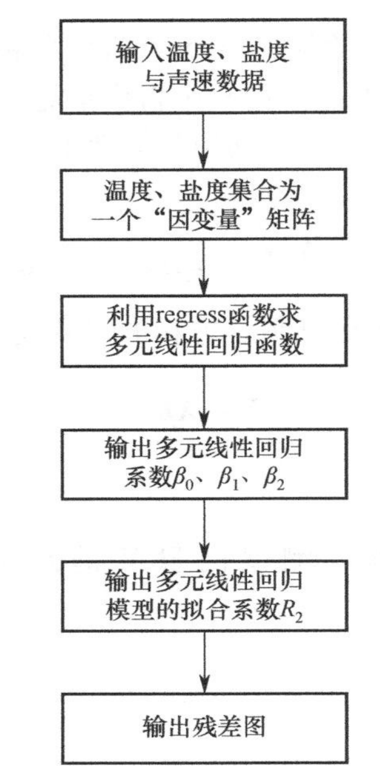

图 8-4 多元线性回归程序流程框图

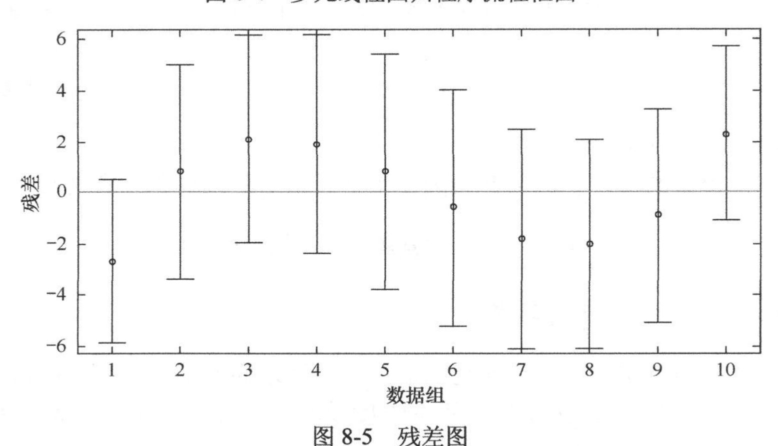

图 8-5 残差图

拟合出的多元线性回归函数为 $y = 53.655\ 3x_2 - 24.777\ 4x_1 + 0$ 。

8.6 逻辑回归

8.6.1 逻辑回归原理

逻辑回归从线性回归引申而来，对回归的结果进行 logistic 函数运算，将范围限制为[0,1]，并更改损失函数为二值交叉熵损失，使其可用于 2 分类问题。

一个事件发生的概率与不发生的概率的比值称为几率。对数几率定义为

$$\log\ \text{it}(p) = \log\frac{p}{1-p} \in \mathbf{R}$$

式中，p 为事件发生的概率。机器学习中大部分情况下是求极值的，只要让 log 函数保持单调即可，此处的底可以取 2、e、10，故仍写为 log。

希望得到一个模型，该模型使得样本被划分为正类的对数几率是特征 x 的线性组合，即

$$\log\frac{P(Y=1|x)}{P(Y=0|x)}=w\cdot x$$

并且当 $w\cdot x\to+\infty$ 时，有 $P(Y=1)\to 1$。

$$\log\frac{P(Y=1|x)}{P(Y=0|x)}=\log\frac{P(Y=1|x)}{1-P(Y=1|x)}=wx \tag{8-21}$$

$$\Rightarrow\frac{P(Y=1|x)}{1-P(Y=1|x)}=\mathrm{e}^{wx} \tag{8-22}$$

$$\Rightarrow P(Y=1|x)=\frac{\mathrm{e}^{wx}}{1+\mathrm{e}^{wx}}=\frac{1}{1+\mathrm{e}^{-wx}} \tag{8-23}$$

因此，逻辑回归模型定义为

$$P(Y=1|x)=\frac{\mathrm{e}^{wx}}{1+\mathrm{e}^{wx}}=\frac{1}{1+\mathrm{e}^{-wx}} \tag{8-24}$$

$$P(Y=0|x)=1-P(Y=1|x) \tag{8-25}$$

逻辑回归首先对输入进行线性组合，然后求出线性组合的 sigmoid 函数值。

变量 X 具有 logistic 分布是指 X 具有以下分布函数 $F(x)$和密度函数 $f(x)$

$$f(x)=F'(x)=\frac{\mathrm{e}^{-(x-\mu)/\gamma}}{\gamma(1+\mathrm{e}^{-(x-\mu)/\gamma})^2} \tag{8-26}$$

$$F(x)=P(X\leqslant x)=\frac{1}{1+\mathrm{e}^{-(x-\mu)/\gamma}} \tag{8-27}$$

式中，μ 是位置参数，$\gamma>0$，是形状参数。

logistic 分布函数 $D(x)$是一条 S 形曲线，概率密度函数 $P(x)$是类似于正态分布的钟形曲线。

逻辑回归的损失函数是如下的凸函数

$$\mathrm{Cost}(h_{\boldsymbol{\theta}}(\boldsymbol{x}),y)=\begin{cases}-\log(h_{\boldsymbol{\theta}}(\boldsymbol{x}))\ ,\ y=1\\ -\log(1-h_{\boldsymbol{\theta}}(\boldsymbol{x})),\ y=0\end{cases} \tag{8-28}$$

全体样本的累计损失函数（同时加上了正则项）为

$$J(\boldsymbol{\theta})=\left[-\frac{1}{m}\sum_{i=1}^{m}(y^{(i)}\log h_{\boldsymbol{\theta}}(\boldsymbol{x}^{(i)})+(1-y^{(i)})\log(1-h_{\boldsymbol{\theta}}(\boldsymbol{x}^{(i)})))\right]+\frac{\lambda}{2m}\sum_{i=1}^{n}\boldsymbol{\theta}_j^2 \tag{8-29}$$

累计损失函数对 $\boldsymbol{\theta}$ 的偏导数为

$$\frac{\partial}{\partial\boldsymbol{\theta}_j}J(\boldsymbol{\theta})=\frac{1}{m}\sum_{i=1}^{m}(h_{\boldsymbol{\theta}}(\boldsymbol{x}^{(i)})-y^{(i)})x_j^{(i)} \tag{8-30}$$

可以看出，$J(\boldsymbol{\theta})$ 与用极大似然估计法所得的对数似然函数一致。其中，参数 $\boldsymbol{\theta}$ 同线性回归一样，用来对特征线性求和，可以用梯度下降法或牛顿法来求解。逻辑回归最后利用 sigmoid 函数计算得到输出

$$h_{\boldsymbol{\theta}}(\boldsymbol{x})=g(\boldsymbol{\theta}^{\mathrm{T}}\boldsymbol{x}) \tag{8-31}$$

sigmoid 函数图如图 8-6 所示，sigmoid 函数为

$$g(z)=\frac{1}{1+e^{-z}} \tag{8-32}$$

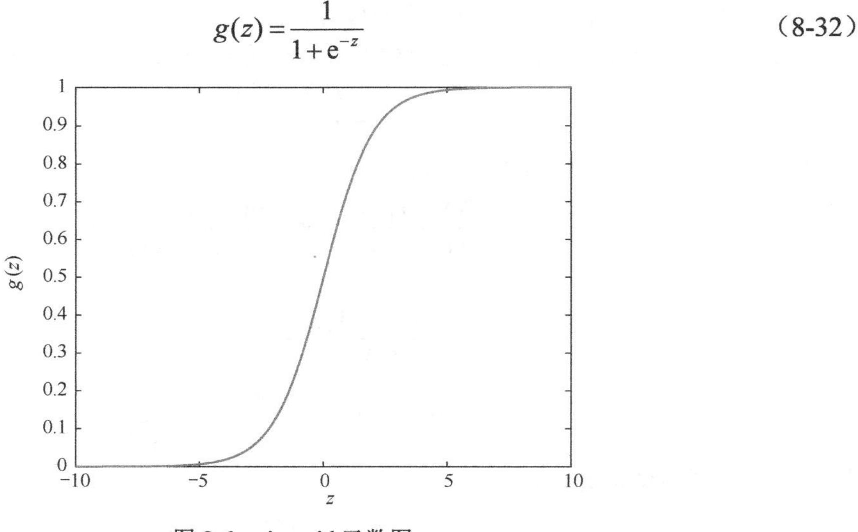

图 8-6 sigmoid 函数图

sigmoid 函数的输出范围为（0,1），中间值是 0.5。因此，当 $h_{\boldsymbol{\theta}}(\boldsymbol{x})<0.5$ 时，说明当前数据属于某一类；当 $h_{\boldsymbol{\theta}}(\boldsymbol{x})>0.5$ 时，则说明当前数据属于另一类。

8.6.2 逻辑回归分类算法应用实例

利用正常轴承及故障轴承的时域数据和功率谱数据作为样本，训练样本数目与测试样本数目的比值为 4:1，20%作为测试集。利用逻辑回归分类算法，进行正常轴承与故障轴承的分类。图 8-7 所示为逻辑回归程序流程框图。

在程序运行后得到分类散点图，如图 8-8 所示。分类的正确率为 87.50%，从图中可以看出分类的效果较为理想。

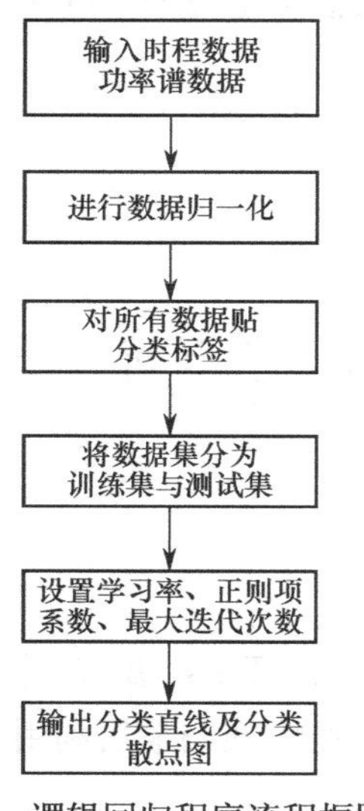

图 8-7 逻辑回归程序流程框图

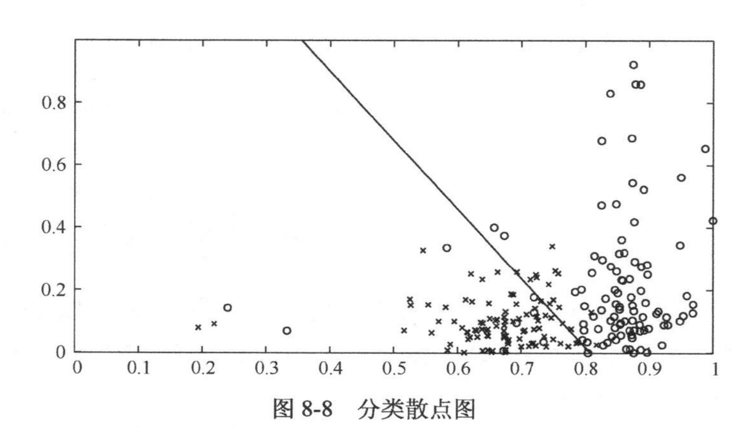

图 8-8 分类散点图

8.7　本章小结

本章论述了机器学习的基本概念和基本分类方法，论述了机器学习的基本分析方法——回归分析方法，包括单变量回归分析和多变量回归分析，最后引申到逻辑回归，给出了分类的概念。本章还给出了具体的应用实例和算法。

第 9 章　基于机器学习的振动信号识别原理与方法

9.1　基于机器学习的振动信号识别原理

基于机器学习的振动信号识别原理是对获取的振动信号进行预处理，提取振动信号的特征，构建训练样本集的训练分类器模型，训练好的模型可以用来识别测试样本的类别。基于机器学习的振动信号识别主要包括两个过程（如图 9-1 所示）：第一个是学习过程，主要包括信号获取及预处理、特征提取、特征选择、样本选择及分类器模型设计；第二个是测试过程，主要包括信号获取及预处理、特征提取及分类决策。

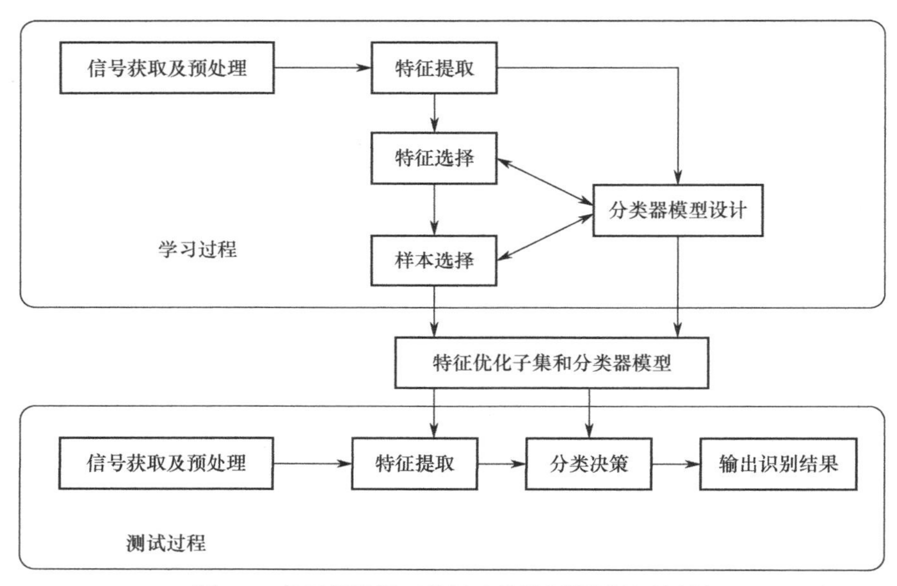

图 9-1　基于机器学习的振动信号识别原理及过程

9.2　支持向量机

9.2.1　线性支持向量机

支持向量机（Support Vector Machine，SVM）是基于统计学习理论，具有较强推广能力的通用学习机器。首先在线性可分的情况下分析支持向量机。图 9-2 所示为一个两类样本线性可分的例子，能够把这组样本没有错误地分开的线性超平面有很多（经验风险为 0），但是具有最大间隔的超平面只有一个。

最优分类超平面的定义是：假定 n 个训练数据 $\boldsymbol{X}=\{(\boldsymbol{x}_i, y_i) \mid \boldsymbol{x}_i \in \mathbb{R}^d, y_i \in \{-1, 1\}, i=1, 2, \cdots, n\}$

可以被一个超平面

$$(\boldsymbol{w}\cdot\boldsymbol{x})-b=0 \tag{9-1}$$

分开。如果这个向量集合被超平面没有错误地分开，即

$$y_i[(\boldsymbol{x}_i\cdot\boldsymbol{w})-b]\geqslant 1,\qquad i=1,2,\cdots,n \tag{9-2}$$

并且离超平面最近的向量与超平面之间的距离是最远的，则这个超平面是最优分类超平面。

从前面的分析可知，分类错误率最小可以使经验风险最小，使两类样本的分类间隔最大实际上是使式（9-2）的置信区间最小，从而使期望风险最小。因此，该超平面最小化了结构风险，推广能力优于其他超平面。支持向量机的目的就是寻找这样的最优分类超平面。

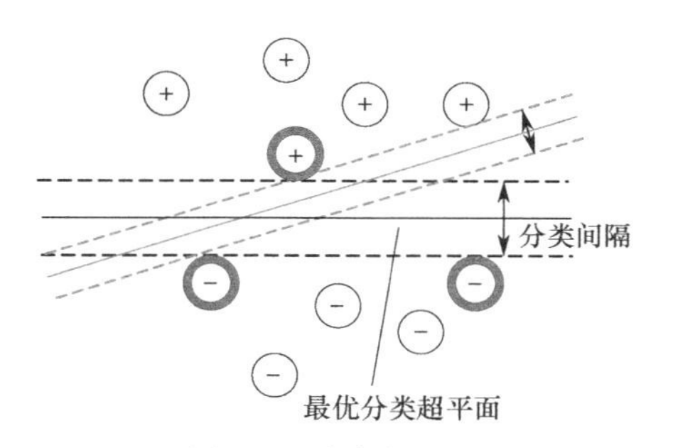

图 9-2　分类超平面

线性支持向量机可以把对最优超平面的求解问题转化为一个求约束极值的问题

最小化

$$\frac{1}{2}\|\boldsymbol{w}\|^2 \tag{9-3}$$

约束条件

$$y_i(\boldsymbol{w}\cdot\boldsymbol{x}_i+b)\geqslant 1,\ i=1,2,\cdots,n \tag{9-4}$$

这个优化问题的解是由下面的拉格朗日泛函（拉格朗日函数）的鞍点给出的

$$L(\boldsymbol{w},b,\boldsymbol{\alpha})=\frac{1}{2}(\boldsymbol{w}\cdot\boldsymbol{w})-\sum_{i=1}^{n}\alpha_i\{y_i[(\boldsymbol{w}\cdot\boldsymbol{x}_i)-b]-1\} \tag{9-5}$$

式中，α_i 为拉格朗日乘子。需要对 Lagrange 函数关于 $\boldsymbol{w}$、b 求其最小值，以及关于 α_i（$\alpha_i>0$）求其最大值。

式（9-5）分别对 $\boldsymbol{w}$、b 求偏导并令其等于 0，可以得到

$$\boldsymbol{w}=\sum_{i=1}^{n}\alpha_i y_i\boldsymbol{x}_i \tag{9-6}$$

$$\frac{\partial L}{\partial b}=0\Rightarrow\sum_{i=1}^{n}\alpha_i y_i=0 \tag{9-7}$$

用 Lagrange 乘子算法可以得到原问题式（9-5）的 Wolfe 对偶问题

最大化

$$L_D=\sum_{i=1}^{n}\alpha_i-\frac{1}{2}\sum_{i,j=1}^{n}\alpha_i\alpha_j y_i y_j\boldsymbol{x}_i\cdot\boldsymbol{x}_j \tag{9-8}$$

约束条件

$$\begin{aligned}&\sum_{i=1}^{n}\alpha_i y_i=0\\&\alpha_i\geqslant 0, i=1,2,\cdots,n\\&\alpha_i\{y_i[\boldsymbol{w}\cdot\boldsymbol{x}_i+b]-1\}=0\end{aligned} \tag{9-9}$$

从式（9-8）可以看到对偶问题的规模与输入样本的维数无关，这样就可以避免所谓的“维数灾难”问题。通常样本维数越高，样本分布越复杂，训练学习机也就要求有越多的样

本。支持向量机采用结构风险最小化准则，具有较好的推广能力，比一般学习机需要更少的训练样本。

求解上述对偶问题，得到最优的 Lagrange 乘子 α_i，不为 0 的 Lagrange 乘子所对应的训练样本称为支持向量（Support Vector，SV）。线性支持向量机的判决函数为

$$f(\boldsymbol{x})=\operatorname{sgn}\{(\boldsymbol{w}^*\cdot\boldsymbol{x})+b^*\}=\operatorname{sgn}\left\{\sum_{\boldsymbol{x}_i\in SV}\alpha_i^* y_i\boldsymbol{x}\cdot\boldsymbol{x}_i+b^*\right\} \tag{9-10}$$

对于样本不是线性可分的情况，在原问题中加入一个松弛项 ξ_i，最优超平面变为如下优化问题的求解

最小化

$$\frac{1}{2}\|\boldsymbol{w}\|^2+C\left[\sum_{i=1}^{n}\xi_i\right] \tag{9-11}$$

约束条件

$$y_i(\boldsymbol{w}\cdot\boldsymbol{x}_i+b)\geqslant 1-\xi_i \tag{9-12}$$

式中，$C>0$，是错分惩罚因子，其取值越大，对经验误差的惩罚也越大。采用和上面相同的方法，可得原问题的对偶问题如下

最大化

$$L_D=\sum_{i=1}^{n}\alpha_i-\frac{1}{2}\sum_{i,j=1}^{n}\alpha_i\alpha_j y_i y_j\boldsymbol{x}_i\cdot\boldsymbol{x}_j \tag{9-13}$$

约束条件

$$\begin{gathered}\sum_{i=1}^{n}\alpha_i y_i=0\\ 0\leqslant\alpha_i\leqslant C, i=1,2,\cdots,n\\ \alpha_i\{y_i[\boldsymbol{w}\cdot\boldsymbol{x}_i+b]-1-\xi_i\}=0\end{gathered} \tag{9-14}$$

求解式（9-13），得到最优分类决策函数为

$$f(\boldsymbol{x})=\operatorname{sgn}\{(\boldsymbol{w}^*\cdot\boldsymbol{x})+b^*\}=\operatorname{sgn}\left\{\sum_{\boldsymbol{x}_i\in SV}\alpha_i^* y_i\boldsymbol{x}\cdot\boldsymbol{x}_i+b^*\right\} \tag{9-15}$$

9.2.2 非线性支持向量机

如果要解决非线性分类的问题，可以用一个非线性函数把原始空间映射到另一个高维空间 $\mathbb{Z}$ 中，使原始问题在这个高维空间中线性可分，然后求解最优分类超平面。假设这个映射为

$$\boldsymbol{\Phi}:\ \mathbb{R}^d\mapsto\mathbb{Z} \tag{9-16}$$

从上面的分析可知，在训练过程式（9-13）和测试过程式（9-15）中，样本运算只涉及样本的点积运算。所以在空间 $\mathbb{Z}$ 中，支持向量机训练过程和测试过程也只取决于样本的点积运算，即 $\boldsymbol{\Phi}(\boldsymbol{x}_i)\cdot\boldsymbol{\Phi}(\boldsymbol{x}_j)$。

如果存在一个函数使得下式成立

$$k(\boldsymbol{x}_i,\boldsymbol{x}_j)=\boldsymbol{\Phi}(\boldsymbol{x}_i)\cdot\boldsymbol{\Phi}(\boldsymbol{x}_j) \tag{9-17}$$

那么就可以用这个函数来代替样本的点积运算，而不需要知道映射的具体形式。这个函数称为核函数。统计学习理论指出，满足 Mercer 定理的函数可以作为核函数。

将核函数代入对偶问题式（9-15）中的点积运算部分，则得到非线性的分类支持向量机

$$f(\boldsymbol{x})=\mathrm{sgn}\left\{\sum_{\boldsymbol{x}_i\in SV}\alpha_i^* y_i k(\boldsymbol{x},\boldsymbol{x}_i)+b^*\right\} \tag{9-18}$$

采用不同的函数作为内积的回旋$k(\boldsymbol{x},\boldsymbol{x}_i)$，可以构造实现输入空间中不同类型的非线性决策面的学习机器。

支持向量机常用的核函数有三种。

（1）多项式（polynomial）核函数。

$$k(\boldsymbol{x},\boldsymbol{x}_i)=\left[(\boldsymbol{x}\cdot\boldsymbol{x}_i)+1\right]^q \tag{9-19}$$

式中，q是多项式的阶数。

（2）径向基（RBF）核函数。

$$k(\boldsymbol{x},\boldsymbol{x}_i)=\exp\left\{-\frac{|\boldsymbol{x}-\boldsymbol{x}_i|}{\sigma^2}\right\} \tag{9-20}$$

σ为核函数的参数，用来控制核函数的宽度。

（3）Sigmoid 核函数。

$$k(\boldsymbol{x},\boldsymbol{x}_i)=\tanh(\nu(\boldsymbol{x}\cdot\boldsymbol{x}_i)+c) \tag{9-21}$$

9.2.3 SVM 多类分类算法

支持向量机方法是针对解决两类分类问题而提出的学习算法，不能直接用来解决多类分类问题。而在实际应用中，大多情况下需要实现多类模式识别。比较有效且常用的多类模式识别方法是：一对多（1-v-R，one-versus-reset）算法、一对一（one-against-one）算法、两类分类树（binary tree）和二进制纠错编码（error correcting codes）。

9.2.4 SVM 分类器的分类性能估计

在有监督学习中，对于类条件概率和先验概率均为已知的分类问题，当所采用的决策函数的类型确定时，该分类问题的错误率就是固定的。在分类器设计出来后，通常用错误率来衡量分类器性能的优劣。但对于实际问题，由于类条件概率和先验概率未知，对于特定的分类器，该分类问题的错误率也是未知的，这就需要对错误率进行估计。

通常是以分类器对测试样本分类错误率来对分类器性能进行评价的。严格来讲，这只能称为分类器的“样本错误率”。分类器错误率的偏差和方差分解是分析分类器分类性能的一种很有效的方法。下面介绍学习算法错误率的偏差和方差分解原理。

在一个样本集合U中，每个样本都由特征向量和类标组成

$$(\boldsymbol{x}_i,y_i),\ y_i\in\{-1,1\},\boldsymbol{x}_i\in\mathbb{R}^d,d\in\mathbb{N} \tag{9-22}$$

令$F(\boldsymbol{x},y)$为样本对$(\boldsymbol{x},y)$的联合概率分布函数。从U中按照分布$F(\boldsymbol{x},y)$独立地抽取n个样本构成训练样本集D。由于训练样本集D的构建具有随机性，因此D也可以被视为一个随机变量，令$E_D[\cdot]$是D的数学期望。

设L是学习算法，定义f_D是由学习算法L学习训练样本集D产生的分类器，f_D对样本$\boldsymbol{x}$的分类结果是t，即$f_D(\boldsymbol{x})=t$。令$L(y,t)$是0/1损失函数，那么当$t=y$时，$L(y,t)=0$；当$t\neq y$时，$L(y,t)=1$。给定一个测试样本$\boldsymbol{x}\in\mathbb{R}^d$，这个样本的类标服从条件概率分布函数$F(y|\boldsymbol{x})$。

令$E_y[\cdot]$是y的数学期望，学习算法预测一个样本的类标的期望风险（EL）与两个因素有关：一个是训练样本集的选择；另一个是被测样本对$(\boldsymbol{x},y)$的选择

$$\mathrm{EL}(\mathcal{L},\boldsymbol{x})=E_D[E_y[L(y,f_D(\boldsymbol{x}))]] \tag{9-23}$$

通过下面的分析，可以看到这个期望风险被可以分解成偏差和方差。

首先给出两个定义：最佳预测和主要预测。

（1）最佳预测：最佳预测就是使$E_y[L(y,t)]$最小的预测结果t_*：$t_*=\mathrm{argmin}_t\, E_y[L(y,t)]$。对于0/1损失函数，最佳预测就是样本$\boldsymbol{x}$最有可能的类标$t$。最佳预测$t_*$产生了另一个期望风险$N(\boldsymbol{x})=E[L(y,t_*)]$。

（2）主要预测：学习算法L学习不同训练样本集D可产生多个分类器，这些分类器对测试样本$\boldsymbol{x}$的预测可能并不完全相同。顾名思义，主要预测就是所有预测结果中占大多数的预测结果（类标）：$t_m=\mathrm{argmin}_{t'}\, E_D[L(f_D(\boldsymbol{x}),t')]$。

学习算法的偏差$B(\boldsymbol{x})$定义为主要预测和最佳预测之间的损失

$$B(\boldsymbol{x})=L(t_*,t_m) \tag{9-24}$$

对于0/1损失函数，偏差不是0就是1。偏差是学习算法的预测结果与目标之间的差别，是由学习算法的系统误差导致的。

方差就是主要预测和各个分类器的预测结果之间的损失的均值

$$V(\boldsymbol{x})=E_D[L(t_m,f_D(\boldsymbol{x}))] \tag{9-25}$$

用相同的学习算法、不同的训练样本训练得到的分类器对同样的测试样本集所做的测试结果是不同的，方差代表这个变化的大小。选择训练样本集的随机性导致了方差的产生。这里可以将方差分为有偏方差和无偏方差。有偏方差$V_b(\boldsymbol{x})$就是偏差$B(\boldsymbol{x})=1$时的方差，无偏方差$V_u(\boldsymbol{x})$是偏差$B(\boldsymbol{x})=0$时的方差。

在不考虑最佳预测t_*产生了期望风险$N(\boldsymbol{x})$的情况下，学习算法预测一个样本的类标的期望风险可以分解为

$$\mathrm{EL}(\mathcal{L},\boldsymbol{x})=B(\boldsymbol{x})+V_J(\boldsymbol{x}) \tag{9-26}$$

式中，$V_J(\boldsymbol{x})=V_u(\boldsymbol{x})-V_b(\boldsymbol{x})$，称为净方差。

在整个测试样本集中，式（9-26）可以推广为

$$E_{\boldsymbol{x}}[\mathrm{EL}(\mathcal{L},\boldsymbol{x})]=E_{\boldsymbol{x}}[B(\boldsymbol{x})]+E_{\boldsymbol{x}}[V_J(\boldsymbol{x})] \tag{9-27}$$

其中，$E_{\boldsymbol{x}}[\cdot]$表示对$\boldsymbol{x}$求均值。

9.3 浅层神经网络

9.3.1 神经网络概述

人工神经网络（Artificial Neural Networks，ANN）简称为神经网络（NNs），它是一种模仿动物神经网络行为特征，进行分布式并行信息处理的算法数学模型。

1）神经元的结构和工作方式

神经元由细胞体和突起两部分组成。细胞体由细胞核、细胞质及细胞膜构成。突起部分包括树突、轴突和突触。树突是神经元延伸到外部的纤维状结构，树突的作用是接收来自其

他神经元的刺激（输入信号），然后将刺激传送到细胞体中。轴突主要用来传送神经元的刺激，也称为神经纤维。突触是神经元之间相互连接的部位，同时传送神经元的刺激。髓鞘则是包在轴突外部的膜，用来保护轴突。神经元结构示意图如图 9-3 所示。

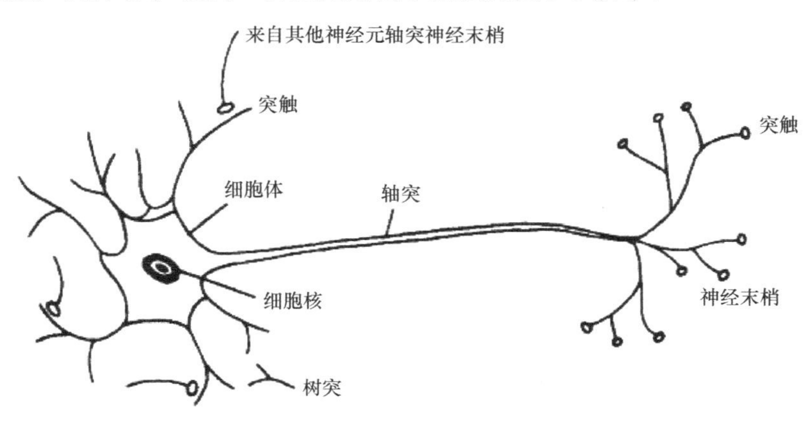

图 9-3　神经元结构示意图

神经元对外界刺激的响应是阈值型的非线性函数。外部的刺激是以电信号的形式作用于神经元的，如果电位的值没有超过一定的阈值，细胞就处在不兴奋的状态，称为静息状态。当外部的刺激使神经元的电位超过阈值时，神经元就开始兴奋。神经元在兴奋后又恢复到静息状态时，会有一定时间的不应期，也就是在一段时间内，即使神经元受到了新的刺激也不会产生兴奋。在度过不应期之后，当新的刺激来到并突破阈值时，神经元才会再度响应。由此可以看出，神经元的响应是非线性的过程，而且与刺激的强度和频度有关。

刺激在被神经元响应后经过轴突传送到其他神经元，在经过突触与其他神经元接触后，进入其他神经元的树突。单个神经元与成百上千个神经元的轴突相互连接，可以接收到很多树突发来的信息。很多神经元在按照这样的方式连接起来后，就可以处理一些外部对神经元的输入刺激了。

2）激活函数

受以上所述的神经元工作方式的启发，人工神经元的输入/输出关系为

$$y = f[\sum_{i=1}^{n} \omega_i x_i - \theta] \tag{9-28}$$

式中，x 为输入数据源，ω_i 为与各输入相对应的权值，θ 为该神经元的阈值，$f(\cdot)$ 为非线性的激活函数，y 为神经元的输出。一般神经网络的激活函数包含以下几种。

（1）开关特性激活函数。

具有开关特性的激活函数的数学表达式为

$$f(x) = \begin{cases} 1, & x \geqslant 0 \\ 0, & x < 0 \end{cases} \tag{9-29}$$

这是单极性的开关特性激活函数，与之相应，还有双极性的开关特性激活函数，即

$$f(x) = \begin{cases} 1, & x \geqslant 0 \\ -1, & x < 0 \end{cases} \tag{9-30}$$

图 9-4 所示为开关特性的激活函数的图像。图 9-3（a）所示为单极性开关特性的激活函

数的图像，图 9-3（b）所示为双极性开关特性的激活函数的图像。

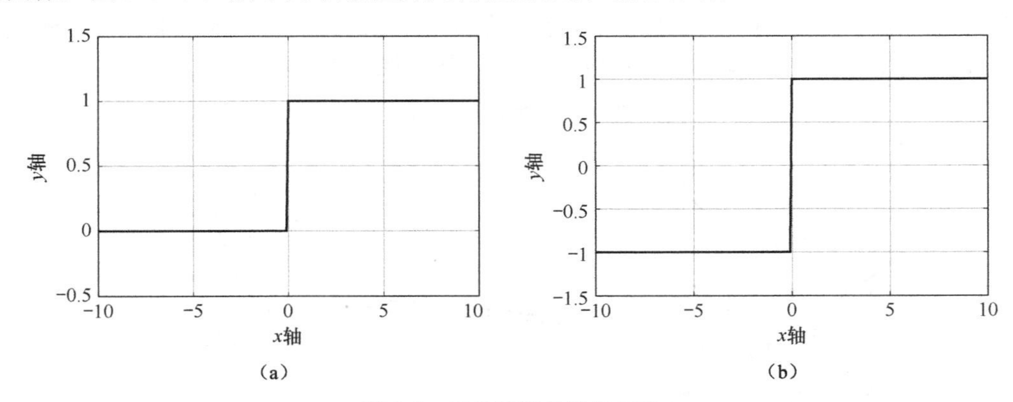

（a）　　（b）

图 9-4　开关特性的激活函数

（2）线性饱和特性的激活函数。

线性饱和特性的激活函数的数学表达式为

$$f(x)=\begin{cases}1, & x\geqslant 1\\ kx, & -1<x<1\\ -1, & x\leqslant -1\end{cases} \tag{9-31}$$

式中，k 为线性区的直线斜率，1、-1 为进入饱和区后的饱和值。线性饱和特性的激活函数的图像如图 9-5 所示。

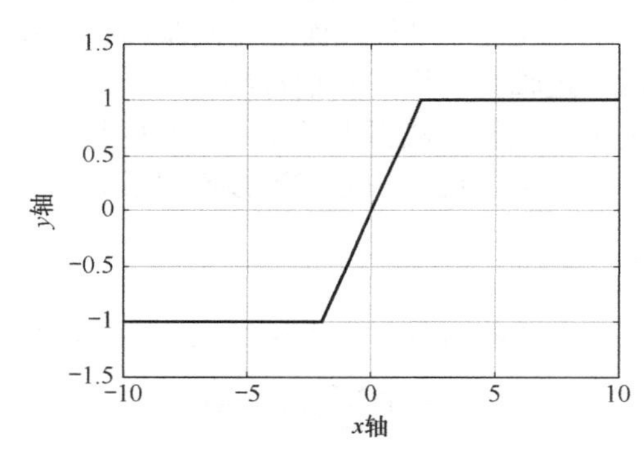

图 9-5　线性饱和特性的激活函数

（3）Sigmoid 型激活函数。

Sigmoid 型激活函数能够把输入的连续实值变换为 0 和 1 之间的输出，特别地，如果是非常大的负数，那么输出就是 0；如果是非常大的正数，那么输出就是 1，它的导数是非零的，并且很容易计算。

单极性 Sigmoid 型激活函数的数学表达式为

$$f(x)=\frac{1}{1+\mathrm{e}^{-x}} \tag{9-32}$$

其导数为

$$f'(x)=f(x)[1-f(x)] \tag{9-33}$$

双极性 Sigmoid 型激活函数的数学表达式为

$$f(x)=\frac{1-\mathrm{e}^{-x}}{1+\mathrm{e}^{-x}} \tag{9-34}$$

Sigmoid 型激活函数的图像如图 9-6 所示。图 9-6（a）所示为单极性 Sigmoid 型激活函数的图像，图 9-6（b）所示为双极性 Sigmoid 型激活函数的图像。

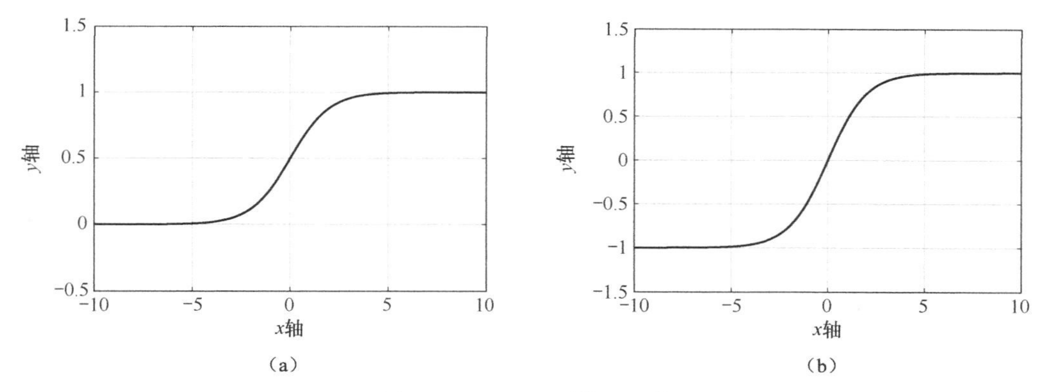

图 9-6　Sigmoid 型激活函数

9.3.2　BP 神经网络算法

BP（Back Propagation，反向传播）神经网络是 1986 年由以 Rumelhart 和 McCelland 为首的科学家小组提出的，是一种按误差逆传播算法训练的多层前馈网络，是应用最广泛的浅层神经网络模型之一。BP 网络能学习和存储大量的输入/输出模式映射关系，而无须事前揭示描述这种映射关系的数学方程。它的学习规则是使用最速下降法，通过反向传播来不断调整网络的权值和阈值，使网络的误差平方和最小。BP 神经网络模型包括输入层、隐含层和输出层，其标准拓扑形式如图 9-7 所示。

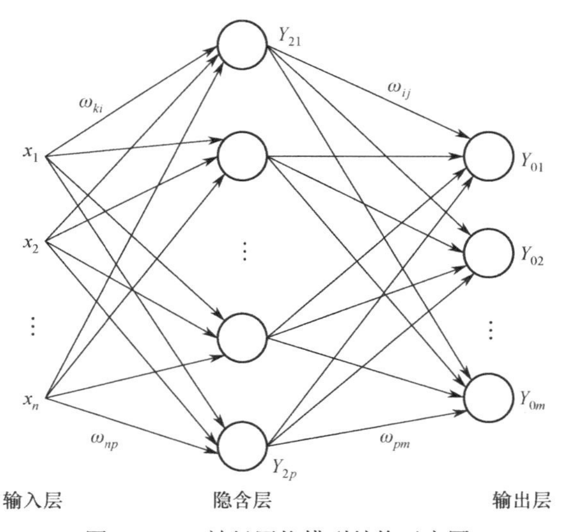

图 9-7　BP 神经网络模型结构示意图

其中，$x_1,x_2,\cdots,x_n$ 为输入样本的 n 维特征，$Y_{21},Y_{22},\cdots,Y_{2p}$ 为隐含层的输出，p 为隐含层的节点数，$Y_{01},Y_{02},\cdots,Y_{0m}$ 为输出层的输出，m 为输出层的维度，ω_{ki} 是样本第 k 维特征对第 i 个隐含

层节点的权值，ω_{ij} 是样本第 i 个隐含层节点对第 j 个输出层节点的权值。

BP 神经网络是一个反向传播的神经网络，误差从输出层向输入层反向传播，根据误差平方和（选定的误差函数）最小的准则，先调整输出层的权值，然后依次调整隐含层的权值。

（1）信息前向传播。

激活函数取 Sigmoid 型激活函数

$$f_{\text{sigmoid}}(x)=\frac{1}{1+\mathrm{e}^{-x}} \tag{9-35}$$

隐含层的输出

$$\begin{aligned} &Y_{2i}=f_{\text{sigmoid}}(\text{net}_i), i=1,2,\cdots,p \\ &\text{net}_i=\sum_{k=1}^{n}\omega_{ki}x_k-\theta_1, i=1,2,\cdots,p \end{aligned} \tag{9-36}$$

输出层的输出

$$Y_{0j}=\sum_{i=1}^{p}\omega_{ij}Y_{2i}-\theta_2, j=1,2,\cdots,m \tag{9-37}$$

（2）误差反向传播、更新权值和偏置。

选定误差函数为误差平方和

$$E=\sum e^2=\sum_{i=1}^{n}(h_i-r_i)^2, r_i=Y_{0j} \tag{9-38}$$

用随机梯度下降优化算法来求目标函数取最小值时的参数值，即目标函数为

$$\min_{\omega_i,\theta_i}(E)=\min_{\omega_i,\theta_i}(\sum e^2)=\min_{\omega_i,\theta_i}\left(\sum_{i=1}^{n}(h_i-r_i)^2\right) \tag{9-39}$$

权值的更新：$w_{l+1}=w_l+\eta\Delta\omega$，$\eta$ 为学习速率。

偏置的更新：$\theta_{l+1}=\theta_l+\Delta\theta$。

根据随机梯度下降优化算法，权值与偏置修正值沿负梯度方向正比于梯度

$$\begin{aligned} \Delta\omega&=-\frac{\partial E}{\partial\omega} \\ \Delta\theta&=-\frac{\partial E}{\partial\theta} \end{aligned} \tag{9-40}$$

隐含层到输出层权值的修正值

$$\Delta\omega_{ij}=-\frac{\partial E}{\partial\omega_{ij}}=-\frac{\partial E}{\partial Y_{0j}}\frac{\partial Y_{0j}}{\partial\omega_{ij}}=2(h_j-Y_{0j})Y_{2i} \tag{9-41}$$

推导如下

$$\begin{aligned} \frac{\partial E}{\partial Y_{0j}}&=\frac{\partial\left[\sum_{i=1}^{m}(h_i-Y_{0i})^2\right]}{\partial Y_{0j}}=-2(h_j-Y_{0j}) \\ \frac{\partial Y_{0j}}{\partial\omega_{ij}}&=\frac{\partial\left(\sum_{i=1}^{p}\omega_{ij}Y_{2i}\right)}{\partial\omega_{ij}}=Y_{2i} \end{aligned} \tag{9-42}$$

输入层到隐含层权值的修正值

$$\begin{aligned}\Delta\omega_{ki} &= -\frac{\partial E}{\partial \omega_{ki}} = -\frac{\partial E}{\partial \text{net}_i}\frac{\partial \text{net}_i}{\partial \omega_{ki}} \\ &= x_k \frac{d\left[f_{\text{sigmoid}}(\text{net}_i)\right]}{d(\text{net}_i)}\sum_{j=1}^{m}2(h_j - Y_{0j})\omega_{ij}\end{aligned} \tag{9-43}$$

推导如下：对于 ω_{ki}，首先需要定义隐含层节点 i 的所有直接下游节点的集合 $D(j)$。例如，对于节点 i 来说，它的直接下游节点是输出层的所有 m 个节点。可以看到 net_i 只能通过影响 $D(j)$ 来影响 E。设 net_j 是节点 i 的下游节点的输入，则 E 是 net_j 的函数，而 net_j 是 net_i 的函数。

上述网络只有三层，节点 i 的下游节点全是输出层节点，输出层节点没有使用 Sigmoid 型激活函数，而使用了恒等函数，其输出等于输入，所以此处 $\text{net}_j=Y_{0j}$。

Y_{0j} 有多个，应用全导数公式

$$\frac{\partial E}{\partial \text{net}_i} = \sum_{j=1}^{m}\frac{\partial E}{\partial Y_{0j}}\frac{Y_{0j}}{\partial \text{net}_i} \tag{9-44}$$

其中

$$\begin{aligned}\frac{\partial Y_{0j}}{\partial \text{net}_i} &= \frac{\partial Y_{0j}}{\partial Y_{2i}}\frac{\partial Y_{2i}}{\partial \text{net}_i} = \omega_{ij}\frac{d\left[f_{\text{sigmoid}}(\text{net}_i)\right]}{d(\text{net}_i)} \\ \frac{\partial \text{net}_i}{\partial \omega_{ki}} &= \frac{\partial\left(\sum_{k=1}^{n}\omega_{ki}x_k\right)}{\partial \omega_{ki}} = x_k\end{aligned} \tag{9-45}$$

隐含层到输出层偏置的修正值

$$\Delta\theta_2 = -\frac{\partial E}{\partial \theta_2} = -\frac{\partial E}{\partial Y_{0j}}\frac{\partial Y_{0j}}{\partial \theta_2} = -\left(-2(h_j - Y_{0j})\frac{\partial Y_{0j}}{\partial \theta_2}\right) = -2(h_j - Y_{0j}) \tag{9-46}$$

输入层到隐含层偏置的修正值

$$\Delta\theta_1 = -\frac{\partial E}{\partial \theta_1} = -\frac{\partial E}{\partial Y_{2i}}\frac{\partial Y_{2i}}{\partial \theta_1} = -2(h_j - Y_{0j})\frac{d\left[f_{\text{sigmoid}}(\text{net}_i)\right]}{d(\text{net}_i)}\sum_{j=1}^{m}\omega_{ij} \tag{9-47}$$

推导如下：同权值的更新一样，看到 Y_{2i} 只能通过影响 $D(j)$ 的输出 Y_{0j} 来影响 E

$$\frac{\partial E}{\partial Y_{2i}} = \frac{\partial E}{\partial Y_{0j}}\frac{\partial Y_{0\text{j}}}{\partial Y_{2i}} = -2(h_j - Y_{0j})\frac{\partial Y_{0j}}{\partial Y_{2i}} = -2(h_j - Y_{0j})\sum_{j=1}^{m}\omega_{ij} \tag{9-48}$$

$$\frac{\partial Y_{2i}}{\partial \theta_1} = \frac{\partial Y_{2i}}{\partial(\text{net}_i)}\frac{\partial(\text{net}_i)}{\partial \theta_1} = -\frac{d\left[f_{\text{sigmoid}}(\text{net}_i)\right]}{d(\text{net}_i)} \tag{9-49}$$

从上面的结果可以看出，权值的修正量包含三部分：学习调整速率、输出偏差及当前层的输入，这说明权值的修正充分考虑了信息在传播过程中的误差积累。另外，还可以看出权值的修正方向是负梯度方向，这保证了在整个调整过程中误差是逐步减小的。

BP 神经网络的算法流程如图 9-8 所示。

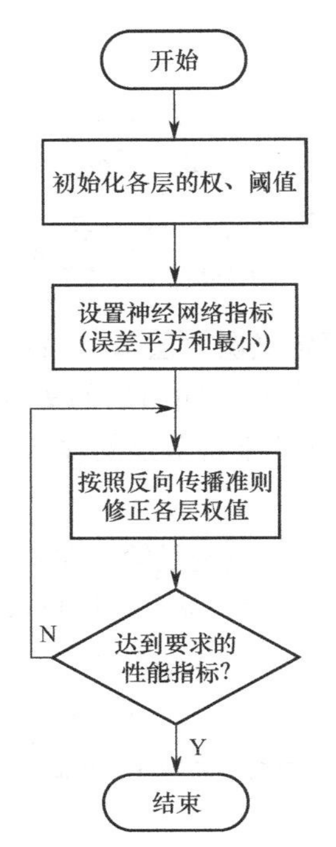

图 9-8　BP 神经网络的算法流程

9.4　深度学习神经网络

人工神经网络是模拟人脑的特点进行信息处理的一个重要的研究领域。深度学习的诞生，为人工神经网络的研究带来了新的突破。深度学习在降维、分类、自然语言处理、图像特征提取、语音识别及视频捕捉等领域都取得了巨大成功。深度学习理论打破了过去依赖于大量的先验知识与专家知识来设计特征提取方法和训练分类器的固定模式，通过多层网络对数据进行非线性变换，直接从原始数据中自动学习、定义和揭示潜在的类别信息，从数据中学习抗噪性和鲁棒性强的特征，提取数据的本质特征。本章将介绍典型的深度学习网络用于模式识别的原理和深度学习网络的基础模型，论述深度学习网络的训练与优化方法。

9.4.1　深度置信网络

9.4.1.1　深度置信网络基础模型——受限玻尔兹曼机

2006 年，Hinton 等人提出深度置信网络（Deep Belief Network，DBN），DBN 模型由受限玻尔兹曼机（Restricted Boltzmann Machine，RBM）堆叠在一起，通过逐层贪婪训练算法，每次只训练一层 RBM，然后对整个网络进行微调。

玻尔兹曼机（Boltzmann Machine，BM）是一种应用统计力学的随机神经网络。BM 包含一个可见层和一个隐含层，神经元间全连接，神经元的输出只有激活与未激活两种状态，分别用 1 和 0 表示。BM 有强大的无监督学习能力，但无法准确计算 BM 所表示的分布。研究人员通过限制层内的神经元之间的连接，引入了 RBM。在给定可见层单元状态时，隐含层单元的激活条件独立；反之，在给定隐含层单元状态时，可见层单元的激活条件独立。尽管 RBM

所表示的分布仍然无法有效计算，但通过吉布斯采样可以得到服从 RBM 所表示分布的随机样本。理论表明，RBM 在隐含单元数目足够的情况下能够拟合任意离散分布。Hinton 于 2002 年提出了称为对比散度（Contrastive Divergence，CD）的 RBM 快速学习算法之后，掀起了一波研究 RBM 的热潮。

本书将 DBN 学习到的特征定义为深度特征，将深度特征直接作为分类器的输入是深度网络应用于分类的一种非常重要的方法。学习过程中把所有的网络节点都视为有用的特征，虽然可以很好地表征输入数据，但可能并不适用于分类。有必要对学习到的特征进行分类性能评价，并优化选择，同时优化网络结构。

RBM 作为 DBN 的核心组件，在深度学习领域占据重要地位，下面首先介绍 RBM 的结构和训练算法。

1）受限玻尔兹曼机模型

RBM 是一个两层无向的概率图模型，由可见层和隐含层组成，层间全连接，层内无连接，网络结构如图 9-9 所示。

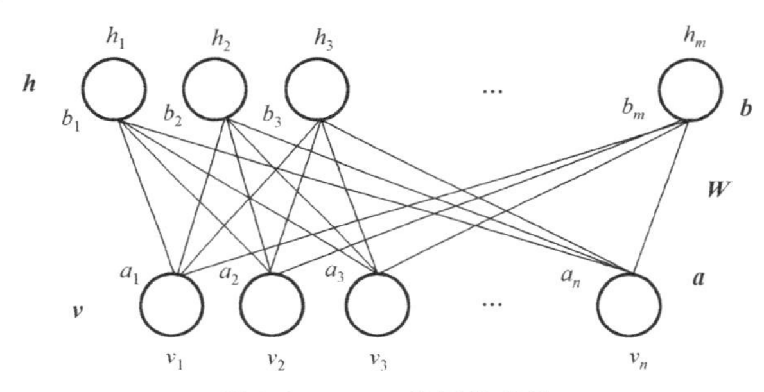

图 9-9　RBM 的网络结构

其中，可见层代表观测数据，隐含层代表学习到的特征。如果一个 RBM 有 n 个可见单元和 m 个隐含单元，那么可用向量 $\boldsymbol{v}=(v_1,v_2,\cdots,v_n)^{\mathrm{T}}$ 和 $\boldsymbol{h}=(h_1,h_2,\cdots,h_m)^{\mathrm{T}}$ 表示可见层和隐含层的状态，其中 v_i 表示可见单元 i 的状态，h_j 表示隐含单元 j 的状态，所有节点的联合分布均服从玻尔兹曼分布。

可以将 RBM 作为一种能量模型，并引入概率测度对能量模型进行求解。其能量函数为

$$E(\boldsymbol{v},\boldsymbol{h}\mid\theta)=-\sum_{i=1}^{n}a_i v_i-\sum_{j=1}^{m}b_j h_j-\sum_{i=1}^{n}\sum_{j=1}^{m}v_i W_{ij} h_j \tag{9-50}$$

记 $\theta=\{W_{ij},a_i,b_j\}$ 为 RBM 中的参数，W_{ij} 表示可见单元 i 与隐含单元 j 的连接权重，a_i 表示可见单元 i 的偏置，b_j 表示隐含单元 j 的偏置。

根据统计力学的基本结论，当系统与外界达到热平衡时，系统所处状态的概率［即 (v,h)］的概率分布为

$$P(P(\boldsymbol{v},\boldsymbol{h}\mid\theta)=\frac{\mathrm{e}^{-E(\boldsymbol{v},\boldsymbol{h}|\theta)}}{Z(\theta)}\boldsymbol{v},\boldsymbol{h}\mid\theta)=\frac{\mathrm{e}^{-E(\boldsymbol{v},\boldsymbol{h}|\theta)}}{Z(\theta)} \tag{9-51}$$

式中，$Z(\theta)=\sum_{\boldsymbol{v}}\sum_{\boldsymbol{h}}\mathrm{e}^{-E(\boldsymbol{v},\boldsymbol{h}|\theta)}$ 为配分函数，用来进行归一化。

然而在实际应用中，关心的是 $P(\boldsymbol{v},\boldsymbol{h}\mid\theta)$ 的边缘分布

$$P(\boldsymbol{v}\mid\theta)=\frac{1}{Z(\theta)}\sum_{\boldsymbol{h}}\mathrm{e}^{-E(\boldsymbol{v},\boldsymbol{h}|\theta)} \tag{9-52}$$

当给定可见层上所有神经元的状态时，隐含层上某个神经元被激活的概率为$P(h_j=1|\boldsymbol{v},\theta)$，根据贝叶斯公式和统计力学公式

$$P(h_j=1|\boldsymbol{v},\theta)=\sigma(b_j+\sum_i v_i W_{ij}) \tag{9-53}$$

其中，$\sigma(x)=\dfrac{1}{1+\mathrm{e}^{-x}}$。

同理，当给定隐含层上所有神经元的状态时，可见层上某个神经元被激活的概率为

$$P(v_i=1|\boldsymbol{h},\theta)=\sigma(a_i+\sum_j W_{ij}h_j) \tag{9-54}$$

2）高斯–伯努利受限玻尔兹曼机

RBM中的隐含单元和可见单元可以是任意的指数族单元，如softmax单元、高斯单元、泊松单元等。对于可见层是自然图像数据或语音数据的情况，可使用加入独立高斯噪声的线性单元代替原来的二值单元，即高斯–伯努利受限玻尔兹曼机（Gaussian-Bernoulli RBM，GB-RBM），其能量函数为

$$E(\boldsymbol{v},\boldsymbol{h}|\theta)=\sum_{i=1}^{n}\frac{(v_i-a_i)^2}{2}-\sum_{j=1}^{m}b_j h_j-\sum_{i=1}^{n}\sum_{j=1}^{m}v_i W_{ij}h_j \tag{9-55}$$

在已知可见层的状态时，隐含层各单元的激活函数仍为

$$P(h_j=1|\boldsymbol{v},\theta)=\sigma(b_j+\sum_i v_i W_{ij}) \tag{9-56}$$

而对于隐含层状态已知的情况，可见层各单元的激活函数为

$$P(v_i=1|\boldsymbol{h},\theta)=N(a_i+\sum_j W_{ij}h_j,1) \tag{9-57}$$

其中，$N(\mu,V)$表示均值为μ、方差为V的高斯分布。

3）受限玻尔兹曼机的训练

给定训练样本后，训练一个RBM意味着调整参数θ，以拟合给定的训练样本，使得在该参数下由响应RBM所表示的概率分布尽可能地与训练数据相符合。

假设训练样本集合为$S=\{v^1,v^2,\cdots,v^{n_s}\}$，其中$n_s$为训练样本的数目，$\boldsymbol{v}^i=(v_1{}^i,v_2{}^i,\cdots,v_m{}^i)^{\mathrm{T}}$（$i=1,2,\cdots,n_s$）是独立同分布样本。训练RBM的目标就是最大化如下的似然函数

$$L(\theta)=\prod_{i=1}^{n_s}P(v^i) \tag{9-58}$$

使用最大似然估计，即最大化

$$\ln L(\theta)=\ln\prod_{i=1}^{n_s}P(v^i|\theta)=\sum_{i=1}^{n_s}\ln P(v^i|\theta) \tag{9-59}$$

现在考虑单个样本的情况

$$\begin{aligned}\ln L(\theta)&=\ln P(\boldsymbol{v}|\theta)\\&=\ln\sum_{\boldsymbol{h}}P(\boldsymbol{v},\boldsymbol{h}|\theta)\\&=\ln\frac{\sum_{\boldsymbol{h}}\mathrm{e}^{-E(\boldsymbol{v},\boldsymbol{h}|\theta)}}{\sum_{\boldsymbol{v}}\sum_{\boldsymbol{h}}\mathrm{e}^{-E(\boldsymbol{v},\boldsymbol{h}|\theta)}}\\&=\ln\sum_{\boldsymbol{h}}\mathrm{e}^{-E(\boldsymbol{v},\boldsymbol{h}|\theta)}-\ln\sum_{\boldsymbol{v}}\sum_{\boldsymbol{h}}\mathrm{e}^{-E(\boldsymbol{v},\boldsymbol{h}|\theta)}\end{aligned} \tag{9-60}$$

可以使用随机梯度上升优化算法计算 $\ln L(\theta)$ 的最大值，梯度为

$$\begin{aligned}\frac{\partial \ln L(\theta)}{\partial \theta} &= \frac{\partial}{\partial \theta}\left(\ln \sum_{\boldsymbol{h}} \mathrm{e}^{-E(\boldsymbol{v},\boldsymbol{h}|\theta)} - \ln \sum_{\boldsymbol{v}} \sum_{\boldsymbol{h}} \mathrm{e}^{-E(\boldsymbol{v},\boldsymbol{h}|\theta)}\right) \\ &= \left\langle \frac{\partial(-E(\boldsymbol{v},\boldsymbol{h}\mid\theta))}{\partial \theta} \right\rangle_{P(\boldsymbol{h}|\boldsymbol{v},\theta)} - \left\langle \frac{\partial(-E(\boldsymbol{v},\boldsymbol{h}\mid\theta))}{\partial \theta} \right\rangle_{P(\boldsymbol{v},\boldsymbol{h}|\theta)}\end{aligned} \tag{9-61}$$

式中，$\langle\cdot\rangle_P$ 表示求分布 P 的数学期望。

分别用 data 和 model 表示 $P(\boldsymbol{h}\mid\boldsymbol{v},\theta)$ 和 $P(\boldsymbol{v},\boldsymbol{h}\mid\theta)$ 两个概率分布，通过式（9-62）来更新网络参数

$$\begin{aligned}\frac{\partial \ln P(\boldsymbol{v}\mid\theta)}{\partial W_{ij}} &= \langle v_i h_j \rangle_{\text{data}} - \langle v_i h_j \rangle_{\text{model}} \\ \frac{\partial \ln P(\boldsymbol{v}\mid\theta)}{\partial a_i} &= \langle v_i \rangle_{\text{data}} - \langle v_i \rangle_{\text{model}} \\ \frac{\partial \ln P(\boldsymbol{v}\mid\theta)}{\partial b_j} &= \langle h_j \rangle_{\text{data}} - \langle h_j \rangle_{\text{model}}\end{aligned} \tag{9-62}$$

$P(\boldsymbol{h}\mid\boldsymbol{v},\theta)$ 表示在可见单元为已知的训练样本 $\boldsymbol{v}$ 时隐含层的概率分布，计算较容易。$P(\boldsymbol{h}\mid\boldsymbol{v},\theta)$ 表示可见单元与隐含单元的联合分布。可以使用吉布斯采样方法得到服从 RBM 定义的分布的随机样本，但是利用吉布斯采样方法求最佳联合概率时的收敛速度很难保证，因为需要经过许多步的状态转移才能保证采集到的样本符合目标分布。那么以训练样本作为起点，这些状态只需要很少的状态转移就可以抵达 RBM 的分布了，即 CD 算法。CD 算法的主要步骤如表 9-1 所示。

尽管 CD 算法是针对可见单元和隐含单元为二值的情况，但很容易推广到可见单元为高斯变量、可见单元和隐含单元均为高斯变量等其他情况。

表 9-1　CD 算法的主要步骤

输入：训练样本 x；隐含层单元个数 m；学习速率 η；最大训练周期 T
输出：连接权重 $\boldsymbol{W}$、可见层的偏置向量 $\boldsymbol{a}$、隐含层的偏置向量 $\boldsymbol{b}$
初始化：令可见层单元的初始状态 $v^{(1)} = \boldsymbol{x}$；随机初始化 $\boldsymbol{W}$、$\boldsymbol{a}$ 和 $\boldsymbol{b}$
for $t=1,2,\cdots,T$
for $j=1,2,\cdots,m$
　　计算 $P(h_j^{(1)}=1\mid v^{(1)})$
　　从条件分布 $P(h_j^{(1)}\mid v^{(1)})$ 中抽取 $h_j^{(1)}\in\{0,1\}$
end
for $i=1,2,\cdots,n$
　　计算 $P(v_i^{(2)}=1\mid h^{(1)})$
　　从条件分布 $P(v_i^{(2)}\mid h^{(1)})$ 中抽取 $v_i^{(2)}\in\{0,1\}$
end
for $j=1,2,\cdots,m$
　　计算 $P(h_j^{(2)}=1\mid v^{(2)})$
end
按下式更新各参数
　$\boldsymbol{W}=\boldsymbol{W}+\eta[P(h^{(1)}\mid v^{(1)})v^{(1)}-P(h^{(2)}\mid v^{(2)})v^{(2)}]$;
　$\boldsymbol{a}=\boldsymbol{a}+\eta(v^{(1)}-v^{(2)})$;
　$\boldsymbol{b}=\boldsymbol{b}+\eta[P(h^{(1)}\mid v^{(1)})-P(h^{(2)}\mid v^{(2)})]$;
end

9.4.1.2 深度置信网络

DBN 采用若干 RBM 级联的方式逐层贪婪训练，DBN 的结构如图 9-10 所示。

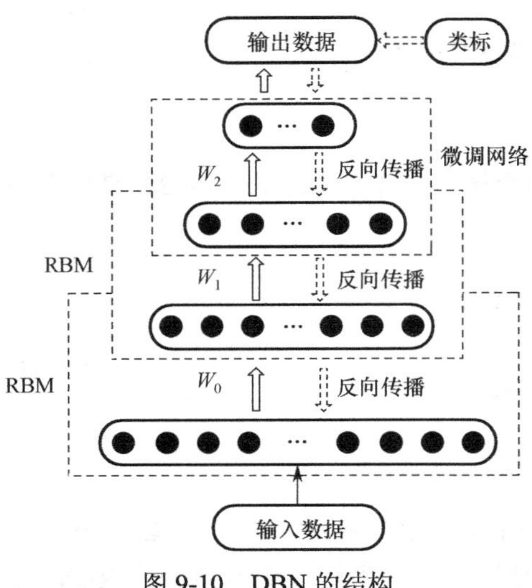

图 9-10 DBN 的结构

低层的 RBM 接收原始特征向量，随着数据自底向上的传播，逐渐由具体的特征转化为抽象的特征，形成更易于分类的组合特征。使用各层单独无监督训练所得到的权重初始化深度网络的权重，然后对整个网络进行有监督“微调”。

1）深度置信网络的训练

DBN 主要分以下两步进行训练。

第一步，采用若干 RBM 级联的方式无监督地逐层贪婪训练，每次只训练一个 RBM。首先训练一个只含一个隐含层的网络，即第一个 RBM，当这层 RBM 训练结束之后才开始训练下一层。输入层是原始输入数据，低一层 RBM 抽取的特征作为高一层 RBM 的输入，高一层特征是对低一层特征的更加抽象的表达。在确保特征向量映射到不同特征空间的同时，尽可能多地保留特征信息。

第二步，设置微调网络，接收 RBM 的输出参数作为它的初始化参数，有监督地训练分类器。第一步是前向传播，将输入特征向量沿输入端传播至输出端；第二步是反向传播，将误差从输出端反向传播至输入端，微调整个 DBN。

逐层训练 RBM 模型的过程可以被视为对一个微调网络参数进行初始化，使得 DBN 克服了随机初始化权值参数而容易陷入局部最优和随着网络层数加深而出现的梯度扩散的缺点。

2）深度置信网络用于分类识别

深度置信网络用于分类识别有多种方式，可以将 DBN 作为一个深度特征提取器，再结合其他常用的分类算法进行分类识别，也可以在 DBN 高层用 softmax 输出层直接进行分类识别。

9.4.2 深度卷积神经网络

9.4.2.1 深度卷积神经网络的框架结构

深度卷积神经网络 CNN 由输入层、卷积层、池化层、全连接层和输出层组成。通过增加卷积层和池化层，可以得到更深层次的网络，全连接层也可以采用多层结构。

1）卷积层计算

卷积层是 CNN 中最重要的组成部分之一，CNN 中的卷积操作的数学表达式为

$$x_j^{(l)} = f\left(\sum_{i\in M} x_i^{(l-1)} * k_{ij}^{(l)} + b_j^{(l)}\right), j \in G \tag{9-63}$$

式中，$x_j^{(l)}$ 代表第 l 层卷积层的第 j 个特征映射图，且第 l 层卷积层共有 G 个特征映射图；$x_i^{(l-1)}$ 代表第 $l-1$ 层卷积层的第 i 个特征映射图，且第 $l-1$ 层卷积层共有 M 个特征映射图；$k_{ij}^{(l)}$ 代表第 l 层卷积层使用的第 j 个卷积核，$b_j^{(l)}$ 代表偏置项，$*$ 表示卷积操作，$f(\cdot)$ 表示激活函数，通

常在 CNN 中采用 ReLU 激活函数 $f(x)=\max(0,x)$。在实际的应用实践中，还会进行一些如补零、跨步长等其他附加操作。

每个卷积层都由一组卷积核与该层卷积层的输入采用局部连接和权值共享的方式进行卷积操作，得到一组特征映射图，通过卷积操作提取输入数据中的特征，卷积层的计算示意图如图 9-11 所示。卷积层中的局部连接和权值共享机制一方面有利于提取输入数据中更小的特征模式，另一方面还大大减少了网络的参数数量。

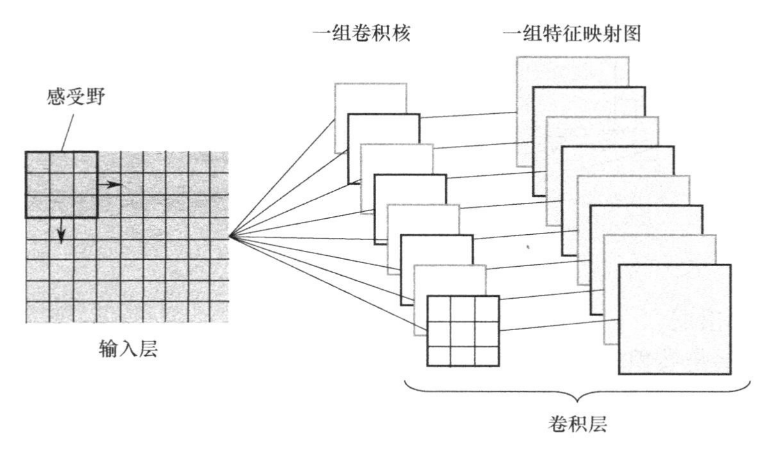

图 9-11　卷积层的计算示意图

感受野的大小表示卷积核相对原始输入数据的感受范围大小，由于卷积层采用局部连接的方式进行卷积，因此每个卷积核的感受野只是输入数据的局部。图 9-11 中对原始输入数据进行卷积的第一层卷积核的尺寸为 3×3，因此该层卷积层的感受野大小为 3×3。随着卷积层数的增加，特征映射图越来越小，相同尺寸的卷积核对应的感受野将会越来越大。感受野范围从小到大的变化反映了 CNN 网络特征提取过程中由局部到全局的分层机制。

2）池化层计算

卷积网络中一般会在每个卷积层后加上一个池化层。池化操作的计算方法有很多种，其中常用的两种池化操作是如图 9-12 所示的最大池化（Max Pooling）和平均池化（Average Pooling），图中用不同的颜色表示大小为 2×2 的池化核和 2×2 的步长。但是，无论采用何种池化操作，当输入数据像素有少量平移时，池化操作的输出并不会发生太大的变化，这就是卷积网络的局部平移不变性。当算法只关注某个特征出现与否而不关注它出现的具体位置时，局部平移不变性是一条非常重要的性质。

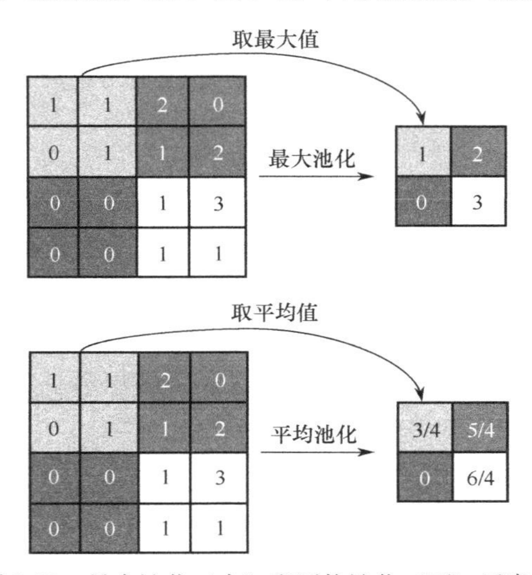

图 9-12　最大池化（上）和平均池化（下）示意图

3）全连接层

全连接层通常在网络末端用于分类任务。与池化和卷积不同，它是全局操作。它从前一层获取输入，并全局分析所有前一层的输出，将选定特征进行非线性组合，用于数据分类。

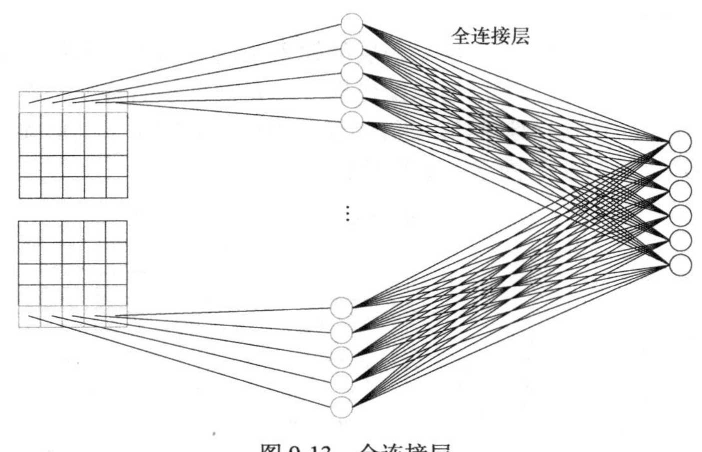

图 9-13　全连接层

4）softmax 输出层

softmax 输出层是卷积神经网络的最后一层，是卷积神经网络的输出层。对于分类问题，输出层的神经元数量一般被设定为类别的数量。

5）全连接层与 softmax 输出层前向传播

全连接层的前向传播算法逻辑

$$\boldsymbol{a}^l=\sigma(\boldsymbol{z}^l)=\sigma(\boldsymbol{W}^l\boldsymbol{a}^{l-1}+\boldsymbol{b}^l) \tag{9-64}$$

激活函数一般是 Sigmoid 或者 tanh。经过了若干全连接层之后，最后一层为 softmax 输出层。输出层和普通的全连接层的唯一区别是：激活函数是 softmax 函数。这里需要定义的 CNN 模型参数是激活函数与全连接层的各层神经元的个数。

9.4.2.2　反向传播

1）卷积层反向传播

对于卷积层的反向传播，首先列出卷积层的前向传播公式

$$\boldsymbol{a}^l=\sigma(\boldsymbol{z}^l)=\sigma(\boldsymbol{a}^{l-1}*\boldsymbol{W}^l+\boldsymbol{b}^l) \tag{9-65}$$

$\boldsymbol{\delta}^l$ 和 $\boldsymbol{\delta}^{l-1}$ 的关系为

$$\boldsymbol{\delta}^l=\frac{\partial J(\boldsymbol{W},\boldsymbol{b})}{\partial \boldsymbol{z}^l}=(\frac{\partial \boldsymbol{z}^{l+1}}{\partial \boldsymbol{z}^l})^{\mathrm{T}}\frac{\partial J(\boldsymbol{W},\boldsymbol{b})}{\partial \boldsymbol{z}^{l+1}}=(\frac{\partial \boldsymbol{z}^{l+1}}{\partial \boldsymbol{z}^l})^{\mathrm{T}}\boldsymbol{\delta}^{l+1} \tag{9-66}$$

$\boldsymbol{z}^l$ 和 $\boldsymbol{z}^{l-1}$ 的关系为

$$\boldsymbol{z}^l=\boldsymbol{a}^{l-1}*\boldsymbol{W}^l+\boldsymbol{b}^l=\sigma(\boldsymbol{z}^{l-1})*\boldsymbol{W}^l+\boldsymbol{b}^l \tag{9-67}$$

因此

$$\boldsymbol{\delta}^{l-1}=(\frac{\partial \boldsymbol{z}^l}{\partial \boldsymbol{z}^{l-1}})^{\mathrm{T}}\boldsymbol{\delta}^l=\boldsymbol{\delta}^l*\mathrm{rot180}(\boldsymbol{W}^l)\odot\sigma'(\boldsymbol{z}^{l-1}) \tag{9-68}$$

在求导含有卷积的式子时，卷积核被旋转了 180°。

卷积层的 $\boldsymbol{W}$、$\boldsymbol{b}$ 的梯度求解如下。卷积层 $\boldsymbol{z}$ 和 $\boldsymbol{W}$、$\boldsymbol{b}$ 的关系为

$$\boldsymbol{z}^l=\boldsymbol{W}^l\boldsymbol{a}^{l-1}+\boldsymbol{b}^l \tag{9-69}$$

$$\frac{\partial J(\boldsymbol{W},\boldsymbol{b})}{\partial \boldsymbol{W}^{l}}=\boldsymbol{a}^{l-1}*\boldsymbol{\delta}^{l} \tag{9-70}$$

b 的梯度表示为

$$\frac{\partial J(\boldsymbol{W},\boldsymbol{b})}{\partial \boldsymbol{b}^{l}}=\sum_{u,v}(\boldsymbol{\delta}^{l})_{u,v} \tag{9-71}$$

2）池化层反向传播

在前向传播算法时，池化层一般用最大值或者平均值对输入进行池化。在反向传播时，首先把 $\boldsymbol{\delta}^{l}$ 的所有子矩阵的矩阵大小还原成池化之前的大小。如果是最大值，则把 $\boldsymbol{\delta}^{l}$ 的所有子矩阵的各个池化局域的值放在之前做前向传播算法时所得到的最大值的位置。如果是平均值，则把 $\boldsymbol{\delta}^{l}$ 的所有子矩阵的各个池化局域的值取平均后放在还原后的子矩阵位置。这个过程叫作上采样。

这样得到了上一层 $\dfrac{\partial J(\boldsymbol{W},\boldsymbol{b})}{\partial \boldsymbol{a}_{k}^{l-1}}$ 的值，即得到 $\boldsymbol{\delta}^{l-1}$

$$\boldsymbol{\delta}_{k}^{l-1}=(\frac{\partial \boldsymbol{a}_{k}^{l-1}}{\partial \boldsymbol{z}_{k}^{l-1}})^{\mathrm{T}}\frac{\partial J(\boldsymbol{W},\boldsymbol{b})}{\partial \boldsymbol{a}_{k}^{l-1}}=\mathrm{upsample}(\boldsymbol{\delta}_{k}^{l})\odot\sigma'(\boldsymbol{z}_{k}^{l-1}) \tag{9-72}$$

池化层并没有 $\boldsymbol{W}$、$\boldsymbol{b}$，也不用求 $\boldsymbol{W}$、$\boldsymbol{b}$ 的梯度。

3）全连接层与 softmax 输出层反向传播

首先是输出层 L 层，输出层的 $\boldsymbol{W}$、$\boldsymbol{b}$ 满足

$$\boldsymbol{a}^{L}=\sigma(\boldsymbol{z}^{L})=\sigma(\boldsymbol{W}^{L}\boldsymbol{a}^{L-1}+\boldsymbol{b}^{L}) \tag{9-73}$$

输出层 $\boldsymbol{W}$、$\boldsymbol{b}$ 表示为

$$\frac{\partial J(\boldsymbol{W},\boldsymbol{b})}{\partial \boldsymbol{W}^{L}}=\frac{\partial J(\boldsymbol{W},\boldsymbol{b})}{\partial \boldsymbol{z}^{L}}\frac{\partial \boldsymbol{z}^{L}}{\partial \boldsymbol{W}^{L}}=[(\boldsymbol{a}^{L}-y)\odot\sigma'(\boldsymbol{z}^{L})](\boldsymbol{a}^{L-1})^{\mathrm{T}} \tag{9-74}$$

$$\frac{\partial J(\boldsymbol{W},\boldsymbol{b})}{\partial \boldsymbol{b}^{L}}=\frac{\partial J(\boldsymbol{W},\boldsymbol{b})}{\partial \boldsymbol{z}^{L}}\frac{\partial \boldsymbol{z}^{L}}{\partial \boldsymbol{b}^{L}}=(\boldsymbol{a}^{L}-y)\odot\sigma'(\boldsymbol{z}^{L}) \tag{9-75}$$

这里的 $\odot$ 指 Hadamard 积。

第 $L-1$ 层的梯度误差可以表示为

$$\boldsymbol{\delta}^{L-1}=\frac{\partial J(\boldsymbol{W},\boldsymbol{b})}{\partial \boldsymbol{z}^{L-1}}=(\frac{\partial \boldsymbol{z}^{L}}{\partial \boldsymbol{z}^{L-1}})^{\mathrm{T}}\frac{\partial J(\boldsymbol{W},\boldsymbol{b})}{\partial \boldsymbol{z}^{L}} \tag{9-76}$$

依此类推，第 l 层的梯度误差为

$$\boldsymbol{\delta}^{l}=\frac{\partial J(\boldsymbol{W},\boldsymbol{b})}{\partial \boldsymbol{z}^{l}}=(\frac{\partial \boldsymbol{z}^{L}}{\partial \boldsymbol{z}^{L-1}}\frac{\partial \boldsymbol{z}^{L-1}}{\partial \boldsymbol{z}^{L-2}}\cdots\frac{\partial \boldsymbol{z}^{l+1}}{\partial \boldsymbol{z}^{l}})^{\mathrm{T}}\frac{\partial J(\boldsymbol{W},\boldsymbol{b})}{\partial \boldsymbol{z}^{L}} \tag{9-77}$$

则第 l 层的 $\boldsymbol{W}$、$\boldsymbol{b}$ 的梯度为

$$\frac{\partial J(\boldsymbol{W},\boldsymbol{b})}{\partial \boldsymbol{W}^{l}}=\boldsymbol{\delta}^{l}(\boldsymbol{a}^{l-1})^{\mathrm{T}} \tag{9-78}$$

$$\frac{\partial J(\boldsymbol{W},\boldsymbol{b})}{\partial \boldsymbol{b}^{l}}=\boldsymbol{\delta}^{l} \tag{9-79}$$

9.5　本章小结

本章论述了基于机器学习的振动信号识别原理，论述了通用机器学习算法，包括支持向量机、浅层神经网络、深度学习神经网络，详细论述了将各种方法用于模式识别的原理和方法。

第 10 章　基于机器学习的机械故障诊断

10.1　机械故障诊断

机械故障诊断是一种掌握机器在运行过程中健康状态的技术。机械故障诊断技术可以用于判断机器整体或局部是否健康、早期发现故障及其原因和预报故障发展趋势等。常用的机械故障诊断方法有油液监测、振动监测、噪声监测、性能趋势分析和无损探伤等。

10.1.1　建立机械故障诊断需求

机械故障诊断在机械运行与维护的决策中起着至关重要的作用。为了能有效地评价机器的健康状态，需要明确机器可能发生的故障，从而设计相应的诊断程序。因此，在开展机器状态监测和故障诊断前，需要调查并掌握有关机器的详细情况。

建立机器的状态监测和诊断需求的流程如图 10-1 所示。流程图呈 V 字形，给出了高度关注点（维护：机器状态、风险评估等）和一般性关注点（测量：周期性监测、数据处理等）。左侧分支是机器状态监测和诊断程序的设计阶段，列出了在开展机器状态监测和故障诊断前需要调查的机器的有关数据；右侧分支是机器状态监测和诊断程序的使用阶段，给出了在调查清楚机器情况后要采取的监测与诊断措施。V 形图的左右两个分支还有相互对应的 6 层，每层分别对应设计阶段（左）和使用阶段（右）的相应任务。

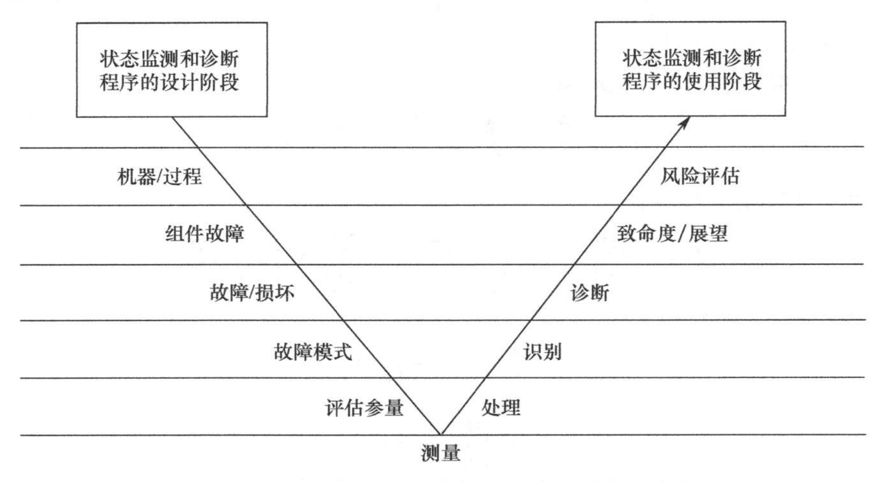

图 10-1　建立机器的状态监测和诊断需求的流程

10.1.2　机械故障诊断调查的步骤

机械故障诊断调查的一般步骤如下。

1）对机器的可用性、可维护性、健康临界性进行分析；

2）列出机器的主要组件及其功能；

3）分析组件故障模式及其原因；

4）临界性表达，考虑重要性（安全、可用性、维护成本、生产质量）和突发性；

5）确定哪些故障可以被检测到并被诊断；

6）分析在哪些运行状态下可以更好地观察不同的故障，并给出参考状态；

7）确定可用于评价和诊断机器状态的症状表现；

8）列出评估（识别）不同症状的评估参量；

9）确定必要的测量值和传感器，由此得到或计算评估参量。

步骤 1）、2）、3）和 4）可以用于机器的维护与优化，如故障模式及其影响分析（Failure Modes and Effects Analysis，FMEA）、故障模式影响及其临界性分析（Failure Modes Effects and Criticality Analysis，FMECA）和可靠性维护（Reliability-Centred Maintenance，RCM）。故障模式症状分析（Failure Mode Symptoms Analysis，FMSA）可遵循 3）、4）、5）、6）、7）、8）和 9）中所给出的步骤。

10.1.3　故障模式症状分析

故障模式症状分析的目的是帮助选择监控技术和策略，最大限度地提高诊断和预测的置信度。故障模式症状分析是旨在帮助机器使用者选择具有最大灵敏度的特定症状的监测技术。

故障模式症状分析的基本内容如下：

1）列出所涉及的组件；

2）列出每个组件可能的故障模式；

3）列出每种故障模式的影响；

4）列出每种故障模式的原因；

5）列出每种故障模式产生的症状；

6）列出合适的监测技术；

7）列出预计的监测频率；

8）根据可检测性、严重程度、诊断置信度和预测置信度对每种故障模式进行排序，得到监测优先级（Monitoring Priority Number，MPN）。

故障模式症状分析所面临的最大困难在于如何准确地定义故障模式、结果和原因，这是因为故障模式、结果和原因之间有可能存在重叠。故障模式是故障的定义，如弯曲、腐蚀等。其中腐蚀在某种情况下是故障源，在另一种情况下是故障模式。因此，在一个确定的故障诊断流程中，应避免产生概念上的混叠。使用下述方法可以帮助避免此类问题。

1）故障模式会因某种故障原因而产生结果；

2）故障模式会产生症状，在给定的监测频率下，最优的监测技术能检测到这些症状，并具有较高的诊断和预测置信度；

3）在给定的监测频率下，使用可以提高诊断和预测置信度的相关技术。

10.1.4　评级指南

故障模式的可检测性、预测的准确性和严重程度等都可以用相应指标进行评价。如果用户在所有指标的分析中使用一致的评级，那么越高的风险类别会反映越高的 MPN。

1. 可检测性评级（Rating detection，DET）

故障的表现千差万别，大致可以归为以下几种：

1）产生可察觉但不可重复的症状；

2）产生无法察觉的症状；

3）产生实际无法衡量的症状；

4）产生可能被其他故障模式症状掩盖的症状。

可检测性评级是对各种故障的检测难易度的一种度量，旨在突出故障模式的可检测性。可检测性等级分为 1 级到 5 级，用于反映故障模式的整体可检测性，不考虑诊断或预测的准确性。这 5 个等级的含义如表 10-1 所示。

表 10-1　DET 评估等级含义

级　别	含　义
1	检测到这种故障模式的可能性很小
2	检测到这种故障模式的可能性较小
3	检测到这种故障模式的可能性中等
4	检测到这种故障模式的可能性很大
5	几乎可以肯定，这种故障模式将被检测到

2. 故障严重性（Severity of failure，SEV）

该评级建立在所有过往的 FMECA 分析结果基础之上，按风险的高低对单个故障模式进行评级，等级划分为 1 级到 4 级，其中不同等级的含义如表 10-2 所示。

表 10-2　SEV 评估等级含义

级　别	含　义
1	可能导致系统性能和功能退化，对系统或其环境造成可忽略不计的损害，且不会对人身造成伤害的任何事件
2	任何降低系统性能的事件，对系统或人身都无明显损害
3	任何可能导致主要系统功能丧失的事件，对该系统或其环境造成重大损害，对人身的危害可以忽略不计
4	任何可能导致主系统功能丧失的事件，对系统或其环境造成重大损害，甚至会造成人身伤害

3. 诊断置信度（Diagnosis confidence，DGN）

诊断置信度的级别也分为 1 级到 5 级，此评级旨在识别以下故障模式：

1）可察觉但不重复的症状；

2）未知的症状；

3）无法与其他故障模式症状区别的症状。

DGN 评估等级含义如表 10-3 所示。

表 10-3　DGN 评估等级含义

级　别	含　义
1	该故障模式诊断准确的可能性很小
2	该故障模式诊断准确的可能性较小

（续表）

级　别	含　义
3	该故障模式诊断准确的可能性中等
4	该故障模式诊断准确的可能性很大
5	几乎可以肯定，此故障模式诊断将准确无误

4. 预测置信度（Prognosis confidence，PGN）

预测置信度的级别也分为 1 级到 5 级，此评级旨在识别以下故障模式：

1）可检测但不重复的症状；

2）随退化变化不敏感的症状；

3）未知的症状；

4）无法与其他故障模式症状区别的症状。

PGN 评估等级含义如表 10-4 所示。

表 10-4　PGN 评估等级含义

级　别	含　义
1	该故障模式的预测是准确的可能性很小
2	该故障模式的预测是准确的可能性较小
3	该故障模式的预测是准确的可能性中等
4	该故障模式的预测是准确的可能性很大
5	几乎可以肯定，此故障模式预测将准确无误

监测的频率对预期预测的准确性有影响，监测频率越高，预测的置信度越高。

5. 监测优先级（Monitoring Priority Number，MPN）

该评级是前面 4 种评级的综合应用，是对每种故障模式的综合评价。MPN 值越高，表明所选技术越适合相关故障模式的检测、诊断和预测。值得注意的是，MPN 值低并不意味着没有必要进行监测，而是指对应的监测技术与频率对故障的可检测性、诊断和预测的置信度较低。危害最高的故障模式是其危害严重程度高，但是可检测性低、诊断置信度低、预测置信度低的故障模式。危害最低的故障模式是其严重程度较低，易于检测，并具有已知的故障模式和相关模式，因此具有较高的诊断和预测置信度。因此，在实施故障模式症状分析审查和监测系统设计时，应考虑：

1）每种故障模式的安全风险；

2）每种故障模式的预期恶化率；

3）每种故障模式的故障之间的平均时间；

4）辅助/后续故障模式；

5）故障模式相互关系；

6）所需维护交货时间；

7）备件的可用性；

8）所需的可靠性和可用性。

当机器被重新安装或经过维修时，应重新评估。

10.1.5 用于诊断的数据与信息

1. 状态监测数据

1）原始测量数据。

用于状态监测的所有原始测量数据都可被用于诊断。但是评估参量比原始测量数据更适用于故障诊断，因为评估参量对故障有更细致的选择性的描述。例如，表 10-5 给出了一组可用于机器状态监测和诊断的各种测量参数。

表 10-5 用于监测和诊断的测量参数示例

性能	机械	电气	油分析、产品质量等
功耗	热膨胀位置	电压	油分析
效率	液位	电阻	铁光成像
温度	温度	电感	磨损
压力	振动位移	红外热	碎片分析
红外热成像	红外热成像	电容	产品尺寸
	振动速度	磁场	产品物理特性
	振动加速度	绝缘电阻	产品化学特性
	声音噪声	部分放电	颜色
	超声波		视觉方面
			气味
			其他无损测试

2）评估参量。

评估参量可以直接从状态监测系统获得，也可以在将测量结果进行处理后获得。评估参量对故障的针对性越强，对症状的描述就越准确，因此越容易借助它做出正确的诊断。同一个症状可能是由几个故障引起的，评估参量的针对性缩小了从症状推断故障时的范围。

3）症状。

症状常用以下术语表示。

—时间特征：评估参量演变的时间常数；

—评估类型和幅度变化；

—评估参量；

—位置，机器上可观察到症状的位置；

—状态，出现症状时的工作状态。

在明确一个故障的症状时，应注意避免出现两种或几种高度相关的症状，因为高度相关的评估值是冗余的。

4）故障。

故障可以用以下术语来表示。

—机器的名称或标识符；

—出现故障的机器组件名称或组件标识符；

—机器部件的退化类型（强制性）；

—严重程度，代表退化或故障模式的程度。

5）操作参数。

操作参数通常用于诊断。它们用于建立一些评估参量和建立出现症状的操作条件（环境）。

在确定操作参数时要谨慎，当它本身是评估参量或参加了评估参量的计算时，该参数可用于故障诊断；而当它仅描述操作条件时，则不能作为评估参量。例如，涡轮机体温度是一个监测和诊断机体状态的评估参量，但当它是轴承的一种工作条件时，则不能作为轴承故障的评估参量。

2. 机器数据

机器故障诊断需要知道机器的特定数据，如：

—对于振动，需要知道有关机器部件的运动数据，如转速、齿轮的齿数、滚动轴承的特征频率等；

—对于油分析，需要知道机器的油路、流量、金属成分、钳工配置和细度等数据；

—对于热成像，需要知道机器表面的红外发射率等。

—要注意区分计算评估参量的原始测量数据和机器数据。机器数据通常记录在机器文件中，在确定评估参量时，最好在诊断要求中记录与状态监测相关的机器数据。

3. 机器历史记录

机器故障的发生不仅与机器操作有关，而且与机器的维护有关。在检修或维护等特殊情况下也可能出现故障。因此，记录机器的故障历史、操作历史和维护历史是很重要的。

10.1.6　机器故障诊断方法

1. 故障诊断方法分类

通常人们在对机器进行常规检测、常规分析、随机分析的过程中或仅通过人的感知发现机器的异常时，才会开展故障诊断。这种检测是通过比较机器的当前评估参量和参考值（通常称为基线值或基线数据）进行的，这些参考值是从过往经验、制造商的技术参数、调试实验或统计数据（如长期平均值）中获得的。在进行机器故障诊断时，要知晓机器正常工作状态的参考值。

主要有两种方法可以被用来诊断机器的状况。

1）数据驱动方法。

包括趋势分析、神经网络、模式识别、统计分析、帕累托图方法或其他数值方法。这些方法通常是自动化的，不需要深入了解故障启动和传播的机制，但是需要根据大量的历史故障观测数据对算法进行训练。

2）基于知识的方法。

它依赖于对故障及其症状的明确表达，例如，故障模型、正常模型或情况表达。

这些方法的原理相互交叉，通常可以融合几种方法提出解决方案。为了达到建模与故障诊断的目的，需要定义“观察规范”。这个规范规定了一套操作步骤来描述和解释从原始测量数据中观察的现象。这个规范需要不同层次的细节，比如观察模型应该如何处理参数演化、形状、时间相关信息、层次和相关性的描述。

2. 故障诊断方法选择的一般准则

选择适当的故障诊断方法（参见图 10-2）要考虑以下因素：

1）应用程序或设备；

2）诊断方法的最终用户；

3）监测技术；

4）要建模的知识的复杂性；

5）需要有一个解释的模式；

6）需要对模型进行再培训；

7）已知故障和正常操作的现有数据的可用性。

注意，在开始设计故障诊断方法时，需先根据软件和硬件配置，确定在线故障诊断和离线故障诊断的任务；在任务确定以后，再决定如何组合在线和离线故障诊断的方法。

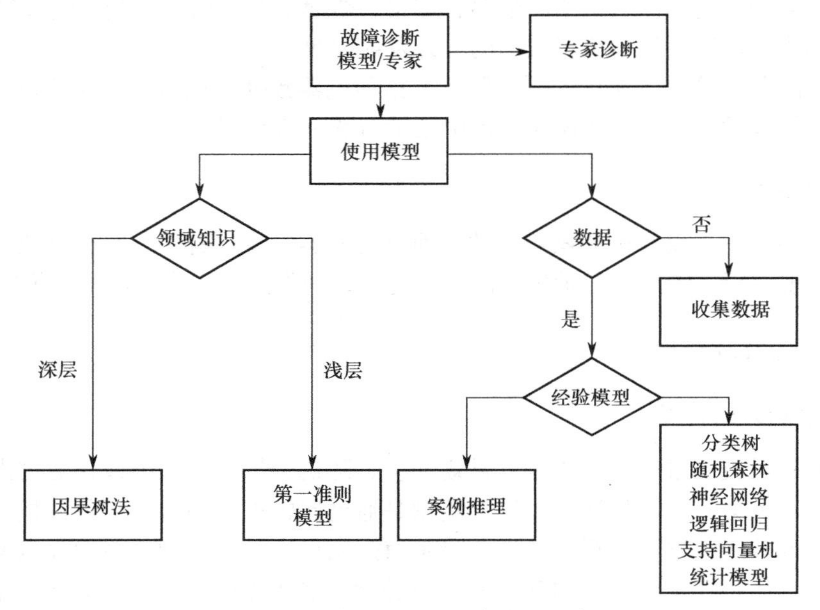

图 10-2 选择适当的故障诊断方法

3. 数据驱动方法

本节介绍几种常见的数据驱动方法：统计数据分析和基于案例的推理、神经网络、决策树、随机森林、逻辑回归、支持向量机。

数据驱动方法的基本原理是：使用一个模型来分类机器的各种工作状态，如正常、故障一、故障二等。利用每种状态的历史数据训练分类模型，然后用训练好的模型分类新获取的数据。

1）数据清理和重新采样。

为了构建一个强大的模型，首先要收集涵盖系统预期运行的所有操作条件及需要的数据，这些数据是已收集和存储的历史数据，事实上，由于存在插值错误、随机数据错误、数据丢失等可能的异常，收集到的数据可能并不总是能够表示真正的机器状态，因此应始终对数据进行检查和及时更新。

（1）插值错误。

使用历史数据进行模型训练时，通常遇到训练数据与实际数据不对应的问题。受存储空间等因素的限制，并不是所有数据都会被存储下来，只有那些变化幅度超过指定容差的数据会被存储。此方法需要的存储空间小得多，但会导致数据失真。在从历史存储数据中恢复数据时，常采用简单的线性插值来计算记录的数据点之间的值。计算得到的数据是离散时间序列，传感器之间的相关性可能会被严重改变。综上，训练模型的数据应该是实际数据，以减小训练误差。

（2）数据质量问题。

几个比较常见的数据质量问题是：数据缺失、噪声数据、故障传感器采集的数据、未校准传感器采集的数据、不合理的异常数据值等。这些数据质量问题大多数可以被直观地识别，也可以由数据清洗程序检测到。清洗数据很重要，因为在训练集中添加错误数据可能会导致模型无效。

（3）数据重采样。

实际应用过程中，常常需要重新采样数据来训练模型。因此，需要用由所选操作模式决定的较低速率重新采样数据。例如，在稳态运行下，每 10min 采集一个样本。

2）数据驱动方法分类。

下面首先讨论几种数据驱动方法的特性，并给出建立模型的指导原则。

与基于知识的诊断方法相比，数据驱动方法的优点是不需要对机器有深入的理解就能进行诊断。此外，它们对数据变量的格式没有限制，可以是逻辑符（如开或关）、类别（如机器状态，如“预热”“正常运行”“最大功率”“空转”）或连续值（如感知温度、压力、速度）。

在使用基于数据驱动的模型之前，必须经过学习、校准和可能的调优阶段。如果设备或其使用环境发生重大变化或遇到新的情况，则要重复上述阶段。建立模型需要大量的已识别的故障样本和非故障样本。基于数据驱动的模型计算量较大，不易于训练。

（1）统计数据分析和基于案例的推理。

其原则是判断观察的案例与已知案例之间的相似性（设备目前的状况与其他情况相似）。

可使用基本的观测数据（单维或多维数据、趋势数据、模式等）或处理过的数据（聚合为症状）来描述故障。

此方法通常对比数据库中的一个案例或一组案例，这些案例与诊断的案例非常相似。这些模型需要基于良好反馈的学习阶段，即几个描述良好的案例。

构建该模型，第一步是选择用于描述案例的数据；第二步选择相似性或关系指标（通常称为距离）和分类机制，以计算案例之间的相似性；最后，用已知案例训练模型，并对模型进行迭代调优。

（2）神经网络。

神经网络（也称为人工神经网络）是一种非线性统计数据模型，可用于对复杂关系进行建模。神经网络是许多基本处理器（神经元）的关联。神经网络利用正常和故障数据训练模型的内部权重，在模型的输入与输出之间建立关系。给训练好的模型输入新数据就可以产生与机器操作状态相关的输出（与训练数据一致）。

（3）决策树。

一般地，一棵决策树包含一个根节点、若干内部节点和若干叶节点；叶节点对应决策结果，其他每个节点则对应一个属性测试；每个节点包含的样本集合根据属性测试的结果被划分到子节点中；根节点包含样本全集。从根节点到每个叶节点的路径对应一个判定测试序列。决策树学习的目的是产生一棵泛化能力强，即处理未见示例能力强的决策树，其基本流程遵循简单且直观的“分而治之”（Divide-and-Conquer）策略。

（4）随机森林。

随机森林（Random Forest，RF）是 Bagging 的扩展变体。RF 在以决策树为基学习器构建 Bagging 集成的基础上，进一步在决策树的训练过程中引入了随机属性选择。具体来说，传统决策树在选择划分属性时在当前节点的属性集合（假定有 d 个属性）中选择一个最优属性；而在 RF 中，对基决策树的每个节点，先从该节点的属性集合中随机选择一个包含 k 个属性的子集，然后从这个子集中选择一个最优属性用于划分。这里的参数 k 控制了随机性的引入程度：若令 $k=d$，则基决策树的构建与传统决策树相同；若令 $k=1$，则随机选择一个属性用于划分；一般情况下，推荐 $k=\log_2 d$。

（5）逻辑回归。

逻辑回归（Logistic Regression，LR）利用 Logistic 函数对一组变量 x_i 与期望值 $E(y_i)$ 之间的关系进行建模。LR 模型可以表示为

$$E(y)=\frac{\exp(\alpha+\beta x)}{1+\exp(\alpha+\beta x)}$$

转换后，它变为

$$\ln\left(\frac{E(y)}{1-E(y)}\right)=\alpha+\beta x$$

Logistic 模型输出（预期条件均值，$E(y_i)$）在 0 和 1 之间。需要选择适当的阈值来将逻辑回归输出转换为二元决策。因此，在多故障模式的情况下，有必要使用一系列模型，通常使用一个监督模型分类正常或异常行为，以及一个模型集合分类“故障 1”或所有其他故障中的一个，“故障 2”或所有其他故障，等等。

（6）支持向量机。

支持向量机（Support Vector Machine，SVM）算法将输入特征数据集非线性地映射到高维空间，然后在高维空间中构造线性分类器来分类数据。SVM 适用于训练样本为小样本的情况，但 SVM 从原理上适用于二分类问题，对于多分类问题（如多故障分类问题），需要采用分类器集成方法。

4. 基于知识的故障诊断方法

该方法基于故障/症状关系的挖掘，由于故障和症状之间的关系是关联的，因此被称为关联知识模型。诊断活动由不同的任务产生，每个任务都致力于特定的方面。下面列出并解释主要任务。图 10-3 展示了故障/症状关联方法的各个阶段。

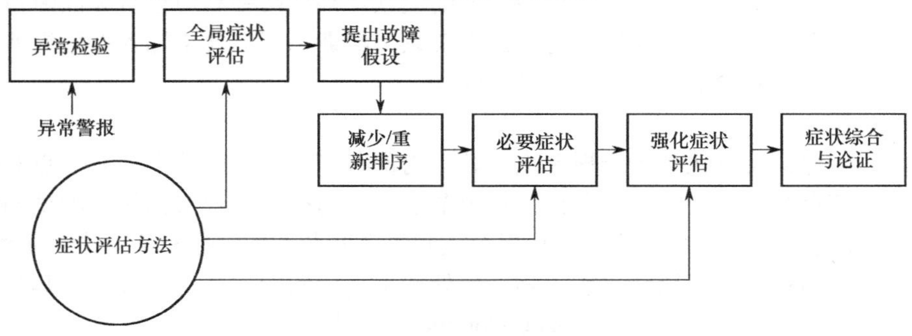

图 10-3　故障诊断方法

在以下两种情况下开始故障诊断：（1）出现异常或报警；（2）怀疑出现异常，需对机器状态进行评估。

1）基于知识的故障诊断步骤。

—异常验证，异常可以是：评估参量异常、达不到报警水平的数据异常变化、可感知的机器变化（噪声、气味、温度、湿度、泄露等）。异常验证包括数据验证，如测量的合理性、与其他测量的相关性、报警标准检查、传感器验证等。

—全局症状评估，此步骤旨在实现故障假设的产生。评估一小组症状，将部分症状进行组合，这样一小组症状能够描述故障，这些症状称为全局症状，并可用指定的方法进行评估。

—生成故障列表，一旦确定了全局症状，就可使用全局症状/故障关联来生成故障假设列表。

—确定假设故障。第 1 步，减少/重新排序故障假设列表。第 2 步，评价假设故障，如果该故障的全局症状存在，则故障假设成立，否则，故障假设不成立。

—诊断综合和论证，这是诊断过程中的最后一步。目的是总结已完成的诊断。在正式诊断报告中应包括的要素有：触发诊断的异常现象、已验证的全局症状、排除的故障、已验证的故障及其各自的概率。诊断报告还应给出机器维护的建议。

2）因果树诊断法。

当需要深入分析故障产生及故障传播的机理时，可以使用因果树诊断法。在进行故障诊断的过程中，因果树诊断法根据一系列已经存在的故障模式来确定根本原因。

因果树对以下知识进行了建模：

—根本原因是“引发了一种或多种故障模式”；

—故障模式之间的关系可以用“影响因子”或“启动因子”来描述；

—故障模式症状可以是“引发故障”、“影响其他故障模式”或“没有影响”。

图 10-4 给出了用于诊断的因果树结构示例。图中的连接可以是：原因和结果之间的时间延迟值、原因产生某结果的概率值等。要建立一个完整因果树模型是很困难的，因为故障与症状之间的联系及产生故障的根本原因并不总是明确的。

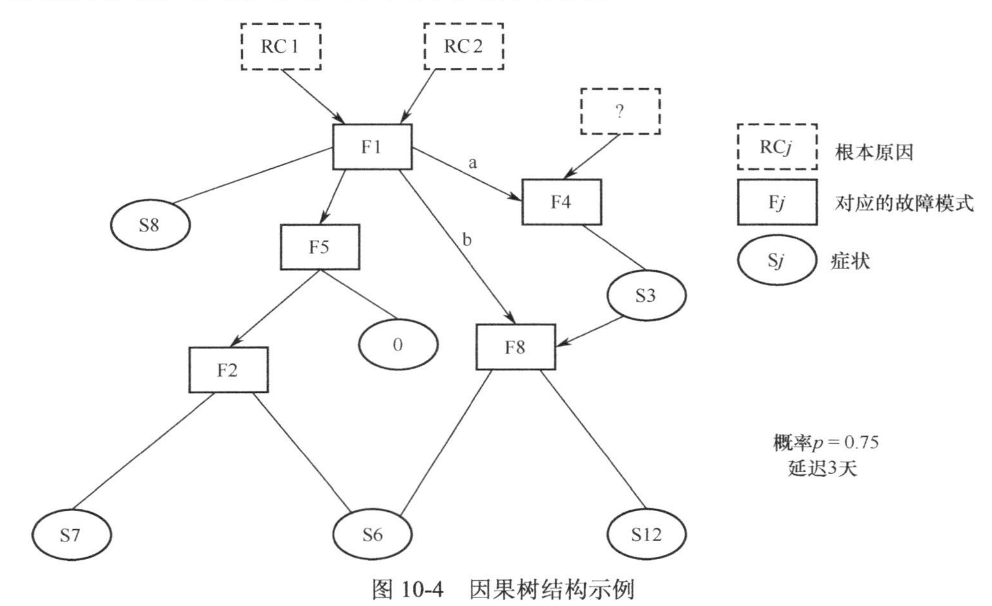

图 10-4　因果树结构示例

通常，使用逻辑求解方法时要利用此类模型：从实际观测开始，运行模型以识别可能的原因；然后，通过将实际观测结果与模型预测进行比较，得出其预期后果及其发生确认或拒绝的结论。然后重复此过程，直到确定主要原因。

10.2 滚动轴承概述

10.2.1 轴承的分类

轴承是当代机械设备中一种重要的零部件，其作用是支撑与固定轴。轴承分类多样，根据其运动形式可分为：滑动轴承、关节轴承、滚动轴承。图 10-5 所示为滑动轴承。

滑动轴承不分内外圈，也没有滚动体，一般由耐磨材料制成，常用于低速、轻载及加注润滑油及维护困难的机械转动部位。轴被轴承支承的部分被称为轴颈，与轴颈相配的零件被称为轴瓦。为了改善轴瓦表面的摩擦性质而在其内表面上浇铸的减摩材料层被称为轴承衬。轴瓦和轴承衬的材料统称为滑动轴承材料。滑动轴承一般应用在高速轻载工况条件下。

如图 10-6 所示，关节轴承是一种球面滑动轴承，其滑动接触表面是一个内球面和一个外球面，运动时可以在任意角度旋转摆动。

图 10-5 滑动轴承

图 10-6 关节轴承

滚动轴承是将运转的轴与轴座之间的滑动摩擦变为滚动摩擦，从而减小摩擦损失的一种精密的机械元件。按滚动体的形状可分为球轴承和滚子轴承，滚子轴承按滚子的种类可分为圆柱滚子轴承、滚针轴承、圆锥滚子轴承和调心滚子轴承。

10.2.2 滚动轴承的基本结构

在各类轴承中，滚动轴承是应用范围最广、工况最复杂的轴承零件之一。滚动轴承的基本结构主要包括内圈、外圈、滚动体和保持架 4 部分，如图 10-7 所示，外圈的作用是固定在轴承座上，轴承座起支承作用；内圈的作用是与轴相配合，跟随轴一起旋转；保持架的作用是使滚动体均匀分布，引导滚动体旋转；滚动体是轴承的核心结构，其主要是做纯滚动运动，以减小轴承与轴之间的摩擦力。

滚动轴承的结构参数如图 10-8 所示，一般认为轴承外圈固定不动，轴承结构参数包括内圈直径 H、外圈直径 h、厚度 b、滚动体数目 N_m、滚动体直径 D_d、轴承节圆直径 d_m、内圈随配合轴转动的频率 f_r、轴承滚子接触角 α。

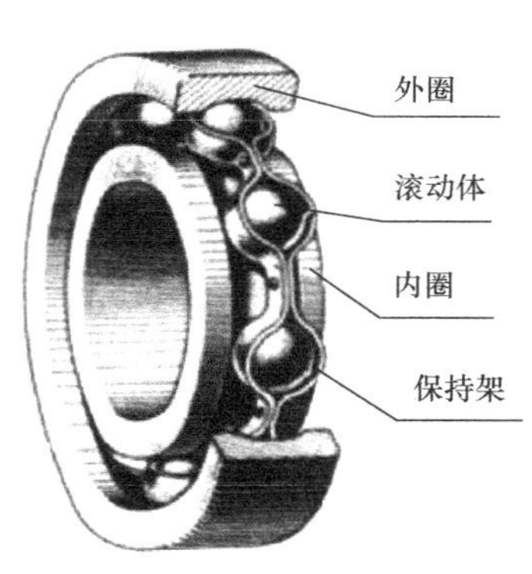

图 10-7 滚动轴承的基本结构

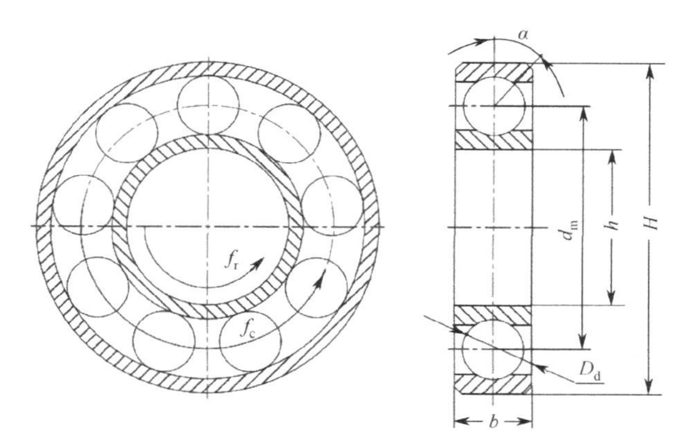

图 10-8 滚动轴承的结构参数

10.2.3 滚动轴承的主要振动来源

实际工程应用中，由轴承及其基座或外壳组成的系统产生振动的原因主要有两个方面。其一是轴承自身结构、加工装配误差及故障损伤等内在因素引起的激励；其二是转轴上其他机械部件运动等外在因素引起的激励。振动诊断法中传感器采集的振动信号是内在因素、外在因素对整个系统共同作用的结果。在故障检测诊断过程中，我们较关心的是故障损伤所引起的振动，因此有必要分析内在因素激励下轴承振动信号的特征。

1. 轴承自身结构引起的振动

当滚动轴承运行时，滚动体同时在内圈、外圈凹槽滚道上转动，即使在加工装配无误的情况下，由于滚动体分布于滚道上，受到的载荷一直在变化，并且受载滚动体的数量也不同，因此轴承的整体刚度发生变化，激励了轴承的振动。当轴承以恒定转速运行时，由自身结构引发的振动具有确定性。在一定的固有频率范围内的振动，一般被视为正常振动。

内圈、外圈的固有频率：滚动轴承的内圈和外圈振动是其固有属性，因此其固有频率也最明显。利用简化模型，通过推导公式，可得出内圈、外圈的固有振动频率的简化的近似公式

$$f_{\mathrm{n}}=\frac{T(T^2-1)}{2\pi\sqrt{T^2+1}}\times\frac{4}{d^2}\sqrt{\frac{EIg}{\gamma A}} \tag{10-1}$$

式中，T 为振动阶数，振动阶数的取值为大于或等于 2 的整数；E 为弹性模量；I 为套圈横截面的惯性矩；γ 为材料的密度；A 为套圈的横截面积；d 为套圈横截面的中性轴直径；g 为重力加速度。

滚动轴承大多使用钢材制作而成，查弹性模量表可得钢材的弹性模量为 $210\,\mathrm{GPa}$，钢材的单位密度为 $7.86\times10^{-5}\mathrm{kg/mm^3}$，重力加速度为 $9.8\mathrm{m/s^2}$，将钢材的已知参数代入式（10-1），经公式简化可得

$$f_{\mathrm{n}}=9.4\times10^4\times\frac{h}{b^2}\times\frac{T(T^2-1)}{\sqrt{T^2+1}} \tag{10-2}$$

同理，可得滚动体的固有频率的计算公式为

$$f_{\mathrm{nb}}=\frac{0.848}{D}\sqrt{\frac{E}{2\gamma}} \tag{10-3}$$

式中，E为弹性模量；D为滚动体的直径。将已知数值代入式（10-3），可求得滚动体的固有频率。

2. 加工装配误差引起的振动

在加工制造滚动轴承时会留有表面波纹等，此外轴承各元件在装配过程中难免出现形位误差或装配误差。在轴承运行过程中，上述因素所引起的交变激力一般具有周期特性，但是实际的构成较为复杂，各因素间的联系也是不确定的。因此，在这些因素的共同作用下轴承系统产生的振动十分复杂，振动信号含有多种频率分量，随机性较强。

3. 轴承故障引起的振动

在滚动轴承的工作过程中，当轴承的各个零件经过轴承内表面的故障损伤点时会发生相互撞击，从而形成一系列脉冲波，并且伴随周期性，一般来说，把这种波称为冲击脉冲波，把其频率称为故障特征频率，也称为轴承的通过振动频率。这个频率比较低且很有规律性，可以根据轴承的一些参数求取。

对于不同的轴承元件，在发生故障时，其特殊的振动频率是不同的。轴承故障特征频率的计算公式如下。

内圈故障特征频率

$$f_{\mathrm{BPFI}}=\frac{N_{\mathrm{m}}f_{\mathrm{r}}}{2}\left(1+\frac{D_{\mathrm{d}}}{d_{\mathrm{m}}}\cos\alpha\right) \tag{10-4}$$

外圈故障特征频率

$$f_{\mathrm{BPFO}}=\frac{N_{\mathrm{m}}f_{\mathrm{r}}}{2}\left(1-\frac{D_{\mathrm{d}}}{d_{\mathrm{m}}}\cos\alpha\right) \tag{10-5}$$

滚动体故障特征频率

$$f_{\mathrm{BSF}}=\frac{d_{\mathrm{m}}f_{\mathrm{r}}}{2D_{\mathrm{d}}}\left[1-\left(\frac{D_{\mathrm{d}}}{d_{\mathrm{m}}}\right)^{2}(\cos\alpha)^{2}\right] \tag{10-6}$$

保持架故障特征频率

$$f_{\mathrm{FTF}}=\frac{f_{\mathrm{r}}}{2}\left(1-\frac{D_{\mathrm{d}}}{d_{\mathrm{m}}}\cos\alpha\right) \tag{10-7}$$

滚动轴承发生损伤的点不同，其故障特征频率也不同，需要利用相应的公式通过计算才能得到。在实际应用过程中，无法得到精确的轴承故障特征频率，因为轴承的安装、尺寸误差等因素会使滚动体做非纯滚动运动，所以频谱图的峰值频率与理论计算值之间存在一定误差。

在第 4 章中已经介绍过使用的美国凯斯西储大学的轴承数据，其实验所用各轴承的参数在表 10-6 中给出。

表 10-6 凯斯西储大学的轴承数据

	滚珠个数	轴承节径/mm	滚珠直径/mm	接触角/°	外圈直径/mm	内圈直径/mm	厚度/mm
驱动端轴承	9	39.04	7.94	0	52	25	15
风扇端轴承	8	28.5	6.75	0	40	17	12

使用公式计算得到的轴承故障特征频率如表 10-7 所示

表 10-7　轴承故障特征频率（Hz）

	内圈	外圈	保持架	滚动体
驱动端	162.18	107.36	11.93	141.17
风扇端	148.17	91.43	11.43	119.36

10.3　轴承振动信号特性

本节利用第 4 章介绍的轴承数据来分析轴承振动特性，进而实现故障诊断。本节使用的是驱动端轴承振动数据，采样频率为 12kHz，在 0 载荷下采集，轴承故障点的大小为 0.007 英寸（1 英寸=2.54cm），故障类型分别是内圈故障、滚子故障、外圈@6:00 故障、外圈@3:00 故障和外圈@12:00 故障。

10.3.1　时域特性

对振动信号在时间域上进行处理、推断和分析，可以得到振动信号的时域特性，这些特性能够反映轴承的运行状况，在一定程度上可以用来辨别轴承是否异常。

信号的时域处理方法包括计算时域信号的统计学参量，如峰值、均值、方差、均方值等，还包括估计时域信号的概率密度函数、对时域信号进行自相关分析、求取自相关函数等。

10.3.1.1　时域统计特性

故障轴承在运行时的振动与正常轴承的振动有很大差别，这些差别导致很多故障轴承振动信号的统计学参量与正常轴承振动信号的统计学参量在取值范围上存在很大差别，参见表 10-8。依据这些差别，可以判定轴承是否存在故障，也有可能简单判断出轴承的故障类别。

表 10-8　轴承信号时域统计特性

	峰值/mm	倍数	均值/mm	倍数	方差/mm	倍数	均方值/mm	倍数
正常	0.5979	1	0.0123	1	0.0052	1	0.0729	1
内圈故障	3.1092	5	0.0135	1	0.0847	16	0.2914	3
滚子故障	1.1991	2	0.0127	1	0.0192	3	0.1391	1
外圈@6:00 故障	7.0391	11	0.0233	1	0.4474	86	0.6693	9
外圈@3:00 故障	6.4401	10	0.0072	0	0.5912	113	0.7689	10
外圈@12:00 故障	3.4537	5	0.0111	0	0.0560	10	0.2369	3

表 10-8 中是计算得出的正常轴承和 5 种故障轴承的时域统计特性，可以明显看出，除均值外，故障轴承振动的峰值、方差、均方值都要比正常轴承的取值大一个数量级。以正常轴承的取值作为基准值，故障轴承的取值是正常值的好几倍，有的甚至是好几十倍，一旦出现这样的结果，就可以判断轴承在运行中已经处于不正常的状态了。

10.3.1.2　概率密度函数

正常滚动轴承的振幅概率密度函数的曲线是典型的正态分布曲线。图 10-9 所示为一个正常轴承的振幅概率密度函数。而轴承一旦出现故障，其振幅概率密度函数的曲线就可能出现非正态现象，图 10-10～图 10-14 分别给出了各种轴承故障情况下的振幅概率密度函数。

可以看出图 10-9 中的概率密度函数曲线近似于正态分布曲线，它关于幅值均值原点对称，振动幅值主要落在−0.5～0.5m/s^2 的范围内，在原点附近的概率密度的最大值达到了 5，说明在原点附近稳定振动。

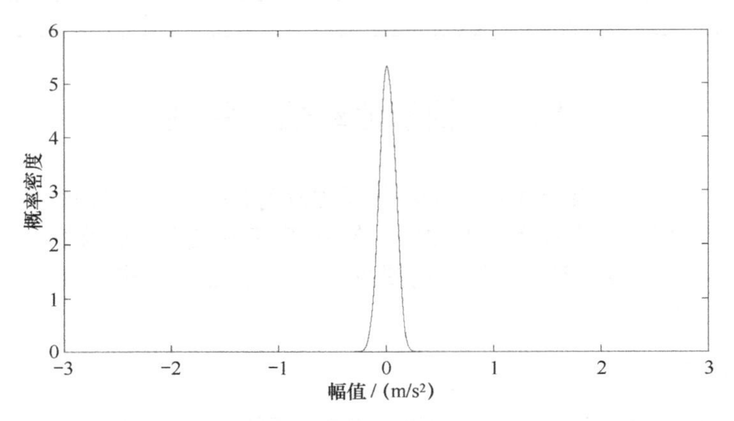

图 10-9　正常轴承的振幅概率密度函数

图 10-10 所示为内圈故障轴承的振幅概率密度函数，它出现了一点（负向）偏斜，不再关于原点对称，振动幅值主要落在−1.2～1.2m/s^2 的范围内，在原点附近的概率密度的最大值相比正常轴承的振幅概率密度曲线下降到了 1.9。

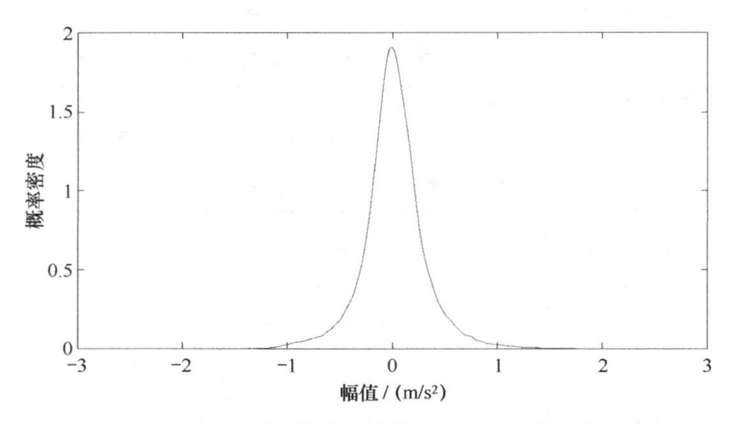

图 10-10　内圈故障轴承的振幅概率密度函数

图 10-11 所示的滚子故障轴承的振幅概率密度函数也出现了一点（正向）偏斜，原点两边的概率密度曲线不再对称，振动幅值主要落在−0.5～0.5m/s^2 的范围内，在原点附近的概率密度的最大值相比正常轴承的振幅概率密度曲线下降到了 2.9，它的振动幅值比内圈故障轴承的振动幅值高且较集中。

图 10-12 所示为外圈@6:00 故障轴承的振幅概率密度函数。这个故障设置在外圈垂直方向的下方，轴承受力中心由轴心指向垂直下方，加速度传感器设置在垂直上方，它的曲线明显为非正态分布，原点左右的概率密度曲线也明显不对称，振动幅值范围增大了很多，但还是相对集中在原点附近。

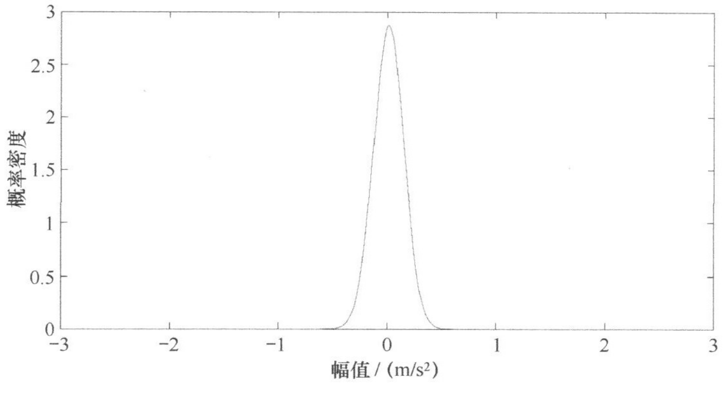

图 10-11 滚子故障轴承的振幅概率密度函数

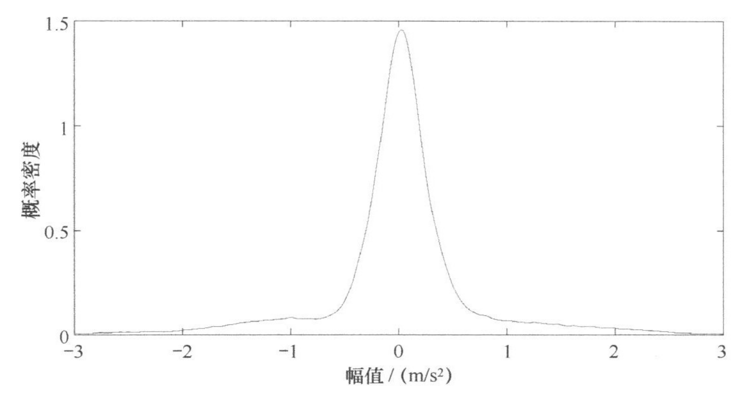

图 10-12 外圈@6:00 故障轴承的振幅概率密度函数

图 10-13 所示为外圈@3:00 故障轴承的振幅概率密度函数。这个故障设置在外圈水平方向，它的曲线也出现了明显的轻微偏斜，原点左右的概率密度大致是对称的，振动幅值的范围增大了很多，但是幅值较为分散，振动比较剧烈。

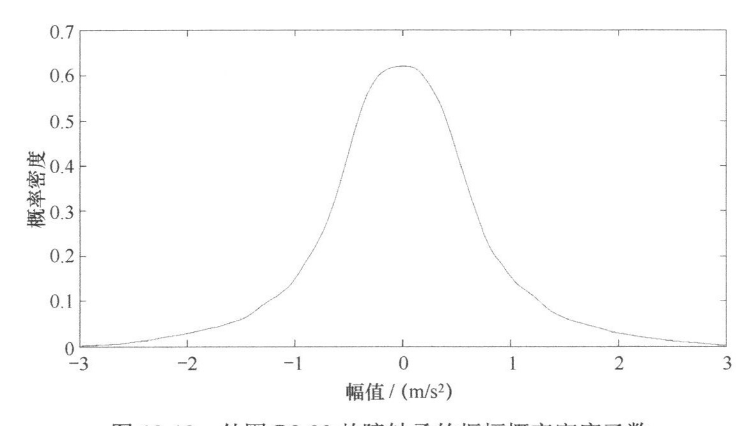

图 10-13 外圈@3:00 故障轴承的振幅概率密度函数

图 10-14 所示为实测外圈@12:00 故障轴承的振幅概率密度函数。这个故障设置在外圈垂直方向的下方，它的曲线也出现了轻微偏斜，可以看到原点左右的概率密度有很小的差别，振动幅值相对集中在原点附近。

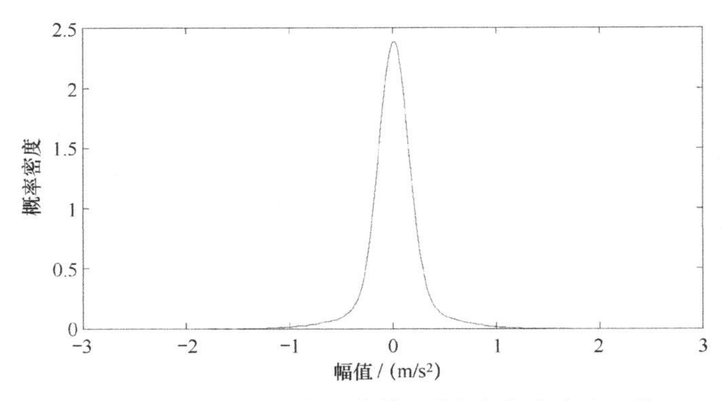

图 10-14 外圈@12:00 故障轴承的振幅概率密度函数

10.3.1.3 自相关函数

原始的振动信号往往包含多种多样的振动成分，并且还混杂着环境噪声，很多时候各种振动特征被淹没在噪声中。对原始信号做自相关运算，在一定程度上可以消除噪声对周期成分的影响，从噪声中发现隐藏的周期分量，参见图 10-15～图 10-20。特别是对于早期故障，周期信号不明显，通过直接观察难以发现，自相关分析就显得尤为重要。

图 10-15 所示为正常轴承的自相关函数，它的曲线中没有特别明显周期信号成分，与正态分布的白噪声信号相似。

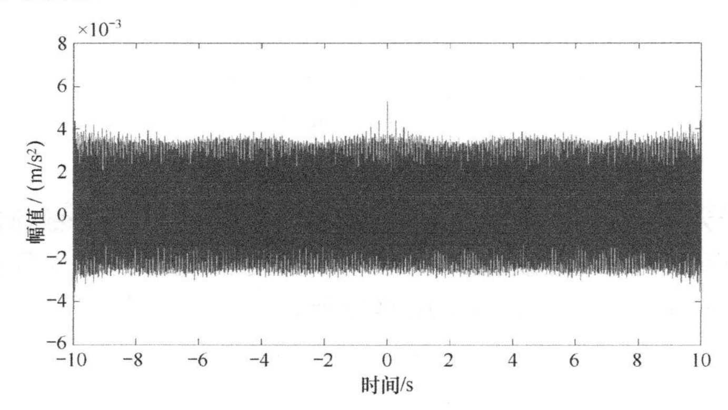

图 10-15 正常轴承的自相关函数

图 10-16 所示为内圈故障轴承的自相关函数，它的曲线中呈现出多组有着不同周期的波峰、波谷，可以看出存在一定频率的周期信号成分。

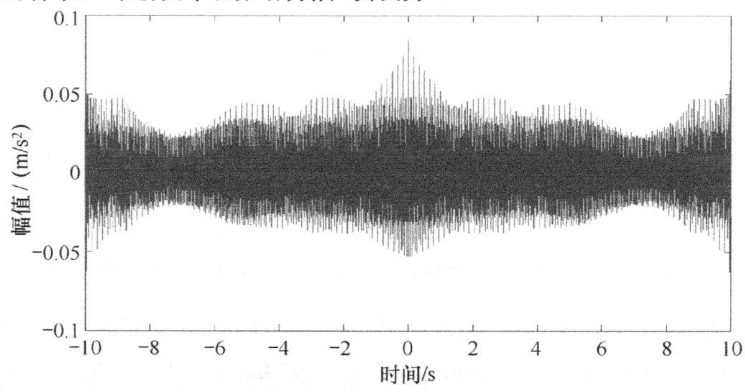

图 10-16 内圈故障轴承的自相关函数

图 10-17 所示为滚子故障轴承的自相关函数，它的曲线没有明显的周期性出现的波峰、波谷。

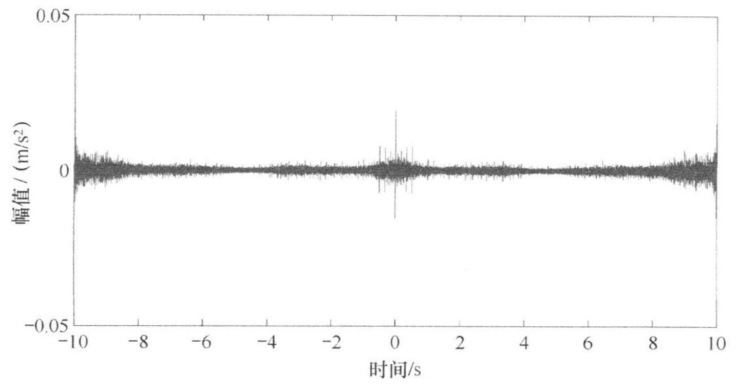

图 10-17　滚子故障轴承的自相关函数

图 10-18 所示为外圈@6:00 故障轴承的自相关函数，在它的曲线中可以明显看到周期信号成分。与正常轴承的自相关函数相比，外圈@6:00 故障轴承的自相关函数曲线在正时间延迟部分大致有 4 个波峰，而且幅值比正常轴承的幅值高。

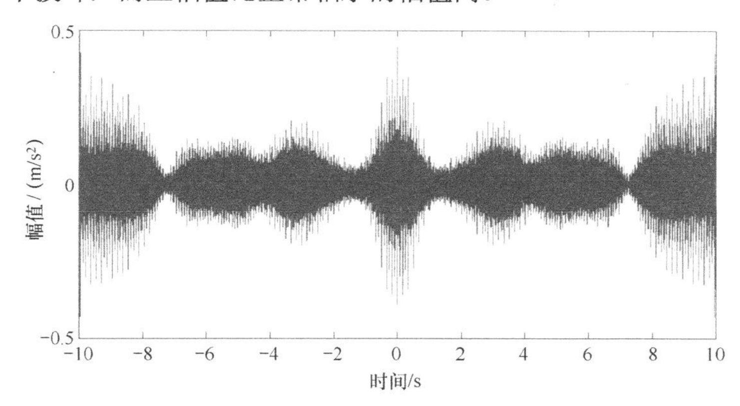

图 10-18　外圈@6:00 故障轴承的自相关函数

图 10-19 所示为外圈@12:00 故障轴承的自相关函数，在它的曲线中可以明显看到周期信号成分，第 2 个波团的峰值比其他波团的峰值低。外圈@12:00 故障轴承的自相关函数曲线与外圈@6:00 故障轴承的自相关函数曲线明显不同。

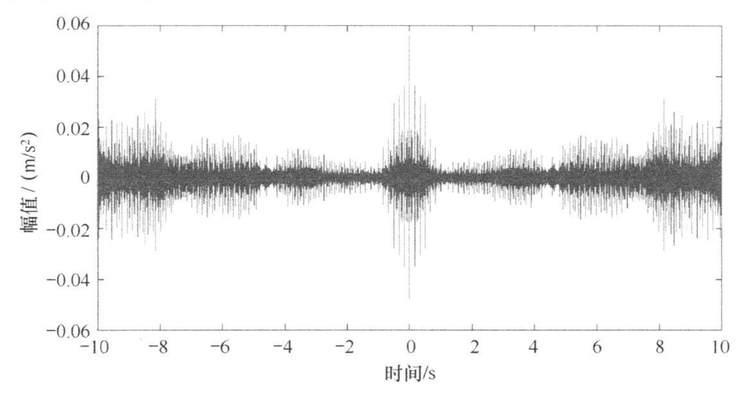

图 10-19　外圈@12:00 故障轴承的自相关函数

图 10-20 所示为外圈@3:00 故障轴承的自相关函数，在它的曲线中可以明显看到周期信号成分，与外圈@6:00 故障轴承所不同的是，它的波团之间的分隔更加清晰。

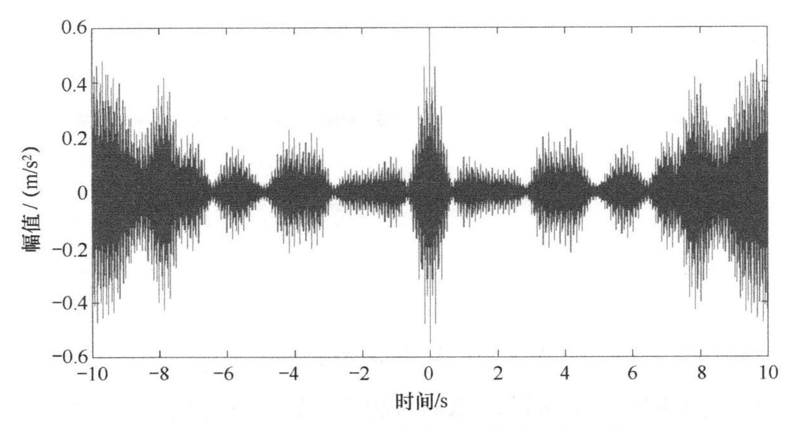

图 10-20　外圈@3:00 故障轴承的自相关函数

10.3.2　频域特性

振动信号经傅里叶变换到频域，为故障诊断提供了更多的信息。一般来说，时域的表示较为形象与直观，频域分析则更为简练，剖析问题更为深刻和方便。

10.3.2.1　频谱图

对振动信号做傅里叶变换，可将信号从时域变换到频域，若以频率为横坐标，以信号的振幅强度（或相位）为纵坐标，就可以分别画出信号的振幅强度（或相位）随频率变化的关系曲线，称为幅频（或相频）特性，二者合称为周期信号 $x(t)$的频谱。从幅频特性曲线可以明显看出信号所包含的频率成分及相应幅值，常用的是信号的幅频特性曲线图，所以一般将其简称为频谱图。图 10-21 就是一个正常轴承振动信号的频谱图。

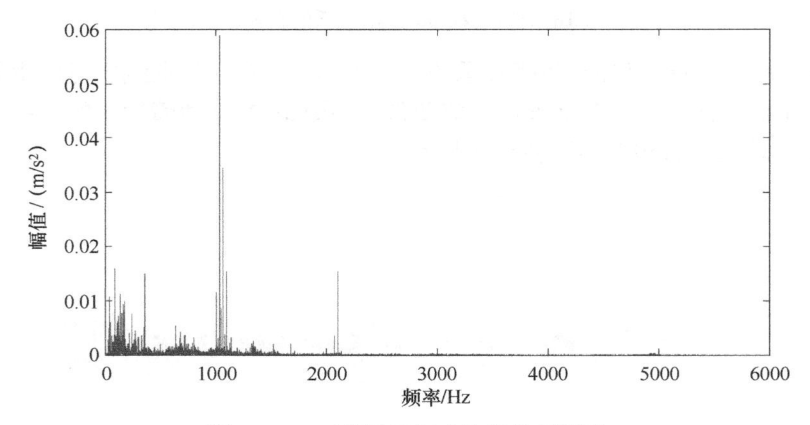

图 10-21　正常轴承振动信号的频谱图

从频谱图上可以看到振动的频率成分主要分布在 1000Hz 以下的低频部分。在 400Hz 以下，有比较复杂、丰富的线谱成分，在 1000Hz 和 2000Hz 处有两个主峰。

图 10-22～图 10-26 给出了在轴承不同部件及位置出现故障情形下的频谱示例。

图 10-22 所示为内圈故障轴承的频谱图，它的频率成分复杂，出现了很多正常轴承所没有的频率，存在很多线谱，而且各个线谱频点的幅值与正常轴承的最大幅值相当，在更高频率上也有噪声的存在，说明内圈故障对轴承振动的影响非常大。

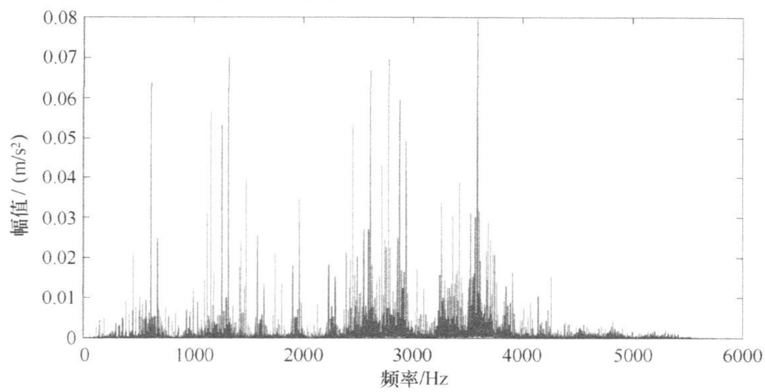

图 10-22　内圈故障轴承的频谱图

图 10-23 所示为滚子故障轴承的频谱图，频率成分集中分布在 0～1000Hz、2000～3000Hz、3000～4000Hz 频带中，各个频率成分的幅值较正常轴承的最大幅值均较低，说明滚子故障对轴承振动的频率分布影响较大。

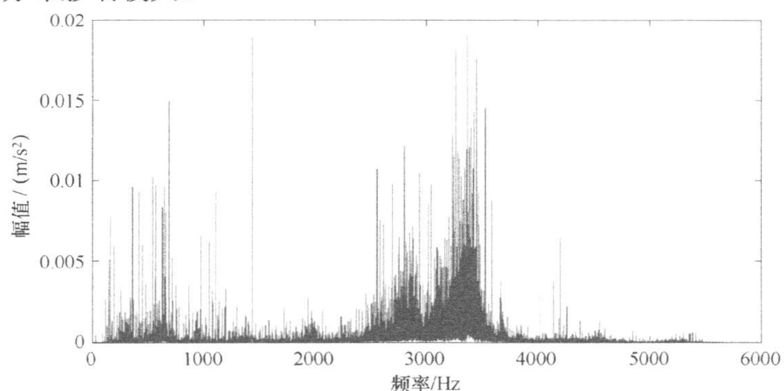

图 10-23　滚子故障轴承的频谱图

图 10-24 所示为外圈@6:00 故障轴承的频谱图，这个故障在外圈垂直方向的下方，轴承受力中心由轴心指向垂直下方，加速度传感器设置在垂直上方。与正常轴承不同的是，在 2000～4000Hz 频率范围内有明显的线谱成分，说明外圈故障振动信号以高频成分为主。

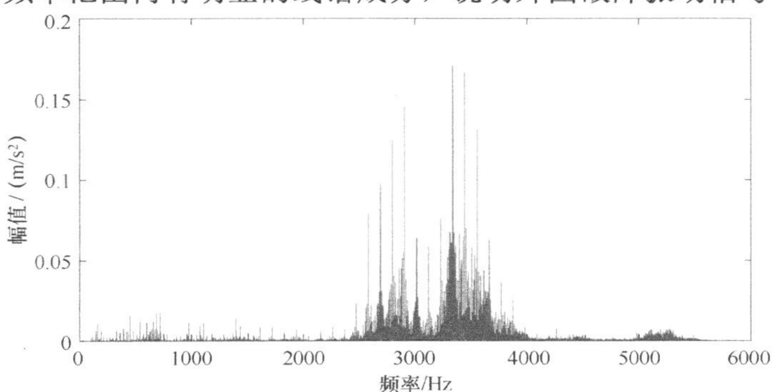

图 10-24　外圈@6:00 故障轴承的频谱图

图 10-25 所示为外圈@3:00 故障轴承的频谱图，这个故障在外圈水平方向的右方，轴承受力中心由轴心指向垂直下方，加速度传感器设置在垂直上方。频谱图显示在 2000～3000Hz 范围中有集中分布的复杂线谱。

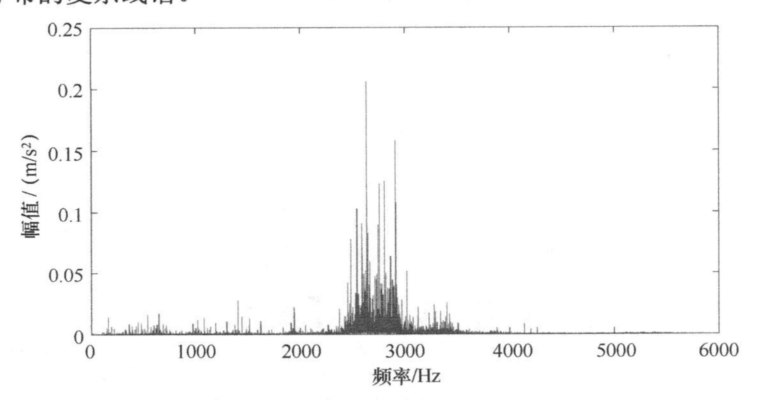

图 10-25 外圈@3:00 故障轴承的频谱图

图 10-26 所示为外圈@12:00 故障轴承的频谱图，这个故障在外圈垂直方向的上方，轴承受力中心由轴心指向垂直下方，加速度传感器设置在垂直上方。频谱图显示在 2000～4000Hz 范围内有复杂线谱分布，且在高于 4000Hz 的频率处还有几根线谱。

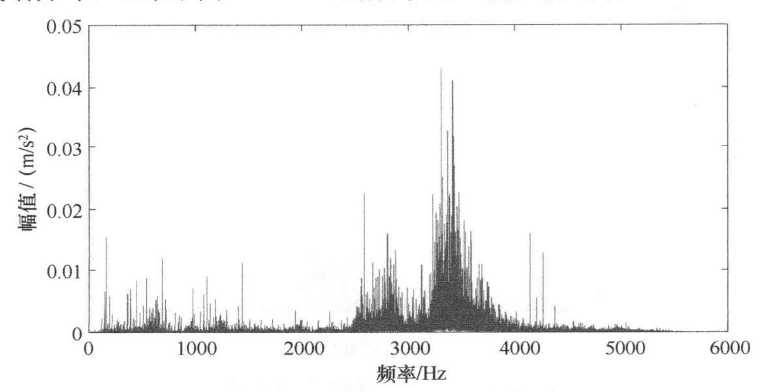

图 10-26 外圈@12:00 故障轴承的频谱图

10.3.2.2 自功率谱密度函数

自功率谱密度函数和自相关函数是一对傅里叶变换。自功率谱密度函数（以下简称自功率谱图）是实函数，它体现了振动信号各频率处的功率分布情况，体现主要频率的功率，换句话说，它既描述了信号的频率结构，又反映了振动能量在各个频率上的分布情况。

图 10-27～图 10-32 是对应各类工况轴承振动信号的自功率谱图，横坐标以线性频率为刻度，单位为 Hz，纵坐标则以对数密度为刻度，单位为 dB。

图 10-27 所示为正常轴承的自功率谱图，从图中可以看到振动能量主要集中在 5000Hz 以下，在 5000～6000Hz 范围内较低。正常轴承的自功率谱图在 1000Hz 和 2000Hz 左右出现了明显的峰值。

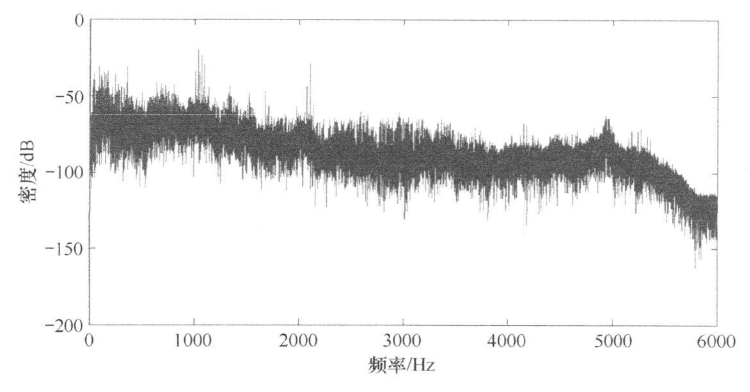

图 10-27 正常轴承的自功率谱图

图 10-28 所示为内圈故障轴承的自功率谱图，从图中可以看出内圈故障轴承的自功率谱在 1000Hz 以下和 5000Hz 以上能量有所降低，能量在 3000Hz 左右有一个可见的下降和上升。

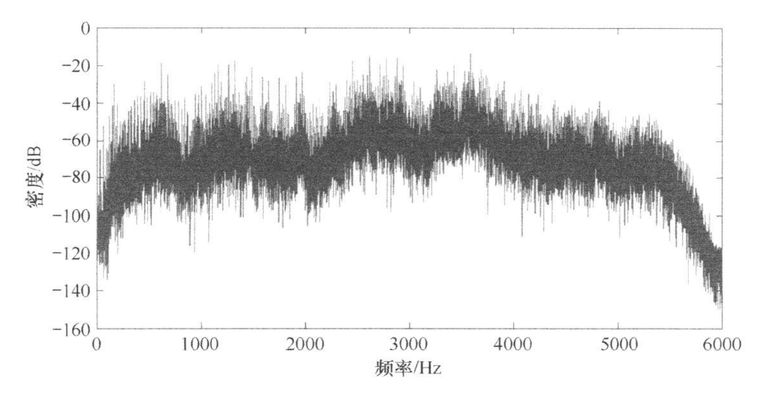

图 10-28 内圈故障轴承的自功率谱图

图 10-29 所示为滚子故障轴承的自功率谱图，从图中可以看出它的曲线不仅在 1000Hz 以下及 5000Hz 以上相对较低，而且在 3000Hz 左右有一个小波动，在这里的能量也相对较高。

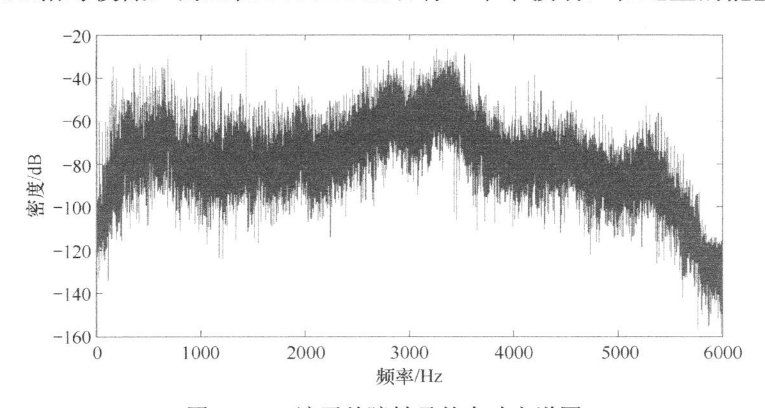

图 10-29 滚子故障轴承的自功率谱图

图 10-30 所示为外圈@6:00 故障轴承的自功率谱图，这个故障设置在外圈垂直方向的下方，轴承受力中心由轴心指向垂直下方，加速度传感器设置在垂直上方，可以看到它的曲线在 1000Hz 以下和 5000Hz 以上较低，且有明显的上升和下降趋势。振动能量在 3000Hz 左右仍然

有一个可见的波动。

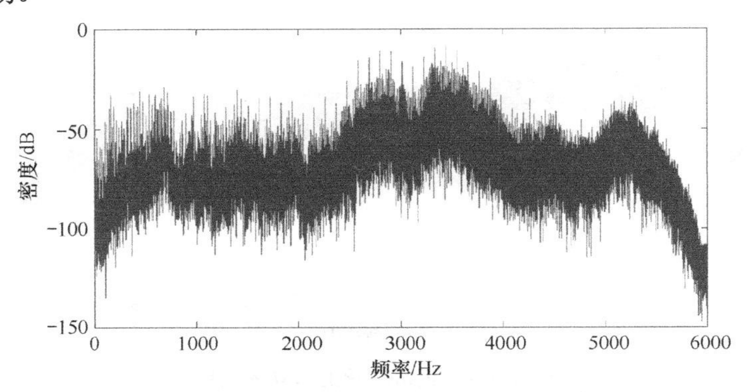

图 10-30 外圈@6:00 故障轴承的自功率谱图

图 10-31 所示为外圈@3:00 故障轴承的自功率谱图，这个故障设置在外圈水平方向的右方，轴承受力中心由轴心指向垂直下方，加速度传感器设置在垂直上方，它的曲线与之前有所不同，在 1000Hz 以下的能量没有明显低于其他频率，在 5000Hz 以上的能量仍然较低，在 3000Hz 前出现了一个小波峰，而不同于前面轴承信号在 3000Hz 之后出现的小波谷。

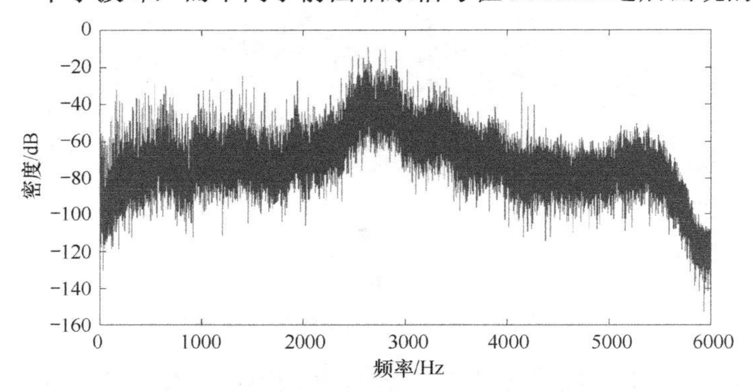

图 10-31 外圈@3:00 故障轴承的自功率谱图

图 10-32 所示为外圈@12:00 故障轴承的自功率谱图，这个故障设置在外圈垂直方向的上方，轴承受力中心由轴心指向垂直下方，加速度传感器设置在垂直上方，它的曲线在低频率约 1000Hz 以下和高频率 5000Hz 以上明显较低，并且在 3000Hz 左右能量出现波动，形成一个小波谷和两个小波峰。

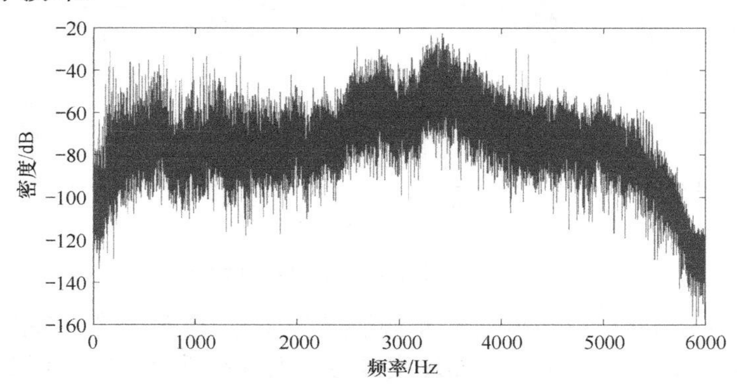

图 10-32 外圈@12:00 故障轴承的自功率谱图

10.3.3　轴承状态的简易诊断

在对滚动轴承进行简易诊断的过程中，通常需要将测得的振动信号的峰值、有效值等与预先给定的某种判定标准进行比较，根据实测值是否超出了标准给出的界限来判断轴承是否出现了故障，以决定是否需要进一步进行精密诊断。因此，判断标准就显得十分重要。

判断标准是机械设备故障简易诊断和精密诊断的一个十分复杂而根本的问题。直至目前，人们还没找到一个适用于所有场合的通用标准，一个真正有效的判断标准的制定，需要经过大量的、长期的反复实验才能完成。而且，对于一个已制定的标准，随着时间的推移，可能还需要予以必要的修正。

按照标准制定方法的不同，振动诊断标准通常分为三类：绝对诊断标准、相对诊断标准和类比判断标准。

1. 绝对诊断标准

绝对诊断标准是将测定的数据或统计量直接与标准阈值相比较，以判定设备所处的状态。

2. 相对诊断标准

当设备诊断中尚无适用的绝对标准时可采用振动的相对标准，即对设备同一部位的振动进行定期检测，以设备正常状态下的振动值为标准值（参考值），根据实测值与标准值之比是否超标来判定设备的运行状态。若与设备自身历史状态数据相比较，则简称“自身纵向比较法”；若无历史状态数据可查，则可另选同类型正常的机器数据做相应的比较，简称“同类横向比较法”。

3. 类比诊断标准

类比诊断标准是把多台型号相同的整台机械设备或零部件在外载荷、转速及环境因素等都相同的条件下的被测量值进行比较，以区分这些同类设备或零部件所处的工况状态。对于同规格型号、同运行状况的若干设备，在缺乏必要的判断标准时可以采用类比诊断标准进行状态判别。严格地说，类比诊断标准并不是一种标准，而是形式逻辑推理中求异法的一个应用。

【例 10-1】基于相对诊断标准的轴承状态简易诊断。

对于现有的凯斯西储大学轴承振动数据，可以将其视为同一部位在不同运行状态下的数据，将这些振动信号作为历史状态数据，建立一个初步的相对诊断标准。以正常状态下的统计学参量为标准值（参考值），根据其他故障状态下的统计学参量与标准值之比，来划定一个阈值。当有实测的振动信号时，计算其统计学参量与标准值之比是否超过标准，来判定其是否发生故障。

根据前面对振动信号特性的分析，选取参量如下。

时域特性：峰值、方差、均方值；频域特性：频谱图分布在 0～1000Hz、1000～2000Hz、2000～3000Hz、3000～4000Hz、4000～5000Hz、5000～6000Hz 的 6 个频带的幅值均值。

在同一转速下，选取 1 条时间长度为 10s 的正常轴承振动信号作为标准参考信号，同时选取 20 条时间长度为 2s 的故障轴承振动信号，计算故障轴承振动信号的各个参量与正常轴承振动信号的各个参量的比值，取对应参量比值的最小值作为故障轴承诊断的阈值。再选取 4 条时间长度为 2s 的正常信号和 6 条时间长度为 2s 的故障信号进行测试。

表 10-9 所示为轴承状态诊断参量的标准值和阈值，以及各测试信号与标准参考信号的相应参量的比值。

表 10-9 轴承状态诊断表

参量	峰值	方差	均方值	0～1000Hz	1000～2000Hz	2000～3000Hz	3000～4000Hz	4000～5000Hz	5000～6000Hz
标准值	6e−1	5.17e−3	7.29e−2	2.89e−4	1.66e−4	4.47e−5	1.95e−5	2.30e−5	6.43e−6
阈值	1.79	3.61	1.88	1.53	1.95	23.00	100.37	8.08	7.02
测试信号	0.85	1.03	1.02	2.75	2.63	2.66	2.39	2.15	2.61
	0.86	1.05	1.03	1.84	1.75	1.73	1.61	1.48	1.73
	0.90	1.05	1.02	1.38	1.38	1.33	1.26	1.19	1.35
	0.90	1.05	1.03	1.19	1.14	1.11	1.06	1.02	1.15
	4.98	16.38	3.99	2.57	8.43	58.78	158.70	30.44	31.87
	1.88	3.89	1.95	1.58	2.07	24.10	115.03	8.61	7.92
	11.07	83.33	9.00	2.22	3.51	76.77	403.98	28.66	132.39
	10.23	114.53	10.55	2.20	6.05	237.67	126.52	11.56	37.36
	5.43	9.98	3.12	1.54	2.30	27.52	177.61	21.88	16.64
	10.60	120.46	10.82	2.21	5.84	223.85	117.00	11.04	35.63

为了更加直观，将 10 条测试信号的比值和阈值绘成簇状柱形图，如图 10-33 所示。

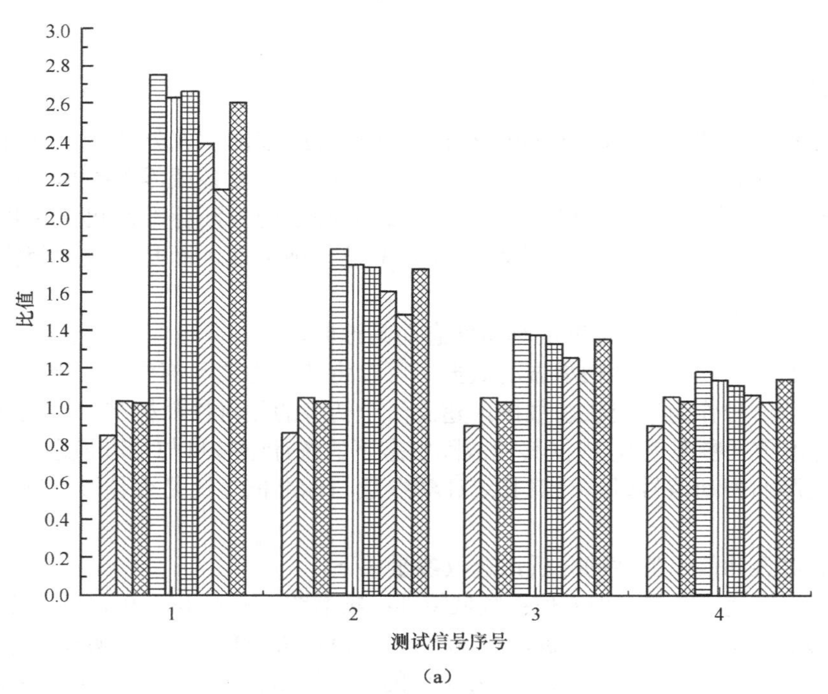

(a)

图 10-33 信号参量的簇状柱形图

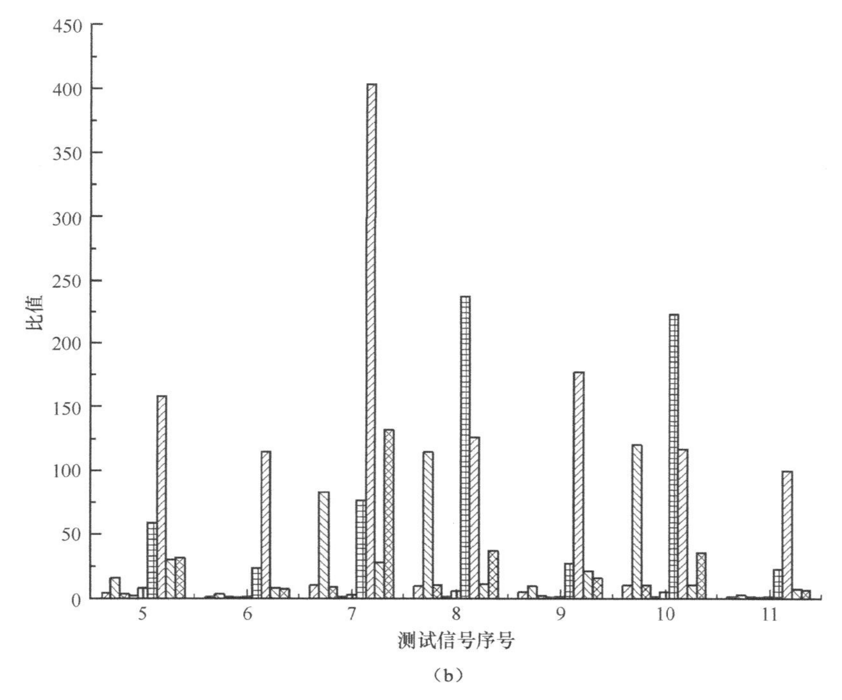

（b）

图 10-33　信号参量的簇状柱形图（续）

图中，前 10 簇是 10 条测试信号，第 11 簇是阈值，前 4 条测试信号的参量比值极低，不易观察，是正常状态的轴承信号，第 5～10 条测试信号的参量比值较高，有多个参量都高于阈值，判定其为故障轴承信号。

以上是一种简易的轴承故障相对诊断方法，工业实际应用中还应该采集并分析更多的轴承运行状态信号，不断修改相对诊断方法的阈值，提高诊断的准确度。

10.4　基于 CNN 的轴承故障类型的诊断

10.4.1　CNN 基本结构分析

卷积神经网络（Convolutional Neural Network，CNN）属于多层神经网络的范畴，其包含滤波级与分类级。其中，滤波级用来提取输入信号的特征，分类级对学习到的特征进行分类，两级网络参数是共同训练得到的。滤波级包含卷积层（Convolutional Layers）、池化层（Pooling Layers）与激活层（Activation Layers）这 3 个基本单元，而分类级一般由全连接层组成。CNN 网络结构如图 10-34 所示。

卷积层使用卷积核（Convolutional Kernels）对输入信号（或特征）的局部区域进行卷积运算，并产生相应的特征。卷积层的重要特点是权值共享，即同一个卷积核将以固定的步长将输入的样本数据进行一次遍历，能够减少卷积层的网络参数，避免由参数过多而造成的过拟合，减小系统所需内存。在实际操作中，多使用相关运算来替代卷积运算，这样可以避免反向传播时翻转卷积核。

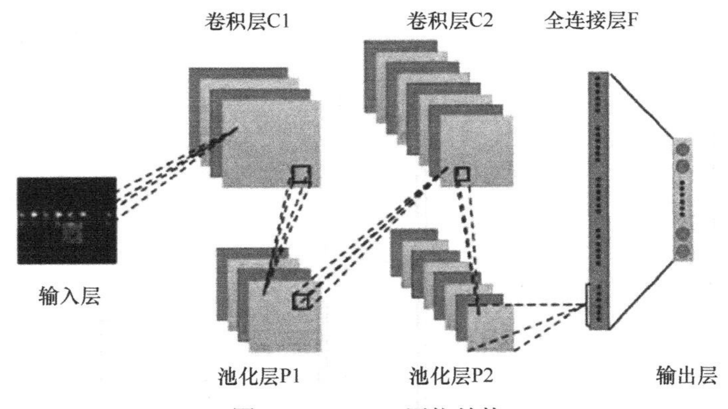

图 10-34　CNN 网络结构

池化层进行的是降采样操作，主要目的是减小神经网络的参数。例如，输入层的特征宽度为 8，深度为 4，通过 2×2 的池化层运算，将原始特征降采样到宽度为 4、深度为 4 的输出特征。

全连接层是将滤波级提取出的特征进行分类。具体做法为：先将最后一个池化层的输出铺展成一维的特征向量，作为全连接层的输入，再将输入与输出之间进行全连接。

10.4.2　诊断流程

诊断流程图如图 10-35 所示。

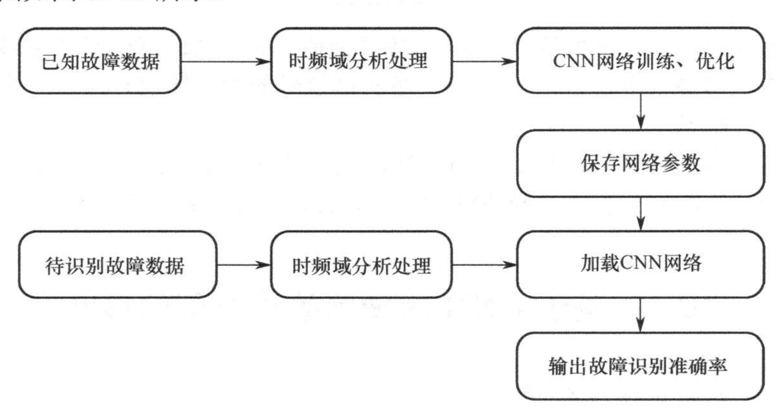

图 10-35　诊断流程图

10.4.3　故障轴承数据预处理

对 5 类故障轴承的振动信号进行时频域分析和特征提取。选择驱动端轴承故障数据，每个信号时长 10s 左右，采样频率为 12kHz。将同一故障位置的轴承振动信号作为同一类别，每条信号截取 2048 点作频谱图并作为 1 个样本，每条信号生成 50 个样本，故障数据及样本数目如表 10-10 所示。

表 10-10　故障数据表

故障位置	内圈	滚子	外圈@ 6:00	外圈@3:00	外圈@12:00
编号	1	2	3	4	5
数据样本数/个	4×50×5=1000				

将 1000 个样本随机打乱，用其中 800 个构成训练集，将其他 200 个作为测试集样本。

10.4.4　CNN 结构设计

目前，对如何确定 CNN 的结构尚没有明确的方法，其在很大程度上取决于经验。但是理论上卷积层中卷积核的大小和数目、池化层的大小及层数、全连接层的神经元数目等参数的选择都会影响 CNN 的识别效果。本书采用 4 层 CNN 网络结构“IN-C1-P1-OUT”。

10.4.5　诊断结果与分析

经过对数据进行预处理，将数据集输入 CNN 中进行训练，进而优化网络参数，得到了较好的诊断结果。表 10-11 所示为诊断精度，图 10-36 所示为误差随训练次数的收敛曲线。

表 10-11　诊断精度

	训练集精度	测试集精度
5 类轴承故障分类	1	1

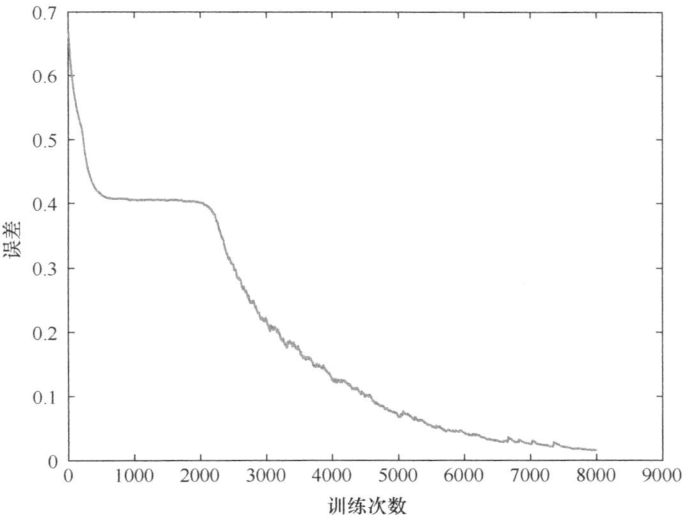

图 10-36　误差随训练次数的收敛曲线

由图 10-36 可以看到在训练开始阶段，有一段误差明显下降，之后进入一个平缓阶段，在迭代次数约为 2200 次时，误差继续开始下降，在迭代 7000 次以后开始进入收敛阶段，此后误差下降不再明显。

图 10-37 显示了训练集各类故障诊断情况，某行某列的数据表示该数目的样本属于该行标的类别，在 CNN 的诊断之后被分到了在该列标的类别里。例如，第 5 类有 153 个样本被正确地分到了第 5 类。该图呈现的是最终训练的诊断结果，各类故障样本均正确诊断。由于是随机分配的数据集，因此各类样本的数目并不一致，但比例基本均衡。

图 10-38 所示为测试集各类故障诊断情况，某行某列的数据表示该数目的样本属于该行标的类别，在 CNN 的诊断之后被分到了在该列标的类别里。例如，第 3 类有 32 个样本被正确分到了第 3 类。该图呈现的是训练优化后的网络对测试样本的诊断结果，可以看到各类均

诊断正确，证明 CNN 对这 5 类故障诊断的效果很好。

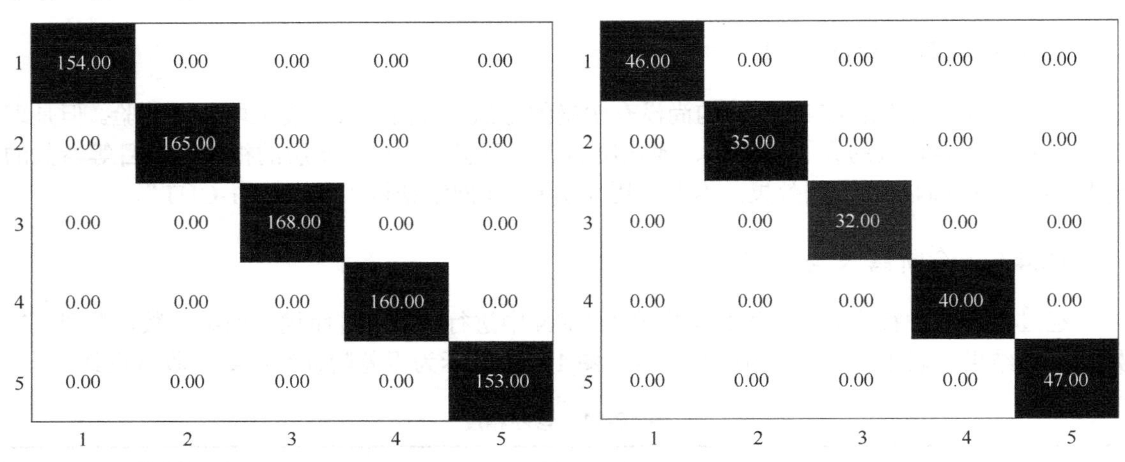

图 10-37　训练集各类故障诊断情况　　　图 10-38　测试集各类故障诊断情况

本节通过利用 CNN 对滚动轴承进行故障诊断，得到了比较理想的效果。从前面的频谱图分析可知各类故障的频谱图有显著差异，采用频谱图作为 CNN 的输入，CNN 可对其差异准确地进行建模与表达，训练好的 CNN 网络可准确地识别测试信号的故障类型。

10.5　本章小结

本章首先阐述了如何建立机械故障诊断需求，进而给出了机械故障诊断的一般方法和步骤，并对轴承及其振动信号特性进行了详细的论述，最后论述了基于机器学习的机械故障诊断的原理和方法，给出了基于深度卷积神经网络的轴承故障分析与诊断的应用实例。

附录 A　振动测试相关标准

（1）术语标准

标准号	名称
GB/T 2298—2010	机械振动、冲击与状态监测词汇
GB/T 6444—2008	机械振动平衡词汇
GB/T 14465—1993	材料阻尼特性术语
GB/T 15619—2005	机械振动与冲击人体暴露词汇
GB/T 20921—2007	机器状态检测与诊断词汇
GB/T 23715—2009	振动与冲击发生系统词汇

（2）测试仪器标准

标准号	名称
GB/T 13436—2008	扭转振动测量仪器技术要求
GB/T 13824—2015	旋转与往复式机器的机械振动对振动烈度测量仪的要求
GB/T 13866—1992	振动与冲击测量 描述惯性式传感器的规定
GB/T 14412—2005	机械振动与冲击 加速度计的机械安装
GB/T 21487.1—2008	转轴振动测量系统 第 1 部分：径向振动的相对和绝对检测
GB/T 23716—2009	人体对振动的响应 测量仪器
GB/T 7670—2009	电动振动发生系统（设备）性能特性
GB/T 10179—2009	液压伺服振动实验设备特性的描述方法
GB/T 14123—2012	机械冲击 试验机 性能特性
GB/T 18328—2001	振动台选择指南
GB/T 18328.1—2009	振动发生设备选择指南 第 1 部分：环境试验设备
GB/T 13823.4—1992	振动与冲击传感器的校准方法 磁灵敏度测试
GB/T 13823.5—1992	振动与冲击传感器的校准方法 安装力矩灵敏度测试
GB/T 13823.6—1992	振动与冲击传感器的校准方法 基座应变灵敏度测试
GB/T 13823.8—1994	振动与冲击传感器的校准方法 横向振动灵敏度测试
GB/T 13823.9—1994	振动与冲击传感器的校准方法 横向冲击灵敏度测试
GB/T 13823.12—1995	振动与冲击传感器的校准方法 安装在钢块上的无阻尼加速度级共振频率测试
GB/T 13823.19—2008	振动与冲击传感器的校准方法 加速度计谐振测试通用方法
GB/T 20485.1—2008	振动与冲击传感器的校正方法 第 1 部分 基本概念
GB/T 20485.11—2006	振动与冲击传感器的校正方法 第 11 部分 激光干涉法振动绝对校准
GB/T 20485.12—2008	振动与冲击传感器的校正方法 第 12 部分 互易法振动绝对校准
GB/T 20485.13—2007	振动与冲击传感器的校正方法 第 13 部分 激光干涉法冲击绝对校准

GB/T 20485.15—2010　振动与冲击传感器的校正方法 第 15 部分 激光干涉法角振动绝对校准
GB/T 20485.21—2007　振动与冲击传感器的校正方法 第 21 部分 振动比较法校准
GB/T 20485.22—2008　振动与冲击传感器的校正方法 第 22 部分 冲击比较法校准

（3）测试方法标准

GB/T 11349.1—2018　机械振动与冲击 机械导纳的试验确定 第 1 部分：基本术语与定义、传感器特性
GB/T 11349.2—2006　振动与冲击 机械导纳的试验确定 第 2 部分：用激振器做单点平均激励测量
GB/T 11349.3—2006　振动与冲击 机械导纳的试验确定 第 3 部分：冲击激励法
GB/T 18258—2000　阻尼材料 阻尼性能测试方法
GB/T 22159.2—2012　声学与振动 弹性元件振动—声传递特性实验室测量方法 第 2 部分：弹性支撑件平动动刚度的直接测量方法

附录B　阻尼材料　阻尼性能测试方法 GB/T 18258—2000

1．范围

本标准规定了采用悬臂梁共振法测定材料振动阻尼特性的方法。测定量包括材料的损耗因子η、弹性杨氏模量E、弹性剪切模量G。

本标准适用于在结构振动、建筑声学和噪声控制等方面应用的材料。在 50Hz～5kHz 的频率范围及材料的有效使用温度范围内进行测量。

2．引用标准

下列标准所包含的条文，通过在本标准中引用而构成本标准的条文。本标准出版时，所示版本均有效。所有标准都会被修订，使用本标准的各方应探讨使用下列标准最新版本的可能性。

GB/T 2298—1991　机械振动与冲击 术语（neq ISO 2041：1990）

GB/T 4472—1984　化工产品密度、相对密度测定通则

GB/T 9870—1988　弹性体动态试验的一般要求（neq ISO 2856：1981）

GB/T 14465—1993　材料阻尼特性术语

3．定义和符号

3.1　定义

本标准所用的术语均遵循 GB/T 2298 和 GB/T 14465 的规定，同时使用了下列定义。

1.　自支撑阻尼材料（Self-supporting Damping Materials）。材料体较硬，其本身可直接被测试装置夹持进行测量的一类阻尼材料。

2.　非自支撑阻尼材料（Non-self-supporting Damping Materials）。材料体较软，其本身不能直接被测试装置夹持进行测量的一类阻尼材料。

3.　半功率带宽（Half-power Bandwidth）。在共振曲线上的共振峰两侧，振幅为共振振幅的 0.707 倍（下降 3dB）处的频率差。

3.2　本标准使用的符号

E——自支撑阻尼材料的弹性杨氏模量，单位为 Pa；

η——自支撑阻尼材料的损耗因子，无量纲；

E_1——非自支撑阻尼材料的弹性杨氏模量，单位为 Pa；

η_1——非自支撑阻尼材料的损耗因子，无量纲；

G——非自支撑阻尼材料的弹性剪切模量，单位为 Pa；

η_2——非自支撑阻尼材料的剪切损耗因子，无量纲。

4. 实验方法和装置

4.1 实验原理

本标准规定采用矩形条状试样。将试样垂直安装，上端刚性夹定，下端自由，构成悬臂梁测试系统。测试系统的仪器由激励和检测两部分组成。由信号发生器产生一个正弦或随机信号，经放大器激励激振器，对试样施加激振力。由检测传感器检测试样的振动响应信号，经放大器放大后送入显示与记录仪器。保持激振幅值恒定，连续改变频率，测出试样的共振曲线。根据所测的共振频率和半功率带宽，依据所给公式即可计算出材料的各模量值和损耗因子。若测试过程在控温箱中完成，则可确定温度对材料阻尼特性的影响。

4.2 测试原理框图

测试原理框图如图 B-1 所示。

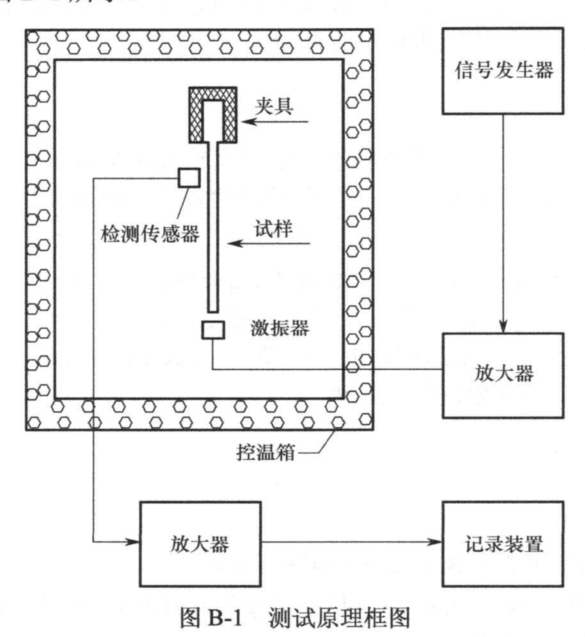

图 B-1 测试原理框图

4.3 量具

量具应满足各行业的要求。

4.4 测量支架

测量支架应注意避免外界的机械振动干扰并符合下述要求。

1）测量支架的固有频率应远离测试频率范围，测量支架应安装在具有足够质量的基座上；

2）测量支架的夹具应有足够的夹持力。

4.5 激振器和传感器

1）激振器采用电磁型激振器。激振器采用刚性固定，距离被测试样 1mm。当采用不锈钢或铝棒时，须在试样上用粘合剂粘合小块磁性材料以获得激振力和响应。

2）检测传感器推荐采用非接触式传感器。在较高频振动时，由于非接触式传感器达不到所需的灵敏度，因此须采用超小型加速度计，加速度计的质量小于 0.5g。加速度计的安装应使用粘合剂粘接，同时应尽量减小电缆输出线的噪声。用接触式传感器测得的数据必须鉴别，报告中应包括这种方法可能引起的影响。

4.6　测量仪器

在测试频率范围内，测量仪器应符合一般动力实验的要求。

5. 试样

5.1　试样种类

本标准将阻尼材料分为自支撑阻尼材料和非自支撑阻尼材料。不同类型的阻尼材料使用不同的试样来测定其阻尼特性，图 B-2 所示为 4 种试样。

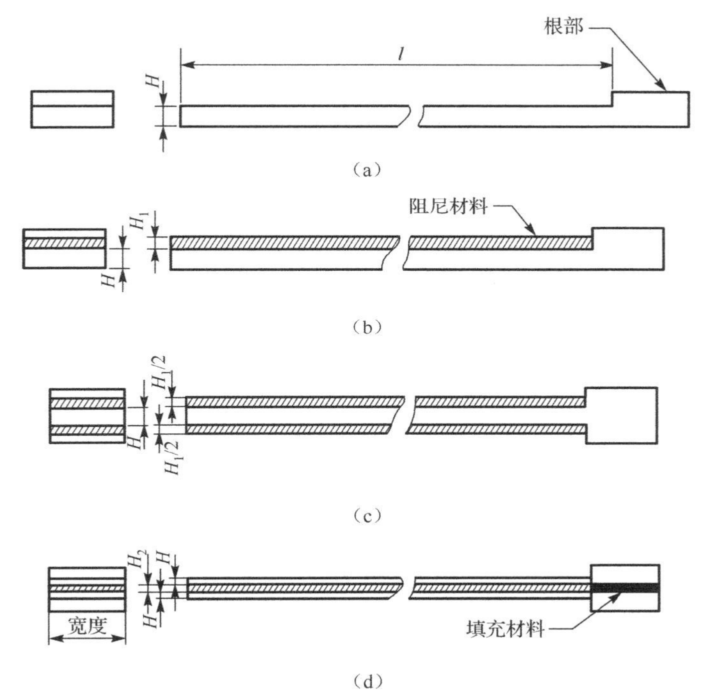

试样 a—均质单板；试样 b—金属板一侧贴阻尼材料的复合板；试样 c—金属板两侧贴阻尼材料的复合板；试样 d—阻尼材料对称地夹于两金属板之间的复合板。

图 B-2　试样

1. 自支撑阻尼材料的阻尼特性，只需用同种材料做成试样 a 来测定。

2. 非自支撑阻尼材料的阻尼特性的测定，必须将阻尼材料与金属板做成复合板，然后分别测定金属板及复合板的阻尼特性，用两个测试结果来计算材料的阻尼特性值。

1）当阻尼材料是杨氏模量值大于 100MPa 的硬性自由层型材料时，使用试样 b、c 来测定。此时只研究其拉伸阻尼特性，忽略其所受转动惯性和剪切变形的影响。其阻尼特性在玻璃态和玻璃化转变区中可被测得，如搪瓷、填料乙烯。

2）当阻尼材料是杨氏模量值小于 100MPa 的约束层型软粘弹材料时，使用试样 d 来测定。材料的模量值低于金属板模量值的 0.1 倍以下，其阻尼特性取决于剪切变形特性，可忽略其拉伸变形的影响。

5.2 试样的制备

1. 因为阻尼材料的性能不同，所以可用喷雾涂层、调刀涂层或粘合剂粘接等方法来制备金属板的阻尼层。所选用的金属板材料应是均质材料，推荐使用钢或铝。

2. 试样板体的根部可以与板体加工成一体，也可以用电焊或胶粘连结而成。对于试样 a，根部厚度应等于试样厚度。对于试样 b、试样 c、试样 d，根部厚度应不小于板体与材料的复合厚度。对于试样 d，根部必须加进一材料层，最好是金属。

3. 应按照阻尼材料提供者推荐的方法来选择和使用粘合剂。如果没有推荐，建议选用结构型粘合剂（相对接触型而言）。测试前必须让粘合剂完全固化，同时必须注意粘合剂固化后的弹性模量应是阻尼材料的弹性模量的大约十倍。粘合层厚度应保持最小（低于 0.05mm）且阻尼材料的厚度要小。一旦使用了粘合剂粘接，就必须注意尽量减小粘合剂的化学与物理特性变化。

4. 对于非磁性试样，可在试样两端各粘一小块铁磁性薄片，用于激振。其附加质量应小于试样质量的 1%，粘贴位置与端点的距离不应超过试样长度的 2%。

5. 制备试样时材料的选用应具有代表性。

5.3 试样尺寸

试样的尺寸为：宽 10mm，自由端长 180～250mm，根部长 25mm，金属（通常是钢或铝）板厚度 1～3mm。阻尼材料的厚度随材料特性及温度和频率的不同而有所变化。

选用合适的材料厚度与金属板厚度比，对于测试结果很重要。对于试样 b 和试样 c，实验开始时，选用材料的厚度与金属板厚度比为 1:1，注意不能超过 4:1。对于试样 d，选用阻尼材料的厚度与金属板厚度比为 1:10。但应避免有阻尼与无阻尼之差太小而导致的系统的阻尼过低。试样的根部厚度应与试样厚度相等，以接近真实夹紧状态。

5.4 试样的数量

仅在一个温度下测试时，材料和尺寸相同的试样应不少于 3 条。

5.5 试样状态调节

试样的保存及实验前的温度、湿度调节可参照 GB/T 9870—1988 中第 8 章的要求进行。

6. 实验程序

6.1 测量材料密度

按照 GB/T 4472 的规定执行，测量准确度应不低于 0.5%。

6.2 测量试样尺寸

测量试样厚度时，应在沿实验方向上取 5 点或多于 5 点并求平均值，各测点厚度不应超过平均值的 3%。

6.3　安装实验装置

6.4　温度调节

按实验要求调节恒温箱内的温度，温度增量为 5℃或 10℃，在每个测点上应恒温 10min 后才能测量。

6.5　测量和记录

调节信号发生器和测量放大器，测出试样的共振频率和半功率带宽。

设定信号发生器的扫频范围，用记录仪记录共振曲线。测量和记录共振曲线时，振幅测量的准确度应不低于 0.5%，共振频率的测量准确度应不低于 1%，半功率带宽的测量分辨率至少应达到半功率带宽的 1%。

6.6　复合试样的测试

1）测量金属棒的共振频率和弹性杨氏模量；

2）制成复合试样后，再测共振频率和半功率带宽。

6.7　注意事项

1. 假定阻尼材料的特性和线性粘弹性理论一致，则所有阻尼测量都在线性范围内进行。如果所选的激振力超出了线性区域，则数据分析无效。

2. 激振力的幅值应保持恒定。如果力的幅值不能保持不变，则试样的响应必须除以力的幅值。

3. 非自支撑阻尼材料性能的测定是建立在阻尼系统和非阻尼系统的实测差值上的。这些大数值的差值通常包含大量的小差值，因而，测量中的任何误差都将使所研究的温度效应和频率效应产生很大误差。为了防止这种情况发生，建议

1）对于试样 b，$(f_{si}/f_{0i})^2(1+DT_1)\geqslant 1.1$；

2）对于试样 c，$(f_{si}/f_{0i})^2(1+2DT_1)\geqslant 1.1$；

3）对于试样 d，$(f_{si}/f_{0i})^2(1+DT_2)\geqslant 1.1$。

式中：f_{0i}——金属板的第 i 阶共振频率，Hz；

f_{si}——复合板的第 i 阶共振频率，Hz；

D——阻尼材料密度和金属材料密度之比，无量纲；

T_1、T_2——阻尼层厚度和金属层厚度之比，无量纲。

7. 数据处理

7.1　自支撑阻尼材料的弹性杨氏模量和损耗因子的计算

用式（B-1）计算自支撑阻尼材料的弹性杨氏模量，用式（B-2）计算损耗因子

$$E=12\rho l^4 f_{0i}{}^2/H^2C_i^2 \tag{B-1}$$

$$\eta=(\Delta f_{0i})/(f_{0i}) \tag{B-2}$$

式中：ρ——板体密度，kg/m³；

l——板体长度，m；

H ——振动方向的板体厚度，m；

Δf_{0i} ——均质板的第 i 阶模态的半功率带宽，Hz；

i ——共振阶数，1, 2, 3, …；

C_i ——固定-自由均质板的第 i 阶模态系数，其中

$$C_1 = 0.559\,59$$
$$C_2 = 3.506\,9$$
$$C_3 = 9.819\,4$$
$$C_4 = 19.242$$
$$C_5 = 31.809$$
$$\vdots$$
$$C_i = (\pi/2)(i-0.5)^2,\ i>3$$

7.2 非自支撑阻尼材料

1. 对于试样 b，用式（B-3）计算非自支撑阻尼材料的弹性杨氏模量，用式（B-4）计算损耗因子

$$E_1 = \left[(\alpha-\beta)+\sqrt{(\alpha-\beta)^2-4T_1^2(1-\alpha)}\right]E/2T_1^3 \quad \text{(B-3)}$$

$$\eta_1 = (1+MT_1)(1+4MT_1+6MT_1^2+4MT_1^3+M^4T_1^4)\eta_{si} / MT_1(3+6T_1+4T_1^2+2MT_1^3+M^2T_1^4) \quad \text{(B-4)}$$

其中，$M = E_1/E_2$；$\eta_{si} = \Delta f_{si}/f_{si}$；$\alpha = (f_{si}/f_{0i})^2(1+DT)$；$\beta = 4+6T_1+4T_1^2$；$D = \rho_1/\rho$；$T_1 = H_1/H$。

式中：M ——弹性杨氏模量比，无量纲；

Δf_{si} ——复合板第 i 阶模态的半功率带宽，Hz；

η_{si} ——复合板的损耗因子，无量纲；

η_1 ——阻尼材料的损耗因子，无量纲；

H_1 ——阻尼材料的厚度，m；

ρ_1 ——阻尼材料密度，kg/m^3。

2. 对于试样 c，由式（B-5）计算非自支撑阻尼材料的弹性杨氏模量，用式（B-6）计算损耗因子

$$E_1 = [(f_{si}/f_{0i})^2(1+2DT_1)-1]E/(8T_1^3+12T_1^2+6T_1) \quad \text{(B-5)}$$

$$\eta_1 = [1+E/(8T_1^3+12T_1^2+6T_1)E_1]\eta_{si} \quad \text{(B-6)}$$

3. 对于试样 d，由式（B-7）计算非自支撑阻尼材料的弹性剪切模量，用式（B-8）计算损耗因子

$$G = \frac{\left[(A-B)-2(A-B)^2-2(A\eta_{si})^2\right]\left[\dfrac{2\pi C_i EHH_2}{l^2}\right]}{(1-2A+2B)^2+4(A\eta_{si})^2} \quad \text{(B-7)}$$

$$\eta_2 = \frac{A\eta_{si}}{(A-B)-2(A-B)^2-2(A\eta_{si})^2} \quad \text{(B-8)}$$

式中：G ——阻尼材料的弹性剪切模量，Pa；

η_2——阻尼材料的剪切损耗因子，无量纲；

H_2——阻尼材料的厚度，m；

$A=(f_{si}/f_{0i})^2(2+DT_2)(B/2)$；

$B=1/6(1+T_2)^2$；

$T_2=H_2/H$。

7.3　随频率和温度变化的弹性杨氏模量或弹性剪切模量及相应的损耗因子

随频率和温度变化的弹性杨氏模量或弹性剪切模量及相应的损耗因子可以用一根试样来连续测得，该单板以几个不同模态振动。每一试样需重复测量三次以上，取平均值。

7.4　金属棒的损耗因子

因为金属棒的损耗因子约为 0.001 或更低一些，所以在计算时假设其为零。

8. 实验报告

报告须包括下列各项：

1）材料名称；
2）说明实验是否在每个方面都是按本实验方法施行的；
3）试样编号、试样尺寸、阻尼结构形式及存放条件；
4）用于制作复合板试样的特定金属材料的名称和类型；
5）说明准备阻尼材料（复合棒）试样之前所有金属材料的表面化学处理过程；
6）所用特定粘合剂的牌号，并附有厚度尺寸；
7）复合板的实验频率和每种测试材料的温度；
8）本标准号码及测试设备；
9）测试结果，对每一试样计算出弹性杨氏模量或弹性剪切模量和损耗因子；
10）测试日期。

9. 精确度

精确度取决于实验室阶段的研究测试结果。对于阻尼材料的拉伸阻尼特性，在每个温度-频率下，损耗因子及模量值的分散率分别不允许超过 25%和 20%。约束层材料的弹性剪切模量变化较大，其分散率不应超过 45%。

附录C　振动与冲击　机械导纳的试验确定

第2部分：用激振器做单点平动激励测量 GB/T 11349.2—2006

1. 范围

本部分规定了用连接式激振器单点平动激励测量结构（如建筑物、机器和车辆）的机械导纳或其他频率响应函数的方法。

本部分适用于导纳、加速度导纳或位移导纳的测量，既可以是驱动点测量，又可以是传递测量。它还适用于确定这些比值的倒数，如自由有效质量。虽然采用的是单点激振，但是可同时测量的运动响应的测点数目没有限制，例如，模态分析中要求的多点响应测量。

2. 规范性引用文件

下列文件中的条款通过 GB/T 11349 的本部分的引用而成为本部分的条款。凡是注日期的引用文件，其随后所有的修改单（不包括勘误的内容）或修订版均不适用于本部分，然而，鼓励根据本部分达成协议的各方研究是否可使用这些文件的最新版本。凡是不注日期的引用文件，其最新版本适用于本部分。

GB/T 11349.1—2006　振动与冲击　机械导纳的试验确定　第1部分：基本定义与传感器（ISO 7626-1：1986，IDT）

GB/T 14412—2005　机械振动与冲击 加速度计的机械安装（ISO 5348：1998，IDT）

ISO 2041：1990　振动与冲击——词汇

ISO 5344：1980　电动式振动试验设备——设备特性描述方法

3. 术语和定义

GB/T 11349.1 和 ISO 2041 确立的下列术语与定义适用于 GB/T 11349 的本部分。但为了方便，GB/T 11349 的本部分用到的重要的定义在 3.1～3.5 节中给出。

3.1　*频率响应函数*（frequency-response function）

与频率有关的运动响应相量与激振力相量之比。

注1：频率响应函数是线性动力系统的特性，与激励函数的类型无关。激励可以是时间的简谐、随机或瞬态函数，由一种激励得到的实验结果可用来预测系统对其他任何类型的激励的响应。随机和瞬态激励的相量及其等价量在 GB/T 11349.1—2006 中被讨论。

注2：系统的线性是有条件的，实际上只能近似满足，它取决于系统的类型和输入的大小，应当注意避免非线性影响。

注3：运动可用速度、加速度或位移来表示，相应的频率响应函数分别称为导纳、加速度导纳和位移。

注4：本定义摘自 GB/T 11349.1。

3.2　导纳（mobility）

由速度响应相量与激振力相量之比，或速度响应谱与激振力谱之比构成的频率响应函数，称为导纳，应满足的边界条件是除在驱动点的激振力之外，结构上的任何点都没有作用力。

3.3　驱动点导纳（Y_{jj}，driving-point mobility）

除表示结构在预计应用中的正常支承外，没有其他任何约束，允许结构上所有其他测点自由响应，这时 j 点的速度响应相量与同一点的激振力相量之比构成的频率响应函数，称为驱动点导纳，单位为 m/(N·s)。

注 1：术语“点”是指某一个位置及方向，也可使用术语“坐标”，它与“点”的意义相同。

注 2：本定义摘自 ISO 2041。

3.4　传递导纳（Y_{ij}，transfer mobility）

除表示结构在预计应用中的正常支承外，没有其他约束，允许结构上除 j 点外的所有点自由响应，这时 i 点的速度响应相量与 j 点的激励力相量之比构成的频率响应函数，称为传递导纳，单位为 m/(N·s)。

注：本定义摘自 ISO 2041。

3.5　关注的频率范围（frequency range of interest）

在一组给定的试验中，要得到导纳数据的从最低频率到最高频率的区间，单位为 Hz。

注：本定义摘自 GB/T 11349.1。

4．测量系统的总体结构

应按 GB/T 11349 本部分的要求选择导纳测量系统的各组成部分，以适合每个具体的应用。

所有这些系统都应包括如图 C-1 所示的基本部分。在后面的 8.3 节等将给出对这些部件特性和用法的要求。

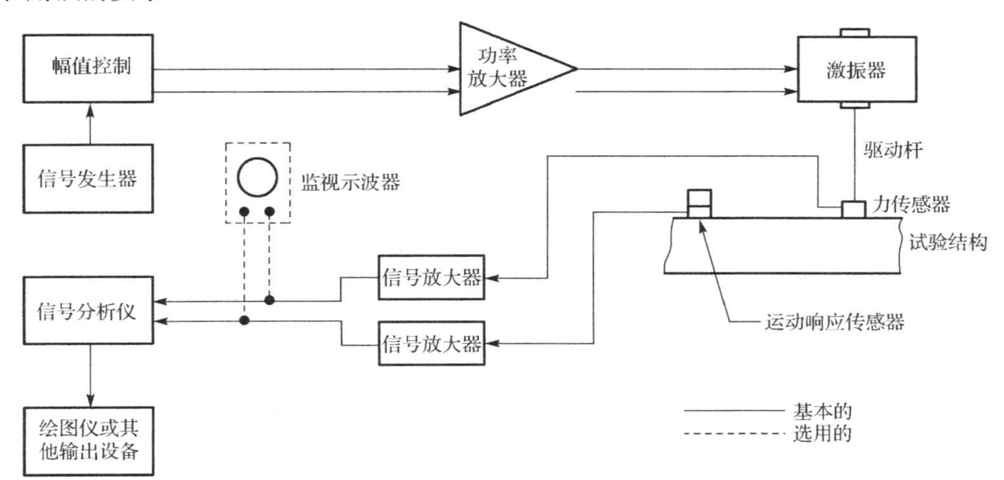

图 C-1　导纳测量系统框图

5. 试验结构的支承

5.1 概述

结构可以在非落地（自由悬挂）条件下或者在落地（用一个或多个支承）条件下进行导纳测量。激振器对结构的约束作用将在 6.4 节中描述。

5.2 落地（支承）条件下的测量

除非特殊说明，试验结构的支承应代表结构在典型应用中的支承状况。试验报告应说明支承条件。

5.3 非落地（自由悬挂）条件下的测量

试验结构应采用柔性悬挂，悬挂系统与试验结构连接处的驱动点导纳矩阵中的所有相关元素的值至少应是相同点处结构导纳矩阵的相应元素的值的 10 倍。试验报告应详细描述使用的悬挂。

在缺乏定量资料的情况下，悬挂的设计在很大程度上是一个判断问题，起码被悬挂结构的所有刚体模态的共振频率应小于最低的关注频率的二分之一。

柔性悬挂通常使用柔性绳及用泡沫塑料和橡皮等材料做成的弹性垫。由于某些悬挂系统的质量和阻尼很小，必须保证使悬挂系统的共振频率远离试验结构自身的模态频率。测量中任何靠近试验结构的悬挂部件（如挂钩和螺丝扣）的质量都应该小于结构在每个关注频率的自由有效质量（加速度阻抗）的十分之一。

为了确定对测量产生影响最小的悬挂位置，应进行预备性试验。悬挂点靠近试验结构的节点能将悬挂系统与结构的相互作用减至最小。若实际情况允许，悬挂绳应该垂直于激励的方向，即使这样，悬挂绳的横向弹性振动对试验数据还是有影响的。

注：还应注意悬挂系统引起的结构的附加阻尼。

6. 激励

6.1 概述

激励和响应信号经过适当处理，对于任何激励波形，只要其谱能覆盖关注的频率范围，就能使用。

早期研究者使用简谐激励信号，在理想条件下，稳态响应也是简谐信号。简谐响应幅值与激励信号幅值之比给出了在那个特定频率的导纳的模，相位差是幅角。

由于简谐信号的幅值是它的傅里叶变换的模，因此这项技术还在应用，并且简谐激励得到的结果与更复杂信号的傅里叶变换得到的结果相同。但是，为了达到稳态响应，需要在每个激励频率上停留足够的时间。如果激励信号和速度响应的傅里叶变换已经确定，则不必这样做。这时可应用短时正弦猝发，根据响应谱与力谱的比，就能得出在一个限定的频率范围内的正确导纳值。

正弦扫描激振时也会出现相同的情况。若应用傅里叶变换，则不受 9.2.3 节描述的扫描速率的限制，而且可以用一个快速正弦扫描信号代替慢速正弦扫描信号。

当利用数字傅里叶变换时，更宜采用周期激振信号（如周期快扫或周期随机信号），其优点是容易防止时域泄漏。

6.2 激励波形

6.2.1 概述

可使用 6.2.2～6.2.5 节描述的激励波形，但并不局限于这些波形。本标准力求反映已广泛应用的技术，但不包括刚刚出现的或正在研究的测量方法。

6.2.2 离散步进正弦激励

在测量中，有一组相继施加的单个离散频率的正弦信号激励。在关注的频率范围内，信号的频率步进式增大，9.2.2 节给出了选择频率增量的要求。在每个频率上，施加的激励应停留足够长的时间，以便获得在这个特定频率激励下结构固有振动模态的稳态响应，以及对信号进行适当处理。

6.2.3 慢扫描正弦激励

在测量中，激励是一个从关注的频率范围的下限到上限连续扫描的正弦信号。为了获得结构的准稳态响应，扫描频率的速率应足够慢，9.2.3 节给出了选择扫描速率的要求。在一个短时间间隔内，激励能量集中在其扫描的频带内。

6.2.4 平稳随机激励

平稳随机激励波形没有显式数学表达式，但具有一定的统计性质。激励信号谱用激励力的谱密度来表示，9.4.3 节推荐了把激励集中在关注的频率范围内以形成谱密度的方法，这样，可同时激励这个频率范围内的所有模态。

6.2.5 其他激励

1）～4）描述的其他类型的波形也能同时激起关注的频率范围内的所有振动模态。这些波形的信号处理和激励控制的方法与平稳随机激励相似。为了正确地测量结构的运动响应，需要进行响应波形的时域同步平均，此时推荐重复使用这些波形。

1）伪随机激励

为了得到期望的谱，在频域内对激励信号进行数字合成。将其进行傅里叶逆变换，产生一个重复的数字信号，再将其变换成模拟电信号，用来驱动激振器。

2）周期正弦快扫激励

周期正弦快扫激励就是重复的快速正弦扫描信号，其频率在选择的频段内上下扫描。该信号可以数字合成，也可以由一个扫描振荡器产生，并与波形平均的信号处理器同步，以提高信噪比。

3）周期脉冲激励

周期脉冲激励通常是由数字合成的适当形状的脉冲函数周期性地重复而得到的。信号处理器应与信号发生器同步。应当选择脉冲函数的形状（如半正弦或衰减的阶梯函数），以满足激励频率的要求。

4）周期随机激励

周期随机激励综合了纯随机激励和伪随机激励的特点，它既能满足周期信号的条件，又随时间而变化。因而，它是纯随机方式激励结构，这要靠每次平均采用不同的伪随机激励来实现。

6.3 激振器

激振器是通常连接到试验结构上对其输入预定波形的力的设备，包括电动式激振器、液压式激振器和压电式激振器（见 ISO 5344）。图 C-2 给出了激振器一般适用的频率范围。

对激振器的基本要求是能提供足够的力和位移，这样才能以适当的信噪比在整个关注的频率范围内进行导纳测量。对指定的结构进行足够宽频的随机激励比正弦激励时需要更大的激振器。如果限定随机噪声的带宽或者使用激励和响应信号波形的时域平均，则可以选用较小的激振器（见 6.2.5 节）。

注：对于背景噪声和电路噪声，可用相干函数衡量激振器的适用性。

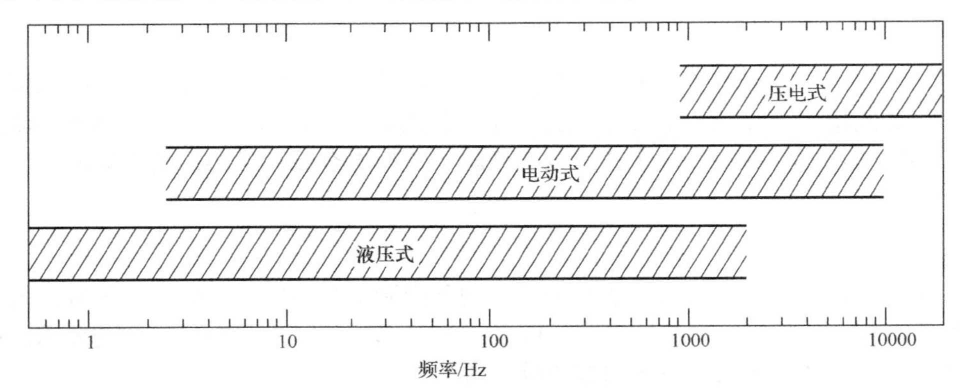

图 C-2 激振器一般适用的频率范围

由于受激振器支承或激振器的自身惯性的影响，输入结构的激励力会产生反作用力。图 C-3（a）和图 C-3（b）说明了这些情况。若需要，应当把一个附加质量连接到激振器上。图 C-3（c）表示一种不正确的方案，它让激振器的反作用力通过支承激振器和结构的共同底座，而不是力传感器传递到结构上。

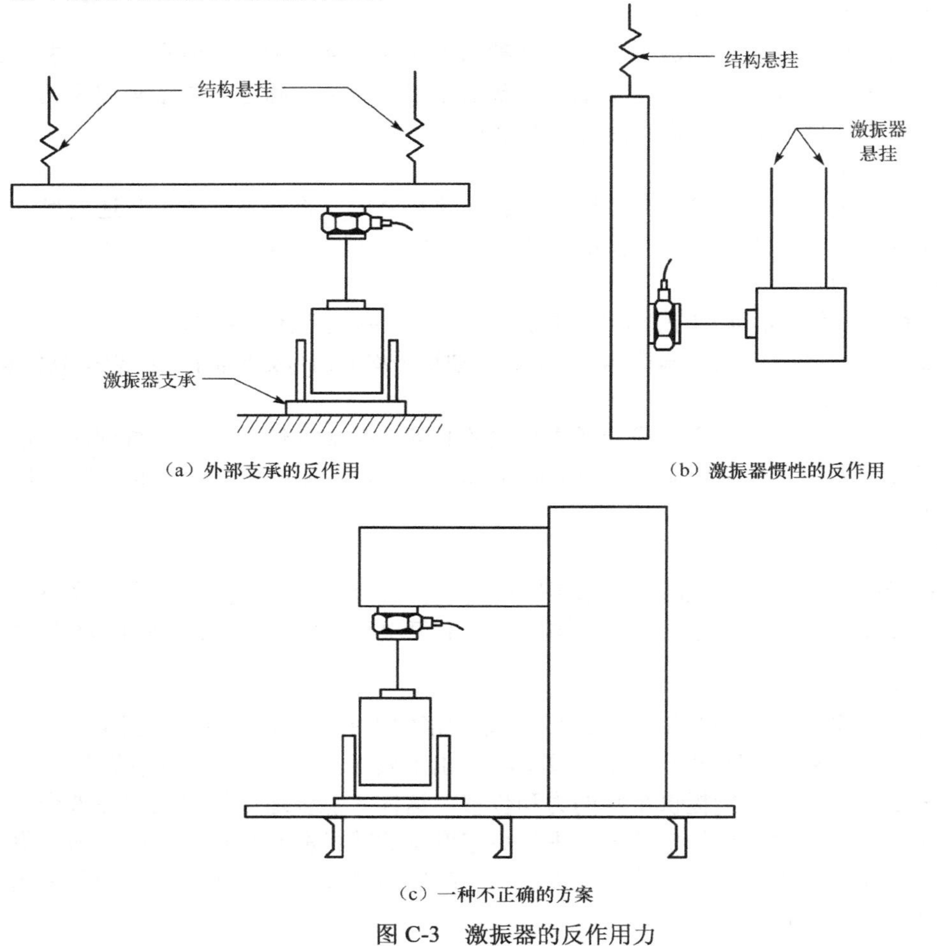

（a）外部支承的反作用

（b）激振器惯性的反作用

（c）一种不正确的方案

图 C-3 激振器的反作用力

6.4　避免附加力和附加力矩

6.4.1　概述

导纳测量的一个基本要求是应在结构上的某点沿某个方向施加激励力。

任何附加力和附加力矩（不是沿预定方向的预定激励力）将使导纳数据产生误差。驱动点和结构上的所有其他测点应能在无约束的任何方向自由地响应。应当避免结构和传感器之间及结构和激振器之间的动力相互作用。为了确保能避免附加力和附加力矩，应考虑6.4.2～6.4.4节中的有关因素。

6.4.2　传感器质量负载

在每个传感器连接点上，由于传感器质量的加速度会产生附加惯性力，因此可选择符合灵敏度要求的质量最小的传感器，将质量负载引起的测量误差减至最小。当测量驱动点导纳时，力传感器负载在一定程度上可以通过电学方法给予补偿（见7.3节）。

6.4.3　传感器转动惯量负载

在每个传感器的连接点上，传感器因角加速度会产生附加惯性力矩（特别是具有大转动惯量的阻抗头）。应选择绕其安装点具有较小惯性矩的传感器，使这些附加力矩减至最小。

6.4.4　激振器的连接约束

在激振器的连接点上，由于试验结构转动和横向驱动点响应被约束，因此会产生附加力矩和横向力。例如，激振器与阻抗头组合引起的箝位约束能反过来影响试验结构低阶模态的测量。可减小锥头的面积使之更接近点驱动。

注：若使用时没有仔细考虑，减小锥头面积反而会增大产生附加力矩的可能性。

当用固定式激振器测量轻型结构的导纳时，如何避免激振器连接约束，经常是最困难的问题。

为了避免由连接约束造成的测量误差，在关注的频率范围内，当激振器和连接件不与结构连接时，激振器连接件的横向和转动驱动点导纳的幅值应当至少是结构本身的驱动点导纳矩阵中的相应元素的值的10倍。

当缺少横向或转动驱动点导纳的定量数据时，常常需要判断是否需要一个特殊的试验装置来避免由显著的连接约束引起的测量误差。此时，应当考虑以下几点。

1）使用自由浮动音圈激振器。

2）为受惯性控制的激振器设计一个支撑系统，使作用于试验结构上的力的反作用既不会引起激振器的任何转动，又不会引起对力传感器轴的任何横向运动。

3）安装用来连接激振器和力传感器的驱动杆。驱动杆应设计成轴向具有大刚度、而在其他任何方向具有足够的柔性，为此，可经常使用细长杆。采用两端较细的杆可能效果更好。应当使激振器与驱动杆和力传感器轴在同一直线上。

如果使用柔性驱动杆，在任何情况下，加速度传感器不应当通过任何中间装置（如驱动杆，它的轴向柔度可能使运动响应测量无效）连到结构上［如图C-4（a）所示］，而必须直接连到结构上。力传感器应安装得使它总是测量由驱动杆传到结构上的力［如图C-4（b）所示］。只有格外小心，才能把力传感器放在杆的激振器端［如图C-4（c）所示］。如果无法避免图C-4（c）所示的安装，应按照GB/T 11349.1所述，检查驱动杆柔度的影响，并用7.3节规定的方法对驱动杆的质量给予补偿。

注：驱动杆固有频率在关注的频率范围内的弯曲模态可能影响导纳试验。

此外，激振器运动系统的弯曲模态还能对结构产生力传感器检测不出来的而又影响响应测量的力矩。

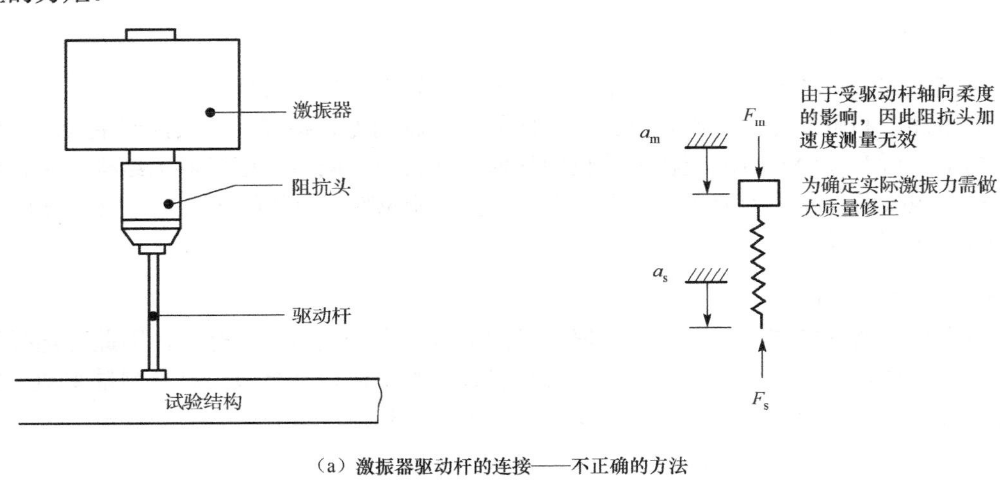

（a）激振器驱动杆的连接——不正确的方法

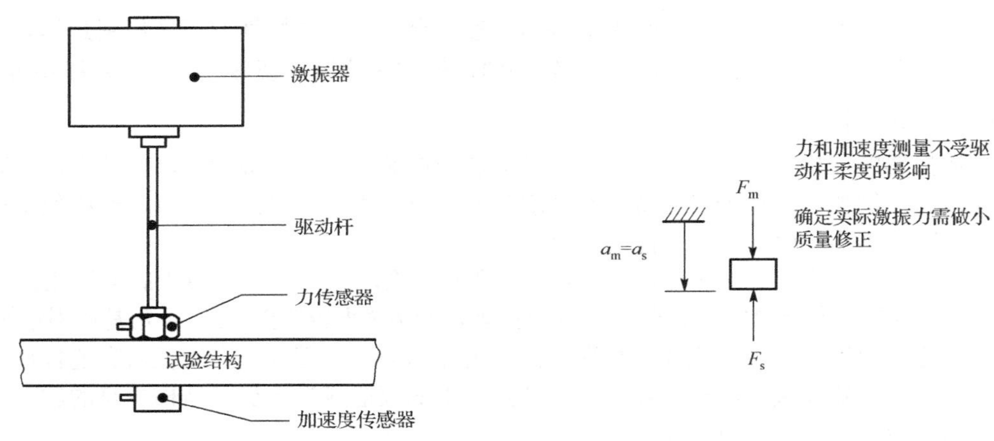

（b）激振器驱动杆的连接——最佳方法

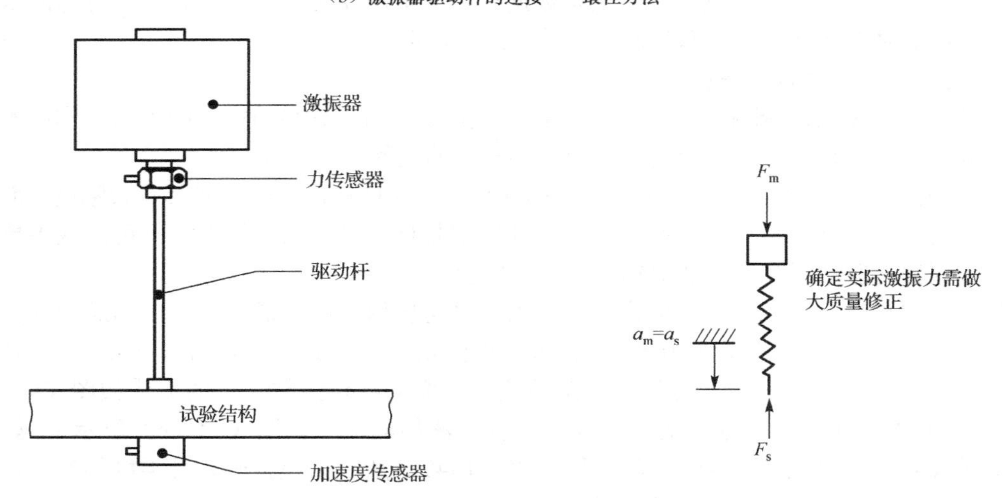

（c）激振器驱动杆的连接——折中方法A

图 C-4　激振器驱动杆的连接

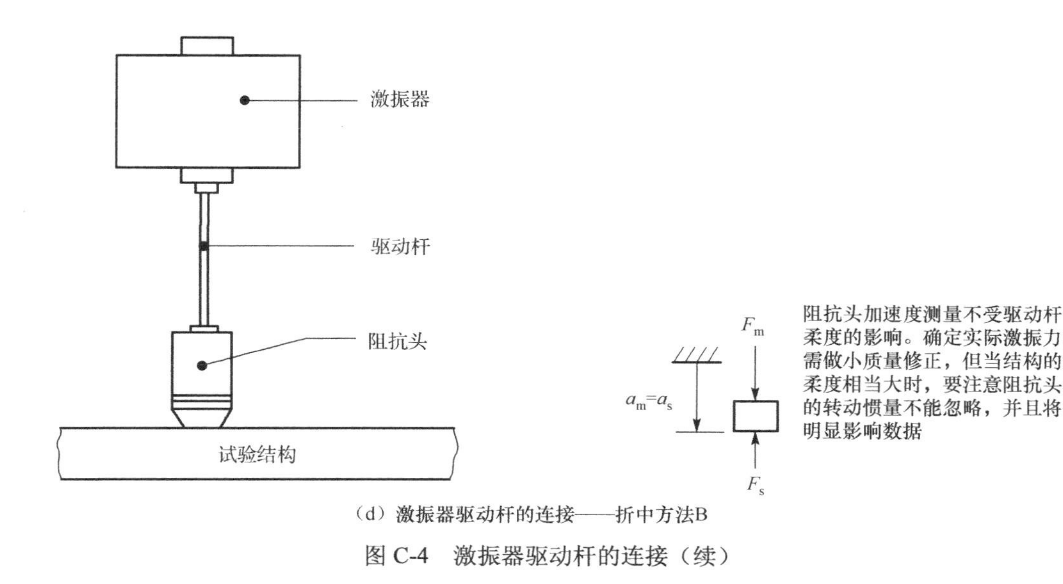

（d）激振器驱动杆的连接——折中方法B

图 C-4 激振器驱动杆的连接（续）

7. 激励力与运动响应的测量

7.1 概述

GB/T 11349.1 已规定了选择运动传感器、力传感器和阻抗头的基本准则与要求及确定这些传感器特性的方法。由于不能用测量激振器的电流和电压来推断激励力的大小，因此激励力可用适合的传感器来测量。

通常用于测量结构频率响应的传感器是压电式加速度传感器、压电式力传感器及把它们连为一体的阻抗头，也可用位移传感器或速度传感器代替加速度传感器。某些位移传感器还具有非接触测量的优点。当采用脉冲激励波形时，压阻式加速度传感器具有一定的优点。应该注意的是，要保证传感器的频率响应和线性范围足够宽。

对每个频率 f，用 $(j2\pi f)$ 的正或负整数幂乘以测量结果，就可用任意形式的运动传感器来确定三种运动形式（位移、速度和加速度）中的任何一种。这里，$j=\sqrt{-1}$，f 是关注的频率。

7.2 传感器的连接

通常用螺栓或黏合剂把力传感器和运动传感器安装在结构上。

应该用尽可能少的中间件，直接通过力传感器或阻抗头把激励力传递给结构。如果传感器安装点表面不平，可以采用某种适当形状的金属固定垫。传感器和安装面之间涂一层黏性液体（如重油或润滑油）的薄膜，可以改善高频时两者之间的耦合。应如 GB/T 1134 9.1 所述检查连接件柔度的影响，应按传感器制造厂推荐的扭矩把力传感器拧紧。

7.3 质量负载和质量消减

如 6.4.2 节所述，试验时附加在结构上的质量应该尽量小。当对轻型结构进行试验时，可用电气补偿在结构驱动点处的传感器和连接件总的有效质量 m_1。在关注的频率范围内的所有频率 f（单位：Hz）处，当被试结构的驱动点导纳值大于 $0.01/(fm_1)$ 时，应该考虑质量的电子补偿。质量 m_1（单位：kg）是用来把力传感器安装到试验结构上的器件的质量和力传感器或阻抗头的有效端部质量（如 GB/T 11349.1 所定义）的总和。

若不符合上面的准则，可以考虑质量消减的补偿方法：在模拟电路或数字电路中，将得到的激励点的加速度信号乘以补偿的总有效质量。这个乘积是激振器输出力的一部分，它是使附加到结构上的有效质量产生加速度所需要的力。为了获得作用于试验结构的净激励力，应在模拟电路或数字电路中把这个力信号从力传感器信号中减掉。

注 1：如果在力传感器的下面用一个单独的驱动点加速度传感器［图 C-4（b）和图 C-4（c）］，则这个加速度传感器的质量也应被包含在总的有效质量 m_1 之内。

注 2：在测量驱动点导纳时，用于测量结构响应的加速度传感器也可以提供使有效质量产生加速度所要求的力信号，但是在测量传递导纳时，在结构的驱动点需要有一个单独的加速度传感器，以获得用于质量消减的信号。

注 3：质量的电子消减不能补偿转动惯量负载，仅能补偿驱动点处沿激励方向的平动的惯性负载。其他所有的附加力只有靠选择小惯性的传感器，才能把它们减至最小。结构的未补偿惯性负载引起的测量误差包括响应峰值频率的偏移。

注 4：在采用质量消减方法之前，应该优先考虑传感器的选择和连接件的重新设计。另外，为了避免大的测量误差，只有当连接件和传感器的有效质量与试验结构在驱动点处的自由有效质量的比值大于 0.06 且小于 0.5 时，才使用质量消减方法。

7.4 信号适调器

压电式力传感器和运动传感器需要与电荷放大器或高输入阻抗电压放大器联用。

注 1：某些压电式传感器配备内装的电子线路，因而它需要与这个线路相匹配的放大器。

注 2：电压放大器的灵敏度受传感器电缆阻抗的影响，电压放大器比电荷放大器的低频响应限制更严格。

7.5 校准

7.5.1 概述

GB/T 11349.1 规定了对传感器进行基本校准和补充校准的要求。它们是确定导纳测量用的压电式传感器适用性的基础。应每年对传感器进行一次基本校准。

在每次试验开始前，应按 7.5.2 节的要求对整套测量系统进行系统校准。在每一系列试验结束时，也应进行系统校准来检验。如需要，还可以在试验期间进行补充校准。

7.5.2 系统校准

系统校准是通过测量自由悬挂的、已知质量的刚性校准块的导纳或加速度导纳来完成的。测量系统的所有组成部分应当与试验时相同。测定的校准块的频率响应应与已知值吻合，误差在±5%以内。例如，加速度导纳的幅值应等于 $1/m$ 或者导纳的幅值应等于 $1/(2\pi fm)$，这里 m 是校准块的已知质量。系统校准的连接件应与测量时相同，从而可检测出连接柔度带来的任何误差（见 GB/T 11349.1）。选择校准块的质量，使其导纳在测量的范围内具有代表性。如有必要，为了覆盖所研究的导纳范围，应使用多个合适的校准块进行多次系统校准。

8. 传感器信号的处理

8.1 频率响应函数的确定

8.1.1 概述

运动信号和力信号都应当用能滤波的分析仪加以处理（如有要求，还可进行质量消减），并确定两者之间的幅值之比和相位差，幅值之比和相位差均是频率的函数。分析仪还应完成将测量的频率响应函数转换成其他形式（例如，将加速度导纳转换成导纳）的数字运算（见7.1节）。8.1.2节和8.1.3节规定了对6.2节讨论的各种激励波形的处理要求。

8.1.2 正弦激励

频率响应函数的幅值是两个正弦信号的相量幅值的比，它可以用模拟方法或数字方法来确定。频率响应函数的相位应由测量这两个信号的相位差来确定。

注：若采用离散步进正弦激励，在每个频率下，把单个响应通道从一个响应传感器切换到下一个响应传感器，则可以得到若干频率响应函数。若采用慢扫描正弦激励，则在一次扫描中，每个响应通道只能测得一个点的频率响应函数。

8.1.3 随机激励

用随机、周期随机、伪随机、周期正弦快扫或脉冲激励产生的传感器信号应经过数字傅里叶变换分析仪的处理。如GB/T 11349.1中所述，频率响应函数可用运动响应与激励力的互谱密度除以激励力的自谱密度得到。对时域加权后的激励和响应信号（见8.4.3节）进行离散傅里叶变换来计算上述谱。为了取得至少90%的置信度，即在每个共振频率计算的谱的驱动点导纳的随机误差小于5%，在每个共振频率点，应对足够数量的谱进行平均。在计算相应的传递导纳时，至少也应该对相同数目的谱进行平均。

注1：当测量传递导纳时，不可能达到上述量级的置信度，特别是在传递导纳值很小时，测量其响应更是如此。在这种情况下，除相应驱动点导纳试验所要求的平均谱的数目外，再增加平均的谱数，作用不大。

注2：双通道傅里叶分析仪在一次测量中只能得到单个频率响应函数。若想同时测量多个频率响应函数，则可采用多通道分析仪。

8.2 滤波

8.2.1 正弦激励

用相应于激励频率的响应和激励信号分量可以计算出频率响应函数。适当的滤波器或同步数字采样可把噪声和谐波分量减至最小，而且不改变激励信号和响应信号间的相位。

注：为此，习惯上采用跟踪滤波器。跟踪滤波器是相位匹配的窄带通模拟设备，它采用外差式处理以自动判断激励频率。另外，也可采用数字式信号处理装置，使数据采样与激励信号的频率同步进行。

8.2.2 随机激励

采用随机激励时，不可能从激励信号和响应信号中滤出噪声与谐波分量。可用限制频带（细化）技术提高信噪比。应如9.4.3节所述，选择适当的滤波器以限定激振频带宽度。在运用数字分析仪时，为了避免由高于最高分析频率范围的信号分量所引起的误差，一定要用衰减率高、相位匹配的抗混滤波器。

8.3 避免饱和

为保证测量的有效性，避免信号放大器饱和，应进行增益设定的系统检查。分析仪的过载指示器只有在分析器饱和发生时才有反应。除非前置放大器装有过载指示器，应当如图 C-1 所示，在分析仪之前的线路中用示波器监测信号。

注：当饱和波形显示在示波器上时，用目视可以观察出削波。

8.4 频率分辨率

8.4.1 概述

在关注的频率范围内，分辨率应足够高，以分辨出试验结构的全部特征频率，并适当估计模态阻尼。

8.4.2 正弦激励

对于慢扫描正弦激励和离散步进正弦激励，为获得足够的共振频率分辨率，要求激励频率随时间的变化应足够慢（见 9.2 节）。

8.4.3 随机激励

对于如 6.2.4 节和 6.2.5 节所述的激励波形，在离散频率傅里叶变换分析中要取得合适的频率分辨率，应要求有足够小的频率增量。应根据被试结构的模态密度和模态阻尼来确定频率增量（谱线间隔，Hz）。进而，用海宁窗或其他适当的时间加权函数对信号在时域加权，可提高频率分辨率。

注 1：对于小阻尼结构，若在整个关注的频率范围内计算出激励和响应的信号的谱（通过一个“基带”傅里叶分析），则所需要的数据样本的数目（样本“块尺寸”）很大；另外，还可利用限制在某一频带上的傅里叶分析（细化）；或者把这两种方法结合起来使用，在任一情况下，要求的总时间（记录长度）（单位：s）都是所要求的频率增量（分辨率）（单位：Hz）的倒数。

注 2：随机激励可被视为脉冲函数的时间序列（杜哈梅方法）。一个数据块样本起点的响应主要是先前激励的结果，这样的响应与激励并不对应（相干）。靠近数据块的尾部仍然有激励，但响应已被截断，截断的影响取决于衰减时间和数据块总的采样时间的比及在数据块中激励脉冲的位置，这又会导致弱相干。激励和响应数据相干较好的部分可在数据块的中部被找到。有时推荐用海宁窗来改善导纳数据的相干，然而，它对随机激励的导纳测量仍是一种折中办法。

8.4.4 同期激励

周期随机、周期正弦快扫和脉冲激励与 8.4.3 节所遇到的问题不同。因为周期激励产生首尾相连的数据块序列，开始时的瞬态值转移到下一个数据块，并且经过一定时间之后，每个数据块都包括全部的响应数据。从原理上说，不需要取平均。在某些情况下，相干函数可用来估计外部噪声的影响，并指导信号平均次数的选取。

9. 激励的控制

9.1 概述

为了获得适当的频率分辨率，需要控制激励时间；为了获得适当的动态范围，需要控制激励的幅值。

9.2 正弦激励要求的时间

9.2.1 概述

为了得到所要求的频率分辨率，无论是采用扫描还是步进正弦激励，都应该控制激励频率变化率（或步长和速率）。为了精确地确定幅值和相位，并获得用于计算固有频率和结构阻尼的正确信息，在结构的共振（响应峰值）和反共振（响应波谷）区域内要求较高的分辨率。

9.2.2 离散步进正弦激励

当用步进正弦激励时，将最接近结构的每个共振频率的激励频率与该阶的共振频率之差作为频率步进增量的一半，这样，确定共振频率的最大误差是频率增量的二分之一。另外，测量的结构峰值响应的幅值很可能比真正的共振峰值小。表 C-1 给出了最大误差。结构响应峰值的测量误差会导致对结构模态阻尼的估计值过大。

表 C-1 用离散步进正弦激励测量结构共振时运动响应幅值的最大误差

步进频率增量与结构模态的真实半功率带宽的比	响应峰值测量的最大误差	
	%	dB
>1	>29.3	>3.0
1	29.3	3.0
1/2	10.6	1.0
1/3	5.1	0.5
1/4	3.0	0.3
1/5	1.9	0.2
1/6	1.4	0.1
1/7	1.0	0.1
1/8	0.7	0.1

在共振频率±10%的频率范围内，选择的频率增量应使测得的峰值响应的幅值和模态阻尼比与它们真实值的误差在 5%以内。

对于共振频率或反共振频率±10%范围以外的频率，可以采用更大的频率增量和更短的持续时间。

9.2.3 慢扫描正弦激励

采用慢扫描正弦激励时，频率以时间的线性函数或者以时间的对数函数变化。扫描速率的选择应使在共振频率±10%范围以内测得的结构运动响应的幅值与真实值的偏差小于 5%。

对于线性扫描激励，最大扫描速率$\left(\frac{\mathrm{d}f}{\mathrm{d}t}\right)\max$（单位：Hz/min）应为

$$\left(\frac{\mathrm{d}f}{\mathrm{d}t}\right)\max \leqslant 54(f_\mathrm{n})^2/Q^2 \tag{C-1}$$

对于对数扫描激励，最大扫描率$\left(\frac{\mathrm{d}f}{\mathrm{d}t}\right)\max$（单位：oct/min）应为

$$\left(\frac{\mathrm{d}f}{\mathrm{d}t}\right)\max \leqslant 77.6 f_\mathrm{n}/Q^2 \tag{C-2}$$

式中，f_n为估计的共振频率，Q为在该共振频率处估计的结构模态的动力放大（品质）因数。

注：使用上述两个关系式预计可保证得到的基本是稳态的测量。

9.3 随机激励所要求的时间

施加激励和测量运动响应，要有足够长的持续时间，以便对 8.1.3 节中所规定的数目的谱进行平均。

要平均的谱数是测量系统的信噪比的函数。应该用激励力信号和运动响应信号间的相干函数来确定在 90%的置信度内，为使随机误差小于 5%，必须要得到加以平均的最小谱数。

每个谱所需的激励时间（单位：s）应是离散傅里叶变换的频率增量（单位：Hz）的倒数（见 8.4.3 节的注）。

9.4 动态范围

9.4.1 概述

在关注的频率范围内，小阻尼结构的导纳幅值的范围可能会大于10^5:1（100dB）。每个数据通道除有最高电压外，还有一个最低电压。若高于最高电压，则会发生饱和；若低于最低电压，则电路噪声和数字系统中与数字化处理有关的噪声和信号相比就变得很显著了。为了测量精确，应该控制激励，使两个通道内的电压都在规定范围以内。9.4.2 节和 9.4.3 节中给出了当采用不同类型的激励波形进行导纳测量时，为了得到合适的动态范围而进行激励幅值控制的指南。

9.4.2 正弦激励

采用恒幅值激励时，通过导纳测量获得的最大动态范围就是测量系统响应信号通道的动态范围（一般约是 300:1 或 50dB）。为了扩大范围，在每个共振频率（响应峰值）附近应减小激励幅值，而在每个反共振频率（响应陡降处）附近应增大激励幅值。图 C-5（a）说明了采用恒幅值激励可达到的动态范围的局限性。采用恒幅值激励，由于测量最大运动响应时放大器饱和，因此测得的最大运动响应值小于真实的最大运动响应值。同样地，电路噪声也限制了结构反共振的真实运动响应的测量。图 C-5（b）描述了通过适当控制激励力幅值可达到的动态范围。

9.4.3 随机激励

当激励力是 6.2.4 节或 6.2.5 节所述的某一随机波形时，也应当利用图 C-5（b）所示的激励控制的概念。至少在关注的最大频率处，为消除在其以上的激励和响应信号，应快速截断激励谱。如果用限制带宽分析来提高测量的频率分辨率，那么应当用带通（或高通和

低通）滤波器把激励限制在为进行高分辨率测量所选定的带宽内（见 8.4.3 节）。

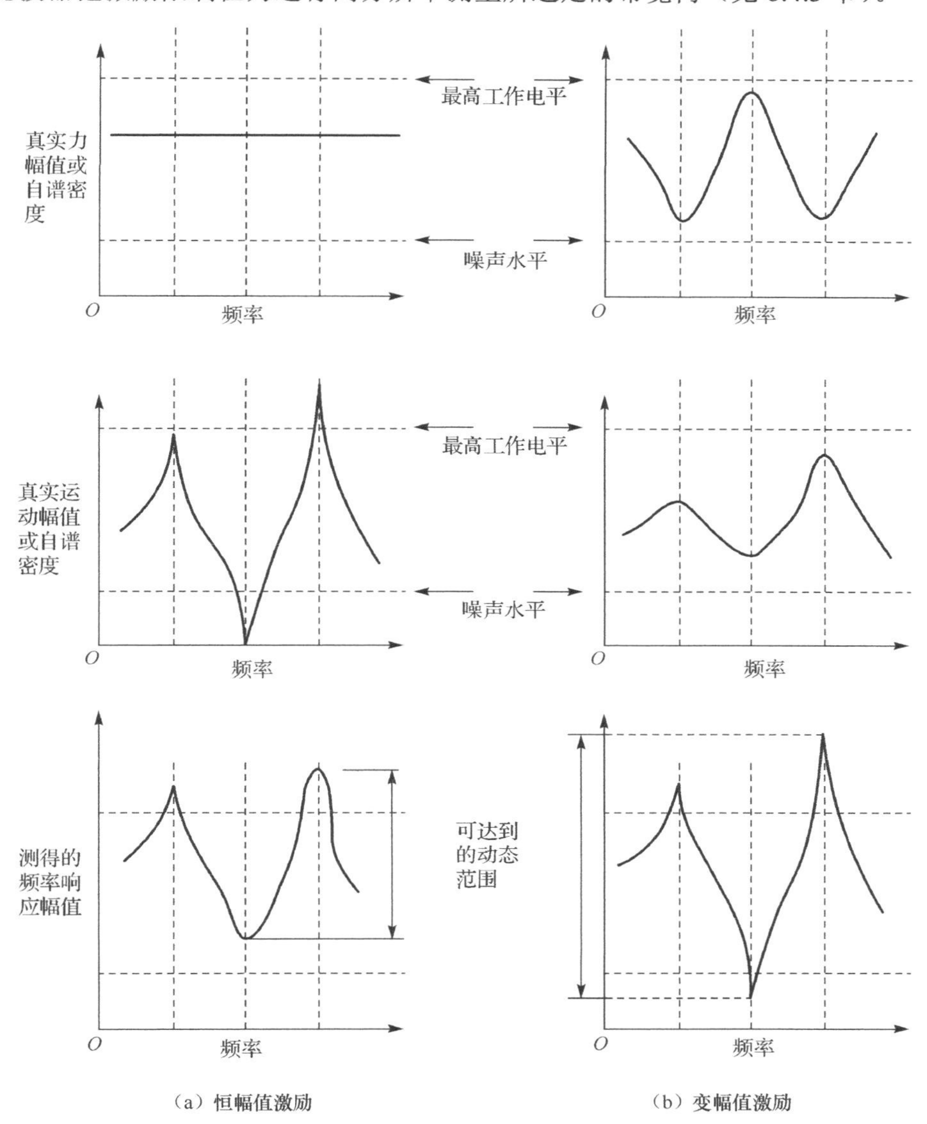

图 C-5　采用变幅值激励而不用恒幅值激励可增大动态范围的说明

10. 有效数据的检验

在用随机激励测定导纳数据时，可用补充试验。补充试验可提供有关试验结果的线性度、互易性和总体有效性的有用信息。

将数据绘在预先印好的导纳方格纸上（见 GB/T 11349.1），用绘图器可在方格纸上检验出适当的准线。

11. 模态参数识别

许多导纳试验是为了识别试验结构的模态参数。以此为目的的导纳数据的分析超出了本标准的范围。

附录D　声学与振动　弹性元件振动——声传递特性试验室测量方法

第 2 部分：弹性支撑件平动动刚度的直接测量方法 GB/T 22159.2—2012

1．范围

GB/T 22159 的本部分规定了给定预负载下弹性支撑件平动动刚度的测定方法。该方法涉及输入端振动和阻滞输出力的试验室测量，被称为“直接测量方法”。

本部分的方法适用于具有平行法兰的测试元件（如图 D-1 所示）。

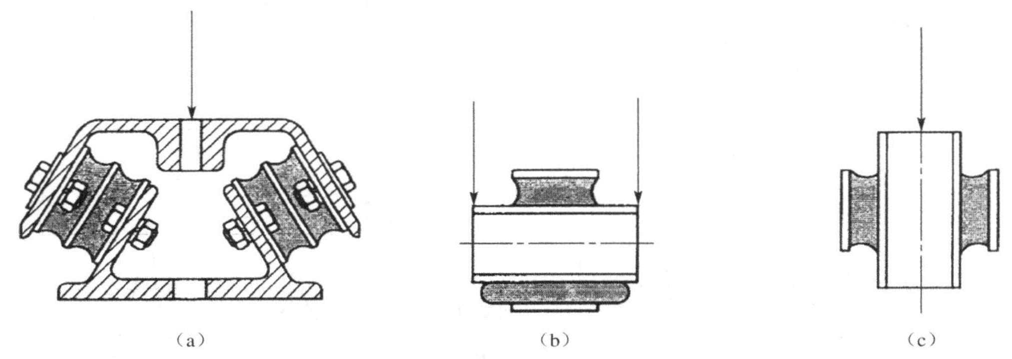

注 1：若弹性支撑件不具有平行的法兰，则需采用一个具有平行法兰的辅助固定夹具并将之作为待测元件的一部分，以满足测量所需的条件。

注 2：图中箭头所示方向为负载方向。

图 D-1　具有平行法兰的弹性支撑件示例

本部分所针对的弹性元件主要用于降低：

1）可听声低频段（典型值为 20～500Hz）的振动向结构传播，它可导致结构有时辐射不希望有的流体声（如空气声、水声或者其他媒质的声音）。

2）低频振动（典型值为 1～80Hz）的传播可作用于人体，当这种振动非常严重时，可对任何尺寸的构件造成危害。

注 1：实际上受测试装置尺寸的限制，该方法不能用于太大或太小的弹性支撑件口。

注 2：该方法也可用于用簧片条和垫子构成的连续支撑件的样品。这些样品能否充分描述复杂系统的特性，是本部分使用者的责任。

本部分涵盖了与待测元件法兰垂直及平行的平动测量。

直接测量法所适用的频率变化范围为 1Hz～ f_{UL}， f_{UL} 通常取决于测试系统。

注 3：由于测试系统和测试元件的种类繁多，因此 f_{UL} 通常是变化的。在本部分中，没有对测试系统限定一个固定的频率范围，而以实际测试数据为准，如后面的 6.1～6.4 节所述。

采用本部分方法所获得的测量数据可用于：形成生产厂商和供销商提供的产品信息、提供产品研发过程中的所需信息、产品质量控制、计算通过隔振器的振动能量传递。

2. 规范性引用文件

下列文件对于本文件的应用是必不可少的。凡是注日期的引用文件，只有注日期的版本才适用于本文件。凡是不注日期的引用文件，其最新版本（包括所有的修改单）适用于本文件。

GB/T 2298 机械振动、冲击与状态监测 词汇（—2010，ISO 2041：2009，IDT）

GB/T 11349.1 振动与冲击 机械导纳的试验确定 第1部分：基本定义与传感器（—2006，ISO 7626-1：1986，IDT）

GB/T 14412 机械振动与冲击 加速度计的机械安装（—2005，ISO 5348：1998，IDT）

GB/T 22159.1—2012 声学与振动 弹性元件振动—声传递特性试验室测量方法 第1部分：原理与指南（ISO 10846-1：2008，IDT）

ISO 226 声学测量中的常用频率（Acoustics-preferred frequencies）

ISO 16063-21 振动与冲击传感器的校准方法 第21部分：相对基准传感器的振动校准（Methods for the calibration of vibration and shock transducers-Part 21:Vibration calibration by comparison to a reference transducer）

ISO/IEC Guide 98-3 测量的不确定度 第3部分：测量中不确定度的描述指南［Uncertainty of measurement-Part3：Guide to the expression of uncertainty in measurement (GUM 1995)］

3. 术语和定义

下列术语和定义适用于本文件。

3.1 隔振器（vibration isolator）

弹性元件（resilient element），用于减弱一定频率范围内的振动传递而专门设计的隔振元件。

3.2 弹性支撑件（resilient support）

可支撑起机器、建筑物或其他类型结构的隔振器。

3.3 测试元件（test element）

待测弹性支撑件，包括法兰和必要的辅助固定夹具。

3.4 阻滞力（blocking force）

F_b，外加于隔振器输出端的动态约束力，可使隔振器产生零位移输出。

3.5 动（态传递）刚度（dynamic transfer stiffness）

$k_{2,1}$，与频率有关的复数，为弹性元件输出端阻滞力相量$F_{2,b}$与其输入端的位移相量μ_1之比

$$k_{2,1} = F_{2,b} / \mu_1$$

注 1：下标 1、2 分别代表弹性元件的输入端和输出端。

注 2：$k_{2,1}$ 的值可能和静态预载荷、温度、相对湿度及其他条件相关。

注 3：低频时，$k_{2,1}$ 仅取决于弹性力和阻尼力，且 $k_{1,1} \approx k_{2,1}$（$k_{1,1}$ 表示隔振器输入端的作用力与位移之比）。高频时，$k_{2,1}$ 还会受到弹性元件内部惯性力的影响，$k_{1,1} \neq k_{2,1}$。

3.6 弹性元件损耗因子（loss factor of resilient element）

η，$k_{2,1}$ 的虚部与实部之比，即 $k_{2,1}$ 相位角的正切值。低频条件下，弹性元件惯性力的影响可忽略不计。

3.7 频率平均动（态传递）刚度（frequency-averaged dynamic transfer stiffness）

k_{av}，动刚度在 Δf 频带内的平均值，是频率的函数。

注：见后面的 8.2 节。

3.8 点接触（point contact）

如同一刚性物体表面振动的接触面。

3.9 法向平动（normal translation）

与弹性元件法兰方向垂直的平移振动。

3.10 横向平动（transverse translation）

垂直于法向平动方向的平移振动。

3.11 线性（linearity）

满足叠加原理的弹性元件动态特性。

注 1：叠加原理可表述如下。输入为 $x_1(t)$ 时，输出为 $y_1(t)$；输入为 $x_2(t)$ 时，输出为 $y_2(t)$。对于任何的 a、b 和 $x_1(t)$、$x_2(t)$，若输入为 $ax_1(t)+bx_2(t)$，输出为 $ay_1(t)+by_2(t)$，则系统满足叠加原理。

注 2：在实践中，采用上述方法进行系统线性特性的检验是不实际的，一种有限度地检验线性特性的方法是通过测量一输入级范围内的动刚度来实现的。对一给定的预负载，如果动刚度基本不变，则认为该系统是线性的。事实上，该方法检验的是系统响应与激励之间的比例关系（见后面的 7.7 节）。

3.12 直接法（direct method）

测量隔振器输入端位移（速度或加速度）及输出端阻滞力的方法。

3.13 间接法（indirect method）

当隔振器输出端载有一质量已知的刚体时，测量弹性元件振动的位移（速度或加速度）传递率的方法。

注：除了类似质量阻抗的情况，术语“间接法”可能包括任何已知其阻抗的负载。然而，GB/T 22159 中并未涉及此类方法。

3.14　驱动点法（driving point method）

隔振器输出端受阻滞时，测量其输入位移（或速度或加速度）及输入端作用力的方法。

3.15　力级（force level）

L_F（单位：dB）采用下式定义

$$L_F = 10\lg\frac{F^2}{F_0^2}$$

式中：F^2——某一指定频带范围内的作用力的均方值；

F_0——基准力（$F_0 = 10^{-6}\text{N}$）。

3.16　加速度级（acceleration level）

L_a（单位：dB）采用下式定义

$$L_a = 10\lg\frac{a^2}{a_0^2}$$

式中：a^2——某一指定频带范围内的加速度的均方值；

a_0——基准加速度（$a_0 = 10^{-6}$ m/s）。

3.17　动（态传递）刚度级（level of-dynamic transfer stiffness）

$L_{k_{2,1}}$（单位：dB）采用下式定义

$$L_{k_{2,1}} = 10\lg\frac{|k_{2,1}|^2}{k_0^2}$$

式中：$|k_{2,1}|^2$——某一给定频率处的动刚度幅值的平方（见 3.5 节）；

k_0——基准刚度（$k_0 = 1\text{N/m}$）。

3.18　频带平均动（态传递）刚度级（level of frequency band averaged dynamic transfer stiffness）

$L_{k_{av}}$（单位：dB）采用下式定义

$$L_{k_{av}} = 10\lg\frac{{k_{av}}^2}{k_0^2}$$

式中：k_{av}——频率平均动刚度（见 3.7 节）；

k_0——基准刚度（$k_0 = 1\text{N/m}$）。

3.19　侧向传递（flanking transmission）

隔振器输入端激励产生的振动，经由待测弹性元件以外的其他路径传至输出端，使隔振器输出端产生的力和加速度。

3.20　频率上限（upper limiting frequency）

f_{UL}（单位：dB）是指使本部分规定的测量结果有效的最大频率。

注：见 6.1～6.4 节。

4. 原理

GB/T 22159.1 中介绍了用直接法测量动刚度的原理。该方法的特点是在弹性支撑件的输出端与基座之间测量输出端阻滞力。与输入端振动相比，基座必须使待测元件输出端的振动远小于输入端的振动。

5. 对仪器设备的要求

5.1 法向平动

5.1.1 概述

图 D-2 所示为测试装置示意图。图示测试元件受到来自法向负载方向平动的作用。测试时，待测元件的安装方式应能代表实际使用情况。

注：图 D-2 仅是一个试验装置的示例，实际试验装置的配备可以不局限于此。

为了能根据本部分得到合适的测量，在测试装置中应包含 5.1.2～5.1.7 节中所述的各部件。

5.1.2 基座

通过力测量系统将待测元件安装在重型的刚性基座上［见 5.1.4 节和图 D-2（c）］。

5.1.3 静态预载荷系统

应在测试部件承受典型的特定静态预载荷条件下进行测量。施加静态预载荷方法的示例如下。

1）采用液压作动器，它也可作为激振源，与待测元件和基础一起被安装在同一负载框架上。

2）如图 D-2（a）所示，使用框架，它仅提供静态预载荷。若采用此种结构，应在待测元件的输入端使用辅助隔振器，进行待测元件与框架之间的动态去耦。

3）在待测元件顶端（有或没有支撑框架）直接放置质量块作为重力负载。

5.1.4 输出端的力测量系统

力测量系统是由一个或多个力传感器（载荷单元）安装在测试元件输出端而组成的，如图 D-2（c）所示。

注：可能需要在待测元件与力传感器之间放置一块力均布板。力均布板除了能够起到分配重力负载的作用，还能给力传感器提供较高的接触刚度。另外，它还能使输出端法兰均匀地振动。

5.1.5 加速度测量系统

加速度计应安装在待测元件的输入端、输出端和测量装置基座之上［如图 D-2（b）和图 D-2（c）所示］。当无法直接测量位于待测元件中心的加速度时，需对中心点加速度进行间接测量，并采用适当的信号叠加处理，如对置于对称位置的两个加速度计采集的信号进行线性平均。

如果频率范围许可，可以选择用位移传感器或速度传感器来代替加速度传感器。

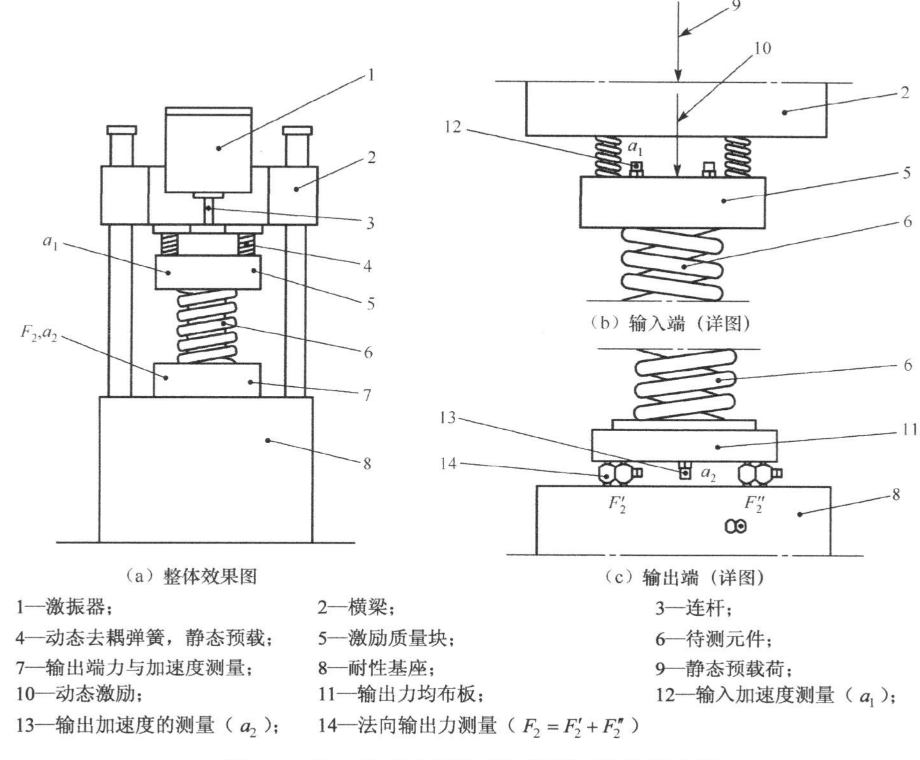

图 D-2 法向平动动刚度试验室测试装置示意图

5.1.6 动态激励系统

动态激励系统要满足激励量级要求和测试的频率范围。任何激振器都可以，如：

1）一个液压作动器，它能同时提供静态预载荷；

2）一个或多个有顶杆的电动激励源（激振器）；

3）一个或多个压电式激振器。

注：隔振器可用于激振器的动态去耦，以降低因使用静态预载引起通过测试框架的侧向振动传递。然而，在采用液压作动器同时提供静态和动态载荷的测试装置的过程中，由于这种去耦通常会对低频测量造成不利影响，因此，这种去耦方法在这类测试装置中通常不易实现。

5.1.7 输入端的激励质量块

注：待测元件输入端的激励质量块或力均布板主要起如下一种或两种作用：

1）在动态力的作用下，使输入端法兰的振动均匀；

2）增强输入端法兰的单向振动。

若待测元件含有能提供上述功能的刚性质量型输入连接件，则可不采用专门的激振质量块。

5.2 横向平动

5.2.1 概述

图 D-3～图 D-5 所示为受到垂直于法向负载方向横向振动的弹性支撑件的测试装置示意图。在图 D-3（a）和图 D-3（c）中，采用滚动轴承来抑制输出力均布板上不希望的输入振动和横向力。关于如何正确使用这种轴承的进一步讨论可见 5.2.7 节和 6.1 节。图 D-4 和图 D-5 则对称安装两个标称值相同的弹性元件来抑制不希望的输入振动。

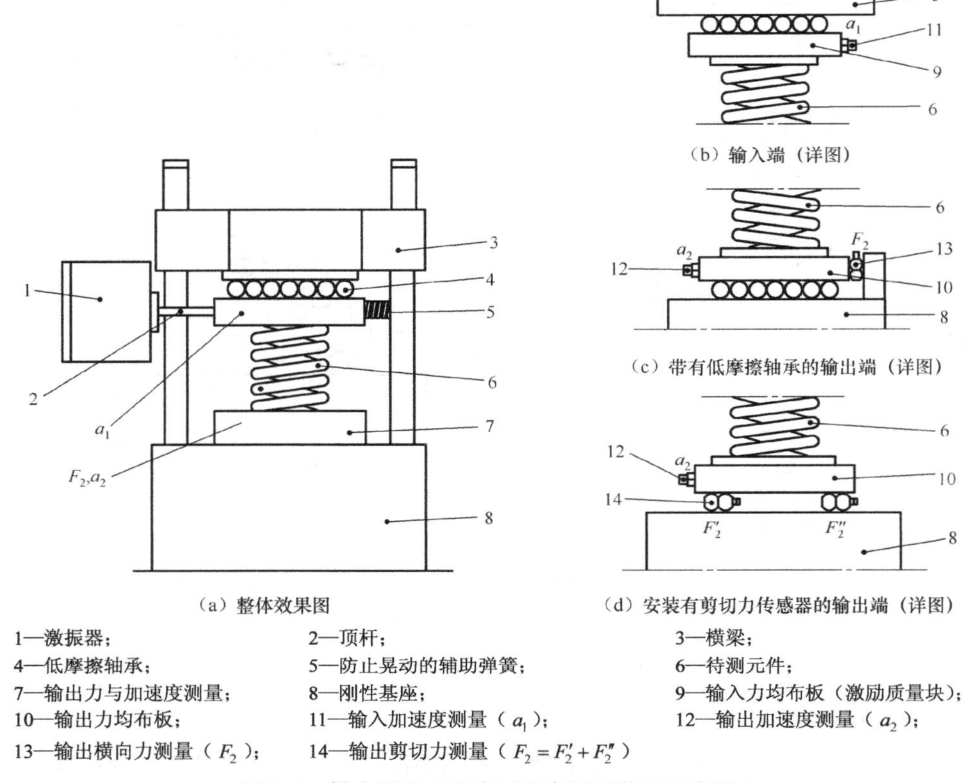

图 D-3 横向平动动刚度试验室测试装置示意图 1

该测试装置应包括 5.2.2～5.2.7 节中所述的各部件。

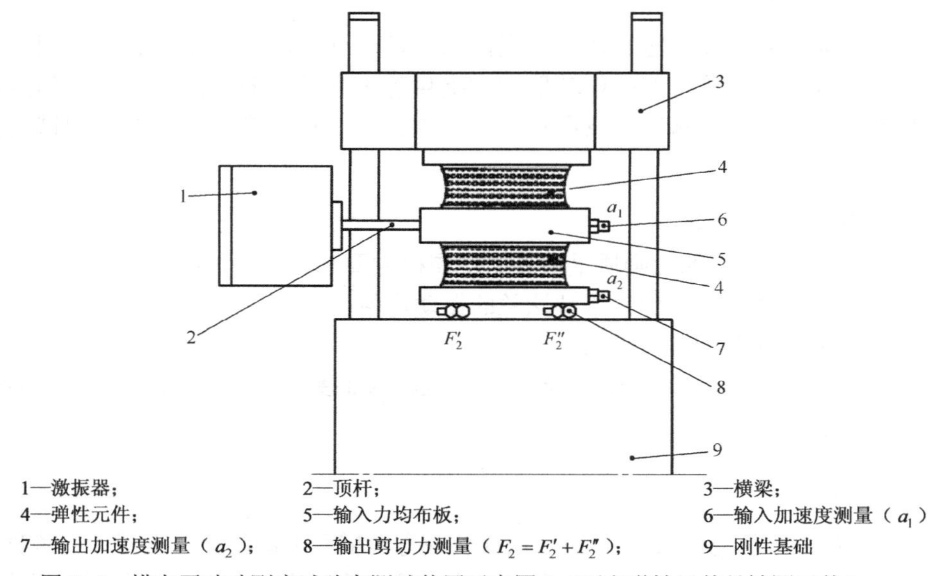

图 D-4 横向平动动刚度试验室测试装置示意图 2（下方弹性元件是被测元件）

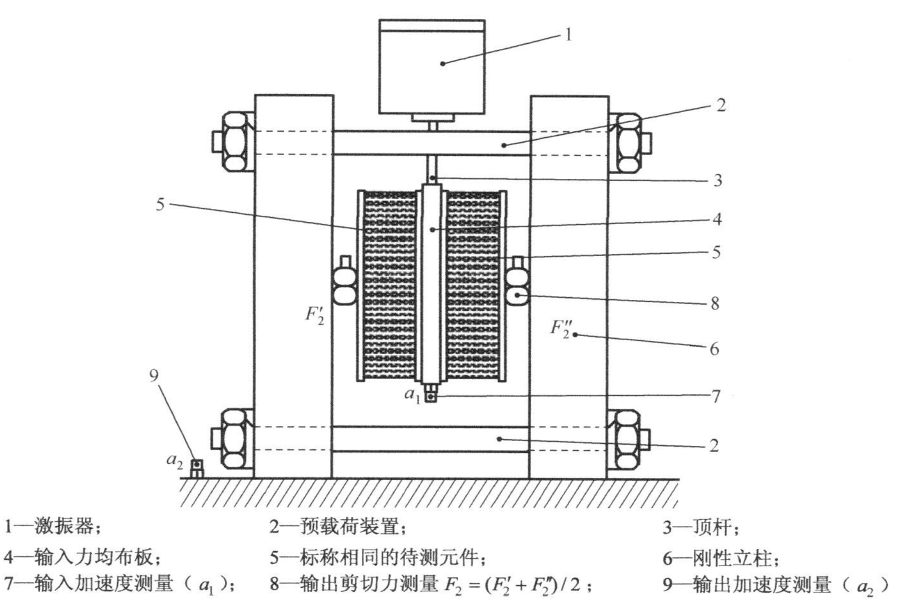

图 D-5 横向平动动刚度试验室测试装置示意图 3（测试结果为两个相同弹性元件刚度的平均值）

5.2.2 基座

待测元件通过力测量系统安装在重型的刚性工作台上（如图 D-3 或图 D-4 所示），或者安装在两个刚性立柱之间（如图 D-5 所示）。

5.2.3 静态预载荷系统

测试应在待测元件承受典型的和指定的静态预载荷条件下进行，如图 D-3～图 D-5 所示。

5.2.4 输出端的力测量系统

力测量系统由一个或多个安装在测试元件输出端的力传感器（载荷单元）组成，它有两种基本形式。

1）一个或多个用于测量剪切力的力传感器，如图 D-3（d）、图 D-4 和图 D-5 所示。有时需在待测元件与力传感器之间安装力均布板（见 5.1.4 节中的注）。

2）一个或多个用于测量法向力的力传感器，如图 D-3（c）所示，有时需在待测元件与力传感器之间安装力均布板，见 5.1.4 节中的注。

5.2.5 输入端、输出端的加速度测量系统

加速度计应安装在待测元件的输入端、输出端。

在待测元件端面上或力均布板上安装的加速度计应位于它们的水平对称轴上，当这个位置不便安装时，可采用适当的信号叠加方法在对称轴两侧间接测量加速度。例如，取两对称位置加速度的线性平均。

如果位移传感器或速度传感器具有相应的频率响应，则它们可以用来代替加速度计。

5.2.6 动态激励系统

动态激励系统既要满足激励量级要求，又要能覆盖待测的频率范围。在 5.1.6 节中给出了不同类型的激振器。

5.2.7 输入端的激励质量块

输入力均布板（质量块），具有下列作用：

1）在动态力的作用下，能给输入端法兰提供均匀的振动；

2）增强输入端法兰的单向振动。

若待测元件带有能提供上述功能的刚性质量型输入端法兰，则可不用专门的激振质量块。

根据本部分（详见 6.4 节），测量待测元件动刚度的基本要求是：元件输入端应以单一方向的平动为主。对输入的平移振动而言，所要求的单向平动会受到下列因素的影响：

1）激振器前对称性和激振质量块的边界条件（如图 D-4 和图 D-5 所示）；

2）激励质量块的惯性。

某些情况下，有必要采取一些外部约束，如使用低摩擦轴承或其他导向系统，以阻止其他非期望方向上的振动，如图 D-3（a）和图 D-3（b）所示。

注：在图 D-3（a）和图 D-3（b）中，当在测试框架与待测元件之间加装滚动轴承提供静态预载荷时，必须选用合适的轴承。轴承的任何弹性变形都会导致轴承系统产生不希望的横向力，这种现象应避免，否则，会产生通过框架结构传递的侧向振动，从而因受频率范围的限制而导致测量无效。

5.3 非期望振动的抑制

5.3.1 概述

本部分的测量方法涵盖法向和横向逐次单向激振时动刚度的测量。

然而，由于激励装置、边界条件及测试部件都存在不对称性，因此在某些特定频率处，输入方向之外的振动分量会引发强烈的非期望的响应。5.3.2 节和 5.3.3 节将讨论输入端非期望振动抑制的定性方法。一种特殊的测试安装方法是将两个标称值相同的弹性元件按对称配置方式进行测试，如图 D-4 和图 D-5 所示，这会有助于抑制非期望的输入振动。6.4 节对测试过程提出了明确的定量要求。

5.3.2 法向

对于法向激振，一个或一对激振器的对称安装将有利于输入端横向振动和旋转振动的抑制。

然而，测试元件的本身特性可能会引起法向与其他振动方向的耦合。使用对称布置的 2 个或 4 个参数完全相同的测试元件，或在激励质量块上采用“导向”系统，如滚动轴承，可以抑制非期望的输入振动，这些测试系统未用图给出。

5.3.3 横向

对横向激振，横向振动与旋转振动的耦合总会发生。

图 D-3～图 D-5 给出了增强输入端单向振动措施的示例。图 D-3 显示的是如何利用导向系统来抑制输入选择振动，图 D-4 和图 D-5 则采用两个标称值相同的测试元件进行对称安装。

图 D-4 所示的测试装置中，下方的弹性元件是待测元件。

图 D-5 所示的测试装置中，两个弹性元件的平均动刚度是由平均阻滞力 $F_b = (F_b' + F_b'')/2$ 的测量来确定的。本部分的使用者需要保证所使用的两个测试元件的标称值相同。

使用有源振动控制可以替代传统方法的应用。采用多个作动器与传感器组合的控制系统，能够改善期望的与非期望的输入振动级之间的比值。

6. 测试装置的适用性准则

6.1 频率范围

每台测试装置都有其有限的工作频率范围，只有在这一范围内才能进行有效测试。其中一个限制是激振器的工作频带宽度，另一个限制来源于阻滞输出力测量的要求。图 D-2～图 D-4 给出了以下各动态测量量。

F_b：阻滞输出力；

a_1：输入端法兰和输入端力均布板的加速度；

a_2：输出端法兰和输出端力均布板的加速度。

按本部分测量的动刚度仅对满足以下条件的频率有效

$$\Delta L_{12} = L_{a_1} - L_{a_2} \geqslant 20 \quad \text{(D-1)}$$

单位：dB。

注：级差值 ΔL_{12} 太小的原因可以用测试元件和基础之间刚度失配不够，或者通过横梁和立柱或空气到测试元件输出端的侧向传递来解释。使用隔振器对负载框架（如图 D-2 所示）与测试元件顶端之间及框架与激振器之间进行去耦，可有效地减少侧向传递。5.2.7 节的注指出了在测试元件输入端不恰当使用滚动轴承所带来的风险。

6.2 阻滞力的测量

处于隔振器与输出端力传感器之间的质量块，会引起阻滞力测量中的系统误差。用图 D-6 中的符号表示，阻滞力的近似值 F_b' 与测量值 F_b 之差等于惯性力 m_2a_2。

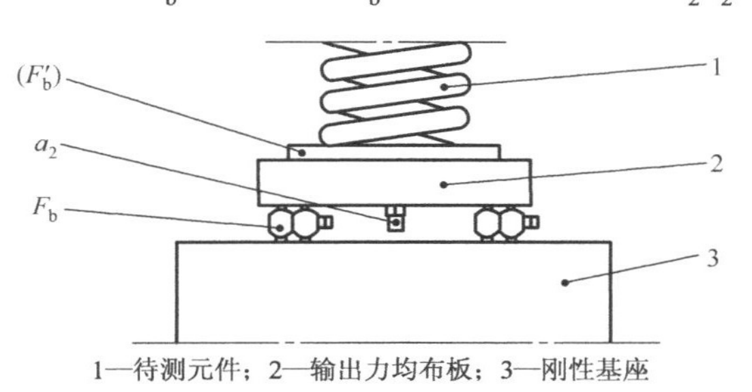

1—待测元件；2—输出力均布板；3—刚性基座

图 D-6 隔振器输出端的力与加速度的测量

质量 m_2 是输出力均布板的质量与所有力传感器的质量的一半的和，m_2 应满足

$$m_2 \leqslant 0.06 \times \frac{10^{L_{F_b}/20}}{10^{L_{a_2}/20}} \quad \text{(D-2)}$$

单位：kg。

注 2：式（D-2）等价于 $L_{F_b'} - L_{F_b} \leqslant 0.5$，单位：dB。

注 3：若式（D-2）不满足，则需要减小或增大力传感器的刚度。后者意味着在测量时会使用更多或更大的传感器。

注 4：如图 D-3（c）中的示意图，当待测元件的输出端使用滚动轴承时，滚动轴承应能承受所施加的静态预载荷。需要避免轴承弹性变形导致的不必要的横向力。

6.3 侧向传递

在许多测试装置中，侧向传递可能会限制测试方法的适用性和准确性。空气和声结构都能引起侧向传递。可选择的测量装置有很多，本部分使用者关注的是所用装置对避免侧向传递而造成的无效测量的鲁棒性。若出现侧向传递，只要遵循式（D-2），就足以保证测量结果有效。

6.4 非期望的输入振动

根据 5.3 节中的要求，除沿激励方向外，其他方向的输入加速度都应该被抑制。本部分进行的测量只有在激励方向上的输入加速度级至少超过与之相垂直的其他方向上的值 15dB 时，测量才有效，即

$$L_a(\text{激})-L_a(\text{非期望的})\geqslant 15 \tag{D-3}$$

单位：dB。

能满足上述要求的检测位置如图 D-7 所示。

对于法向激振，激振方向上的输入振动 a_{1x} 沿着激振方向，作用在激振质量块与输入端面的接触面上。非期望的横向输入 a'_{1x}、 a''_{1y} 应在激振质量块或力均布板的边缘，以及激振质量块与输入端面的接触面上进行测量，如图 D-7 所示。

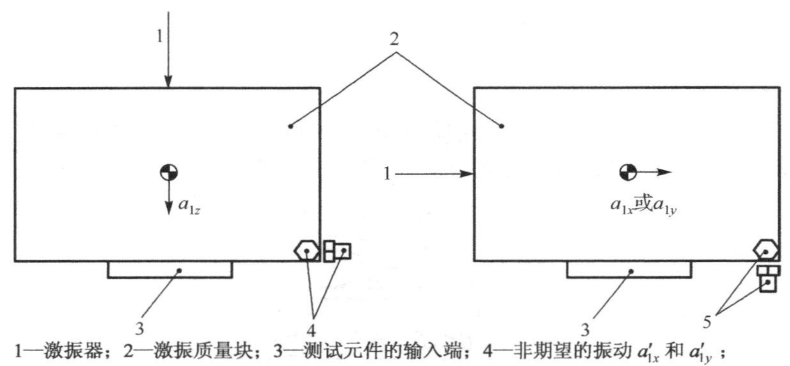

1—激振器；2—激振质量块；3—测试元件的输入端；4—非期望的振动 a'_{1x} 和 a'_{1y}；
5—非期望的振动 a'_{1z} 和 a'_{1y} （或 a'_{1x}）

图 D-7 抑制非期望输入振动的检测位置

对横向激振（x–或 y–方向），激振方向上的输入振动（a_{1x} 或 a_{1y}）是沿着激振质量块的水平对称轴来进行测量的。非期望的输入 a'_{1z} 和 a'_{1y} 或 a'_{1x} 应在激励质量块的边缘及激励质量块与输入端法兰的接触面上来进行测量。

当用具有质量类型的待测试件输入端法兰替代激振质量块（见 5.2.7 节）时，要定义一个类似于图 D-7 的结构，根据 $L_a(\text{激励})-L_a(\text{非期望的})\geqslant 15$ 检测非期望的输入抑制是否足够。

6.5 加速度计

要在测试频率范围内和试验室温度下对加速度计进行校准，并且灵敏度随频率的变化偏差应在 0.5dB 范围内。校准应根据 GB/T 13823.3 进行。

加速度计应不易受到诸如相对湿度、磁场、电场、声场及应变等外界环境的影响，且其横轴方向的加速度灵敏度应小于主轴方向灵敏度的 5%。

若采用位移传感器或速度传感器，其要求与对加速度计的要求相同。

6.6 力传感器

要在测试频率范围内和试验室温度下对力传感器进行校准，并且灵敏度随频率的变化偏差应在 0.5dB 范围内。校准应根据 GB/T 11349.1 中描述的质量–负载技术进行。

若采用适当的补偿步骤，如应用适当的数字化传递函数，则可使最终的灵敏度偏差达到 0.5dB 的要求。

力传感器应不易受到诸如相对湿度、磁场、电场、声场及应变等外界环境的影响，且其横轴方向的灵敏度应比主轴方向的灵敏度小 5%。

6.7 信号叠加

若对来自力传感器或加速度计的信号进行叠加，则最大允许偏差应为 5%。达到这个允许偏差的一种方法是使用同类型的传感器，其灵敏度差别应在 5%的范围之内。另一种方法是借助多通道分析仪进行信号叠加。此时，应对各传感器的灵敏度及各通道的增益系数的差异进行校正（见 6.8 节）。

6.8 分析仪

应使用满足下列要求的窄带分析仪。

1）在测量频率范围内，频谱分辨率至少应满足每个三分之一倍频带有 5 个离散频率。

2）对于与测量弹性支撑件时有相同频率分辨率的测量，输入端加速度的测量通道（包括信号调节装置）和输出端力的测量通道之间的频率响应差异应小于 0.5dB。否则，就要对各通道增益系数的差异进行补偿。

一种比较通道增益的方法如下：将同一个宽带信号（如白噪声）输入两个通道中，其输出窄带谱的幅值之比应小于 0.5dB。否则，需将测得的增益比作为所测动刚度的修正因子。

7. 测试步骤

7.1 待测元件的安装

待测元件安装在激振质量块（或输入力均布板）和输出力均布板（如果有的话）上，要确保与整个法兰接触良好。对实际应用中不属于弹性元件组成部分的装置，应防止其被激励并应将其移开。

注：为改善弹性试件与相邻测试装置部件之间的接触效果，可在其中加入油脂或双面胶带。然而，采用后一种方法时，在高频段可能出现问题。对具有大法兰的待测元件，为了获得没有争议的测试结果，或许需要对法兰进行打平。

含橡胶类成分的待测元件，由于存在蠕变特性，其负载或偏移会发生一定的变化。对此类待测元件，静态预载应加到容许负载的 100%。在正式测量进行之前，每天由蠕变效应引发的负载或偏移的变化应小于 10%。

7.2 力测量系统及输出力均布板的选择

在测量时可根据待测隔振器的尺寸和对称性及其最大容许负载，选择一个或多个力传感器。

输出力均布板应尽量小而轻，但其刚度应在测量频率范围内足以避免发生系统共振。板的最小横向尺寸由待测元件的尺寸决定。

为了检验力测量系统的刚体特性，在其中心以点力来激振该系统。该激振点力（此力可用已校准的力传感器测量）与力测量系统的输出信号间的系统传递函数在测量频率范围内应为常数。

7.3 加速度计的安装与连接

加速度计被安放于待测元件的输入端与输出端，分别用于测量 a_1 和 a_2（如图 D-2～图 D-5 所示），应采用刚性连接方式。实际安装时，应根据 GB/T 14412 的要求进行。

应仔细选择加速度计在力均布板和待测元件法兰上的位置。若振动主要集中在垂直方向或水平方向上，通常可在靠近对称轴的位置放置一个加速度计。此时，要检验旋转振动引起的偏差，不应大于 0.5dB。

注：通过测量距对称轴不同距离处的加速度信号，可检验因旋转振动引起的测量误差。

为了避免由待测元件法兰的旋转振动而引起的测量误差，可将两个对称放置在垂直对称轴两侧的加速度计的信号进行平均。

7.4 激振器的安装与连接

在振源与待测元件输入端之间，需要时可使用顶杆来连接。设计顶杆时，应避免因其共振而引起强烈的横向振动与声辐射。

7.5 信号源

可使用下列信号之一作为信号源：

1）离散步进频率正弦信号；

2）正弦扫频信号；

3）周期性正弦扫频信号；

4）有限带宽噪声信号。

为使测量结果准确，应对测试结果进行时间平均处理。源信号的作用时间应足够长，以使平均时间加倍后的结果差异小于 0.1dB。当使用离散步进频率正弦信号或周期性正弦扫频信号作为信号源时，源信号的频率间距应保证在刚度数据测定过程中的每个三分之一倍频带至少包含源信号的 5 个频率。

7.6 测量

7.6.1 概述

应在一个或多个规定的负载条件下测量，以反映实际使用的负载范围。

应在一个或多个规定的环境温度条件下测量，以反映实际的环境温度范围。测量过程中，还需要对环境温度进行监控。待测弹性元件在接受测试之前，至少要在允许 3℃变化的适当环境温度下暴露 24h。

若已知或能够合理预见待测元件的动刚度对温度和湿度的变化非常敏感，则要规定温度和湿度的允许范围，使得在此范围内的测量结果有效。

预运行时，应分别测定振源开启和关闭时的力级 L_{F_2} 和加速度级 L_{a_1}，除非另有规定。如有可能，应调整信号源的输出，以保证在所有测试频带范围内测得的力级 L_{F_2} 和加速度级 L_{a_1} 与信号源关闭时的值之差大于15dB。

预运行时还要确保激励方向上的加速度应超过其他方向上的加速度。对不能满足6.1节中不等式（D-1）的测试结果，应在计算动刚度函数时予以剔除。

当仅使用一个加速度计测量 a_1 和 a_2 时，还需要做进一步的预运行，以检验加速度计的安装位置是否合适。

测量的主要量是待测元件输入端加速度 a_{1x}、a_{1y} 和 a_{1z}，以及输出端作用力 F_2 与输出端的加速度 a_{2x}、a_{2y} 和 a_{2z}。z 方向代表法向，x 和 y 方向代表垂直于法向的横向。对不能满足6.1节和6.4节要求的测试结果，应在计算动刚度函数时予以剔除。

7.6.2　测量的有效性

测量方法有效的条件如下：

1）隔振器的振动特性应近似呈线性关系（见7.7节）；

2）隔振器与相邻振源及受振结构的接触面可被视为点接触。

注：观测输入、输出信号之间的相干函数是有用的，因为其数值大小可反映低信噪比、非线性或其他导致测量精度降低的因素。

7.6.3　测量的不确定度

应根据本部分，最好是按照ISO/IEC指南98-3来估算测量结果的不确定度。编写报告时，应给出ISO/IEC指南98-3中定义的置信度为95%的扩展不确定度及相应的覆盖因子。

注：目前除少数专业试验室外，作为测定扩展不确定度的标准ISO/IEC指南98-3还不可能完全应用。有关主要不确定度的贡献和数据再现性的现有知识目前还不完善。然而，因所给的待测元件和试验设备种类繁多及该项研究的经费有限，故预计该研究的进展较缓慢。

7.7　线性检验

在GB/T 22159系列标准中，所有与动刚度有关的概念及其测量方法，均建立在弹性元件特性为线性的模型基础之上。然而，实际使用的隔振器，一般仅仅满足近似的线性振动要求。因此，为了准确确定本部分要求的可接受的近似线性条件，需考虑与输入振动级有关的动刚度数据的有效性。

由于对系统进行完全线性的测试并不实际，因此本部分测得的数据应按照输出力与输入加速度（或速度或位移）之比的办法根据输入/输出的比例程度来检验。见3.11节的注1、注2。

根据本部分测得的动刚度数据的有效性，仅是针对等于或小于测试中使用的输入振幅和经过检验的输出/输入近似线性比而言的。测试报告中应指出测量数据具备有效性的输入级上限。

应采用如下方法来测试比例度。

1）设定A为三分之一倍频带谱的输入级。

2）设定B为该三分之一倍频带谱的另一输入级，且至少比A低10 dB。

3）若激励谱A和B的传递刚度值之差不大于1.5dB，则在输入级（或对应输入振幅）等于或小于A的范围内，可认为传递刚度数据有效。

4）若测试装置可能的最大输入级 A 低于被测元件实际应用中的典型输入级，则为了获得实际应用中的有效测量数据，需要修改原测试装置或采用新装置进行测试。

5）若测试结果不满足 3），则需降低输入级进行重复测试，直至输出与输入振幅比成线性。

有效输入级的范围应是：在测试中等于或小于能产生有效输出的较高输入级的三分之一倍频带输入加速度计（若测量的是位移，则采用输入位移级）。

注：在输入级上限的基础上，可导出能用不同量表示的简化信息，如输入位移均方根的最大值。

若某一待测元件不满足前面所说的输入/输出振动幅度的线性准则，则应认为该元件是非线性的。本部分没有给出非线性元件的测量方法，但从实际应用的角度出发，仍可参照标准中的大部分内容来确定相应的测量方法（如具有特定振幅的正弦激振）。

8．测试结果计算

8.1 动刚度的计算

若已测得阻滞力 F_2 和加速度 a_1，则需将加速度转换为位移来计算动态传递刚度。

对于简谐振动，采用相量符号

$$k_{2,1}(f)=\frac{F_2}{\mu_1}=-(2\pi f)^2\frac{F_2}{a_1} \tag{D-4}$$

动刚度为复数量，其模为 $\left|k_{2,1}\right|$，相角为 $\phi_{2,1}(f)$。

在与振动传输率 $k_{2,1}$ 的测量精确度有相同的限制和附加要求范围内，根据 3.6 节的定义，待测元件的损耗因子 η 可由下式求得

$$\eta(f)=\tan\varphi_{2,1}=\mathrm{Im}\left\{k_{2,1}(f)\right\}/\mathrm{Re}\left\{k_{2,1}(f)\right\} \tag{D-5}$$

注 1：损耗因子的计算是可选择的。高频时，待测元件不再是无质量弹簧，此时就不能再使用式（D-5）来描述弹性元件的阻尼特性（见 GB/T 22159.2）。

注 2：如果损耗因子非常小，则式（D-5）的计算结果对误差非常敏感。如某损耗因子 $\eta=0.01$，对应的相位角 $\varphi_{2,1}=\arctan\eta=0.57°$。为此，建议采用半功率带宽的方法测试损耗因子。

8.2 动刚度三分之一倍频带平均值

$k_{2,1}$ 的三分之一倍频带平均值可由下式计算

$$k_{\mathrm{av}}=\left\{\frac{1}{n}\sum_{i=1}^{n}\left|k_{2,1}\left(f_i\right)\right|^2\right\}^{\frac{1}{2}} \tag{D-6}$$

其中，n 的最小值为 5，即在每个三分之一倍频程带宽范围内至少要有 5 个谱线值。

注 1：选择对幅值的平方求平均，是为了强调所有刚度值中的最大值。该值通常很重要。

注 2：当输入位移 u_1 的功率谱密度函数为平直时，采用式（D-6）的计算结果与采用实时三分之一倍频程分析仪直接测得的频率平均值结果一致。

注 3：显然，用三分之一倍频带形式来表达刚度实际上可减小数据量，但会丢失相位信息。

计算结果按 3.18 节定义的频带平均动刚度级表示。

所用的三分之一倍频带中心频率 f_{m} 应符合 GB/T 3240 的定义。

8.3 三分之一倍频带结果的表示

可采用表格和（或）图形表示三分之一倍频带动刚度级。表格应包含三分之一倍频带中心频率、以分贝形式表示的动刚度级和规定的参考值（1N/m）。

图形表示时的格式要求如下：

纵坐标尺度：每 20mm 代表刚度级 10dB，相当于幅值系数$10^{1/2}$；

横坐标尺度：每 5mm 代表一个 1/3 倍频程带。

打印时，在保证固定比例的条件下，可适当放大或缩小图形尺寸。为能更加清晰地表示，可采用网格线。

注：图 D-8 所示为一种作图格式示例。除了分贝标度（左侧纵轴），右侧纵轴给出了以 N/m 为单位的对数标度。

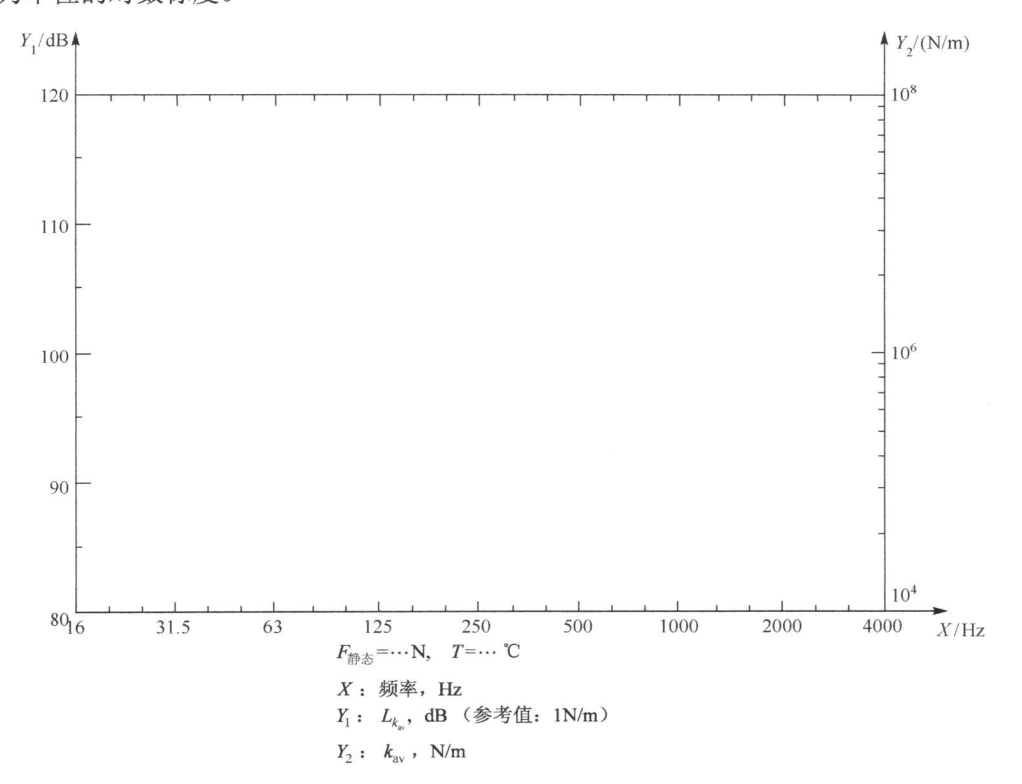

图 D-8 某指定测试条件下测得的三分之一倍频带动刚度级图形表示格式及刻度值示例

图形应对有关的刚度信息（即法向或哪个横向）给予清楚的描述，并且对温度、静态预载荷及其他有关特定测试条件也应加以描述。

8.4 窄带数据的表示

作为选项，可报告动态传递刚度的振幅谱、相位谱及损耗因子谱。此时，应使用窄带频谱分析的频率分辨率。

以图形表示动刚度幅度级，应规定基准值（1N/m）。建议采用下面格式作图。

纵坐标尺度：每 20mm 代表刚度级 10dB，相当于刚度幅值系数$10^{1/2}$；

横坐标尺度：每 15mm 代表一个倍频程。

相位数据应以图形表示，建议采用下面格式作图。

纵坐标尺度：40mm 代表 –180°～180° 角度范围；

横坐标尺度：每 15mm 代表一个倍频程。

损耗因子应以图形表示，建议采用下面格式作图。

纵坐标尺度：每 20mm 代表损耗因子 η 变化 10 倍；

横坐标尺度：每 15mm 代表一个倍频程。

对 0～20Hz 范围内的窄带数据，允许采用频率和刚度线性标度。

注：详细内容见 8.3 节。

9. 记录内容

记录如下所有相关信息内容。

1）测试机构名称；

2）与待测元件有关的信息，包括：制造商、型号、序列号，对待测元件的描述，应明确区分待测元件和各种非测试元件（各辅助元件不在测试对象范围之内），由制造商提供的与待测元件作为隔振器应用时有关的数据资料；

3）弹性元件与测试装置的照片或图片，用于提供静态预载的辅助结构的描述；

4）如采用了激振块，记录激振块（尺寸、材料、质量）和待测元件之间的接触方式；

5）用来检验不等式（D-1）和不等式（D-3）的加速度频谱的差（见 6.1 节和 6.4 节）；

6）使不等式（D-1）、不等式（D-2）、不等式（D-3）成立的频率上限 f_{UL}；

7）静态预载荷，以 N 或 Pa 表示；

8）测试期间的环境温度及其变化情况，以℃表示；

9）其他测试条件：相对湿度（以百分比表示）、待测元件的预调节、其他相关的特殊条件（如静态偏差和超强的低频振动的振幅、频率）；

10）测试信号的描述；

11）待测元件输入端的加速度级谱 L_{a_1}（若测量的是位移，则采用位移级）；

12）所采用的测量和分析仪器，包括其型号、布置位置、序号、校准方法和制造商；

13）三分之一倍频带频率平均动刚度级的结果（上限频率到 f_{UL}）；

14）对线性测试过程的描述（见 7.7 节），包括认为测试数据有效的加速度 a_1 或位移 u_1 的级值或幅值变化范围；

15）背景噪声对测量可能造成影响的描述；

16）侧向传递对测量可能造成影响的描述（见 6.3 节）；

17）对于那些已知或能合理预测其传递刚度对环境条件非常敏感的弹性元件，认为测量数据有效的环境温度和湿度的公差范围。

可根据需要选择记录下列各项：

18）动刚度窄带幅度谱；

19）动刚度窄带相位谱；

20）损耗因子窄带谱，包括一个说明（参见 GB/T 22159.1），即 η 仅直接代表低频时的耗散损失，此时，测试元件内的惯性力可忽略不计；

21）动刚度的实部和虚部；

22）测试数据有效时，输入级上限的简要信息（如位移均方根的最大值）；

23）静态负载–变形曲线。

10. 测试报告

应参考本部分内容编写测试报告，报告中至少应包含以上所述的1）、2）、7）、8）、12）和13）项。

测试报告还应包括不确定度的估计（见7.6.3节）。

参 考 文 献

[1] 杨宏晖，申昇. 模式识别之特征选择[M]. 北京：电子工业出版社，2016.

[2] Lecun Y, Bengio Y, Hinton G. Deep Learning[J]. Nature,2015,521(7553):436.

[3] 盛美萍，王敏庆，孙进才. 噪声与振动控制技术基础[M]. 北京：科学出版社，2007.

[4] 刘习军，张素侠. 工程振动测试技术[M]. 北京：机械工业出版社，2016.

[5] CyrilM.Harris，AllanG.Piersol. 冲击与振动手册[M]. 北京：中国石化出版社，2008.

[6] 李德葆. 工程振动试验分析——Analysis of experiments in engineering vibration[M]. 北京：清华大学出版社，2004.

[7] 濮良贵，吴立言. 机械设计[M]. 北京：高等教育出版社，2013.

[8] 夏新涛，刘红彬. 滚动轴承振动与噪声研究[M]. 北京：国防工业出版社，2015.

[9] 王可，樊鹏. 机械振动与噪声控制的理论、技术及方法[M]. 北京：机械工业出版社，2015.

[10] 李舜酩，李香莲. 振动信号的现代分析技术与应用[M]. 北京：国防工业出版社，2008.

[11] Loan C. Computational Frameworks for the Fast Fourier Transform[M]. 北京：清华大学出版社，2011.

[12] 胡广书. 数字信号处理——理论、算法与实现[M]. 2 版. 北京：清华大学出版社，2003.

[13] 美国国家仪器公司. LabVIEW 声音与振动工具包用户手册.

[14] 美国国家仪器公司. LabVIEW 高级信号处理工具包用户手册.

[15] 左鹤声. 机械阻抗方法与应用[M]. 北京：机械工业出版社，1987.

[16] American Society For Testing Materials. Standard test method for measuring vibration-damping properties of materials: ASTM E756-05(s). West Conshohocken, PA: ASTM International, 2010. http://www.astm.org/cgi-bin/resolver.cgi? E756-05(2010).

[17] British Standards Institution.ISO13379-2-2012.Condition monitoring and diagnostics of machines-Data interpretation and diagnostics techniques-Part 1: General guidelines[S]. Switzerland: BSI, 2012.

[18] British Standards Institution.ISO13379-2-2012.Condition monitoring and diagnostics of machines-Data interpretation and diagnostics techniques-Part 2: Data-driven applications[S].Switzerland: BSI, 2012.